高等学校"十二五"规划教材

物理化学实验

毕玉水　主　编

化学工业出版社
·北京·

本书分为绪论、物理化学实验基础知识与技术、实验三章。第一章介绍了物理化学实验的基本情况。第二章介绍了物理化学实验中的常用技术和仪器。第三章精选了若干实验，力求涵盖物理化学的基本实验、综合性实验、研究性实验和开放性实验，突出基础性和实用性，培养学生的创新能力，激发学生对科学研究的兴趣。附录主要给出了物理化学实验中一些常用的数据表。

　　本书可供高等院校化学、化工、生物、医学、药学等本专科专业及相近专业的学生使用，也可供从事相关专业实验的人员参考使用。

图书在版编目（CIP）数据

物理化学实验/毕玉水主编. —北京：化学工业出版社，2015.6（2024.1重印）
高等学校"十二五"规划教材
ISBN 978-7-122-23600-5

Ⅰ.①物⋯　Ⅱ.①毕⋯　Ⅲ.①物理化学-化学实验-高等学校-教材　Ⅳ.①O64-33

中国版本图书馆 CIP 数据核字（2015）第 070317 号

责任编辑：宋林青　褚红喜　　　　　　　装帧设计：史利平
责任校对：吴　静

出版发行：化学工业出版社（北京市东城区青年湖南街 13 号　邮政编码 100011）
印　　装：三河市双峰印刷装订有限公司
787mm×1092mm　1/16　印张 11¾　字数 291 千字　2024 年 1 月北京第 1 版第 7 次印刷

购书咨询：010-64518888　　　　　　　　售后服务：010-64518899
网　　址：http://www.cip.com.cn
凡购买本书，如有缺损质量问题，本社销售中心负责调换。

定　价：25.00 元　　　　　　　　　　　　　　　　　版权所有　违者必究

《物理化学实验》编写组

主　编：毕玉水

副主编：邵辉莹

编　者：（以姓名拼音为序）

　　　　毕玉水　陈小全　邵辉莹

　　　　王　锐　翟　虎

前　言

物理化学实验是继无机及分析化学实验和有机化学实验后开设的一门实验课程，与物理化学理论课程配套使用。物理化学实验是在前期化学实验和普通物理实验等课程的基础上，运用物理化学的理论知识，进行物质体系综合性质的测定，对理解、检验物理化学的基本概念和基本理论，掌握常用仪器设备的操作和使用，训练设计科学实验方法，培养科学思维、分析问题和解决问题的能力有着重要的作用。

本教材的最大特色是依照新时期物理化学的教学要求，根据新的教学内容和实验实践教学改革发展态势，结合物理化学实验仪器的发展现状，并结合相关专业的特点，吸收了国内外同类教材的优点，对物理化学实验教学内容进行了系统的整合，使实验内容与专业和实际相结合。内容涵盖基本实验、综合性实验、研究性实验和开放性实验等，突出基础性和实用性，旨在为学生后续的专业课程和科学研究打下必要的物理化学实验基础，进而为应用型人才和创新型人才的培养奠定基础。

本书由长期从事物理化学实验教学的教师结合自己的教学经验和认知，并参考国内外相关教材编写而成。本书由泰山医学院物理化学教研室组织编写，各位编写人员对自己所编写的实验内容均承担了相应的教学指导，或参加过与本实验相关的科学研究。本书由毕玉水组织策划并编写；邵辉莹参与编写第二章中的第七节和第八节，第三章中的实验三、四、十一、十二和十三；翟虎参与编写第三章中的实验八、九、十六、十七和十八；陈小全参与编写第三章中的实验二、五、六、七和十五；王锐参与编写第三章中的实验二十一、二十二、二十三和二十四。全书由毕玉水主编、统稿和定稿。

由于编者水平和经验有限，书中难免存在疏漏和不妥之处，恳请专家和读者批评指正，以便再版时得以更正。

毕玉水
2015 年 2 月

目 录

第一章 绪论 ··· 1
第二章 物理化学实验基础知识与技术 ··· 4
  第一节 物理化学实验的安全与防护 ·· 4
  第二节 物理化学实验的测量误差与误差计算 ··· 8
  第三节 物理化学实验数据的表达与处理 ·· 17
  第四节 温度的测量与控制 ··· 23
  第五节 压力及流量的测量与控制 ·· 34
  第六节 热分析测量技术及仪器 ··· 43
  第七节 电学测量技术及仪器 ·· 50
  第八节 光学测量技术及仪器 ·· 59
第三章 实验 ··· 73
  第一节 热力学部分 ··· 73
    实验一 恒温槽的组装及其性能测试 ··· 73
    实验二 燃烧热的测定 ·· 77
    实验三 二组分完全互溶双液系的气液平衡相图 ··· 82
    实验四 Bi-Cd 二组分固液相图的绘制 ·· 85
    实验五 液体饱和蒸气压的测定 ··· 88
    实验六 凝固点降低法测分子量 ··· 91
    实验七 差热分析 ··· 94
  第二节 电化学部分 ··· 97
    实验八 原电池电动势的测定及应用 ··· 97
    实验九 电导及其应用 ·· 103
  第三节 动力学部分 ··· 106
    实验十 电导法测定乙酸乙酯皂化反应的速率常数 ······································· 106
    实验十一 旋光法测定蔗糖转化反应的速率常数 ·· 109
    实验十二 过氧化氢分解反应速率常数的测定 ··· 112
    实验十三 丙酮碘化 ··· 115
  第四节 胶体与表面化学部分 ·· 119
    实验十四 电导法测定水溶性表面活性剂的临界胶束浓度 ····························· 119
    实验十五 溶液表面张力的测定 ··· 122
    实验十六 黏度法测定高聚物的分子量 ··· 126
    实验十七 醋酸在活性炭上的吸附 ·· 130
    实验十八 电泳和电渗 ·· 132
  第五节 结构化学、综合设计、研究创新和开放性等提升型实验部分 ················· 138
    实验十九 纳米二氧化钛对甲基橙的光催化降解 ·· 138

  实验二十 X射线粉末衍射法物相分析···142
  实验二十一 分光光度法测定蔗糖酶的米氏常数·····································146
  实验二十二 色谱法测定无限稀溶液的活度系数·····································149
  实验二十三 液相反应平衡常数··154
  实验二十四 三组分体系等温相图···160
  实验二十五 纳米材料的制备与表征··164

附录··166
  附录一 国际原子量表··166
  附录二 国际单位制（SI）的基本单位··167
  附录三 国际单位制（SI）中具有专门名称和符号的导出单位···············167
  附录四 用于构成十进倍数和分数单位的词头·································168
  附录五 力单位换算··168
  附录六 压力单位换算··168
  附录七 能量单位换算··168
  附录八 不同温度下水的饱和蒸气压··169
  附录九 不同温度下水的表面张力··170
  附录十 水在不同温度下的折射率、黏度和介电常数·····························170
  附录十一 部分液体物质的饱和蒸气压与温度的关系·····························171
  附录十二 甘汞电极的电极电势与温度的关系·······································171
  附录十三 不同温度下氯化钾在水中的溶解热·······································171
  附录十四 氯化钾溶液的电导率··172
  附录十五 一些电解质水溶液的摩尔电导率（25℃）·····························172
  附录十六 醋酸的标准电离平衡常数··172
  附录十七 希腊字母表···173
  附录十八 25℃时某些液体的折射率··173
  附录十九 摩尔凝固点降低系数··174
  附录二十 标准电极电势及其温度系数··174
  附录二十一 相关常用名词术语··174

参考文献··182

第一章 绪 论

一、物理化学实验的地位和作用

物理化学实验是大学化学实验的一个重要分支，它是借助于物理学的原理、技术、仪器和方法，并借助于数学运算工具，研究物质体系的物理性质、化学性质及其变化和化学反应规律的一门学科。

物理化学实验是继无机及分析化学实验、有机化学实验之后，为高年级相关专业学生开设的一门重要的基础化学实验课程。该课程包含物理化学实验基础理论知识与技术，涵盖基本技能型、综合设计型、研究创新型和开放型等多项实验内容。通过完成各类基础性实验，使学生亲身体会物理化学的基本实验方法和研究方法，掌握基本的实验技能。通过具体操作和书写实验报告，使学生学会判断和选择实验条件、观察实验现象、测量和记录实验数据、分析和处理原始数据、归纳和总结实验结果，加深对物理化学基本知识和原理的理解。通过完成各类提升性实验，可以进一步训练学生分析问题和解决问题的能力，培养学生的创新意识、创新精神和创新能力。通过查阅文献资料、设计实验方案、比较实验方法和实验条件、分析和总结实验研究结果，使学生受到较为全面的科学研究能力的培养与训练，为下一步继续深造和从事科学研究奠定基础。

二、物理化学实验的特点

物理化学实验既是借助精密仪器进行实验的一门实践性很强的课程，又是探讨及验证化学反应基本规律的一门理论性很强的课程。它不仅要求学生能动手组装和正确使用精密仪器设备，而且要求学生能设计实验并对实验结果做出处理。本课程的这一特点，要求学生在实验中手脑兼用，不仅培养较强的动手能力和综合分析问题的思维能力，而且为日后从事科学研究和做出高水平科研成果打下坚实基础。

三、物理化学实验的目的和要求

通过物理化学实验的学习和操作，使学生加深对物理化学基本概念和理论的理解；掌握物理化学各学科分支的基本实验方法和技术；学会重要的物理化学参数的测定方法；掌握常见仪器的构造、原理、用途和使用方法，以及选择仪器设计实验的能力；培养勤奋、求真、求实、勤俭节约的优良品德和科学素养；培养学生的动手能力、观察能力、思维能力、表达能力、文献检索能力和数据处理能力，从而增强解决化学实际问题的能力。

物理化学实验教学在重视知识传授的同时，更重视研究能力的培养。实验前期，要求学生做好规定的实验，包括热力学、动力学、电化学、表面化学、胶体化学、大分子化学以及结构化学等分支的经典实验；熟悉相应的理论、方法、技术和设备。这是整个物理化学实验的核心。学生要能够对实验数据进行正确的表达和处理，对实验误差进行合理的分析和计算，掌握基本的实验基础知识和技术，如温度的测量与控制、压力及流量的测量与控制、热分析技术、光学测量技术、电学测量技术等。实验后期，根据情况适当安排一些提升性综合实验。这些实验可由指导教师给定题目，学生自己提出方案，并独立完成实验药品的配制、仪器的组装、实验数据的测量和处理等。要求学生写出报告，并进行交流和总结。物理化学实验的具体要求如下：

（1）预习

学生须认真阅读实验教材，了解实验目的和原理，明确本次实验要测定的量、所用实验方法、仪器设备、控制条件、需要注意的问题等。在此基础上写出预习报告，内容包括实验目的、基本原理、简单的实验步骤、原始数据记录表格等。

（2）实验操作和记录

学生进入实验室后须首先核对实验仪器，熟悉仪器操作方法，明确需要记录哪些数据。教师检查学生的预习情况并做好记录，包括预习报告和对实验的理解，不合格者不得进行实验。指导教师讲解实验难点和注意事项，通过提问的方式引导学生思考与实验有关的系列问题，着力培养学生观察实验、综合考虑问题的能力，使学生学会分析和研究问题的方法。学生独立或按学号编组进行实验，注意实验中的独立操作和团队组员相互配合。要求学生在实验中勤于动手，敏锐观察，细心操作，开动脑筋，钻研问题，准确记录原始数据和实验现象。实验结束后经教师检查并签名，实验及其原始记录方可有效。记录实验数据和现象必须真实、准确，不得随意涂抹和篡改，数据记录要表格化，字迹整齐且清楚，保持一个良好的记录习惯是物理化学实验的基本要求之一。

（3）书写实验报告

认真撰写实验报告是本课程的基本训练。它将使学生在实验数据处理、作图、误差分析、问题归纳等方面得到训练和提高。实验报告的质量很大程度上反映了学生的实际水平和综合能力。

实验报告的内容大致包括实验目的、实验原理、仪器和试剂、实验步骤、原始数据记录和处理、实验讨论等。涉及的仪器须标明厂家和型号，试剂须标明厂家和规格。实验报告的讨论可以包括对实验现象的解析、对实验结果的误差分析、对实验的改进意见、心得体会等。

学生必须在规定的时间内独立完成实验报告并交指导教师批阅。若实验是按学号编组进行的，每位学生须在实验报告首页标明同组人员。

（4）养成良好的实验习惯

不得随意搬动仪器设备或随意拨动实验装置上的开关、旋钮或活塞等。珍惜化学药品。注意维护实验室环境整洁，不乱扔废弃物。实验结束后主动打扫桌面、地面，归置仪器药品。损坏仪器须及时报告老师并按规定赔偿。

四、实验室守则

实验室守则是保持良好实验环境和工作秩序，预防意外事故，做好实验的重要前提。实验室守则应张贴在实验室内。每学期实验前，教师应强调实验室守则的重要性。

① 实验人员应严格遵守实验室规则，遵守一切安全措施，确保实验顺利进行。

② 实验前，必须认真预习，了解实验操作规程和注意事项。

③ 进入实验室必须穿隔离服，遵守纪律，不迟到，不早退，保持室内安静，不得谈论与实验无关的话题。

④ 操作时，遵守实验操作规程，仔细观察，如实记录（不得使用铅笔和红笔），不得涂改和伪造，如有记错可在原数据上划一杠，再在旁边记下正确值，听从指导教师的指挥。随时保持卫生，纸张、火柴杆等固体废弃物丢入指定的废物筒，废液倒入指定的废液缸，不得倒入水槽。

⑤ 节约试剂、水、电等耗材。

⑥ 爱护公共财产，正确使用仪器设备，未经指导教师许可，不得乱动精密仪器、试剂，不得将仪器设备拿出实验室，亦不得随意到其它实验室取用药品和仪器。

⑦ 仪器设备如发生故障，应及时追查原因并报告指导教师。

⑧ 实验完毕，检查并整理所用的仪器设备和药品试剂，洗净相关器具。

⑨ 实验完毕，所记录的实验数据应经指导教师批阅。

⑩ 实验完毕，由同学轮流值日，负责打扫整理实验室，检查水、电、气的开关是否关好，总电闸是否关闭，门、窗是否锁好，保证实验室的卫生和安全。

五、实验报告和考核

学生在课下做好预习，写出预习报告。实验前，指导教师检查预习情况，根据学生预习报告和回答问题情况给出预习成绩。

实验进行中，教师考察学生的实验操作技能，包括实验操作、遵守实验规则、实验纪律情况以及原始数据记录情况等。

实验结束后，学生书写实验报告，并于下一次实验时提交。结合学生平时实验操作情况，教师根据学生实验报告书写的完整性、数据处理的合理性、对实验的理解和体会等给出报告成绩，基本要求包含报告完整、字迹工整、图表规范、数据处理正确、结果正确、讨论得当等。

学期末，进行考试。

本实验课程的最终成绩＝平时预习分（10％）＋实验操作和实验报告分（50％）＋考试分（40％）。

缺少实验或实验报告者须在实验教学结束前补做或补交，否则不予通过。

第二章　物理化学实验基础知识与技术

第一节　物理化学实验的安全与防护

物理化学是一门实验性科学，实验室安全和防护工作至关重要。实验者应具备必要的安全防护知识，应懂得相应的预防措施，以及事故发生后应及时采取的处理方法。

一、安全用电知识

物理化学实验室使用电器较多，要特别注意安全用电。违章用电常常造成火灾、仪器设备损坏、人身伤亡等严重事故。为保障安全，一定要遵守实验室安全用电规则。

1. 基本用电

（1）常用交流电

我国市售电和实验室供电为频率 50Hz 的交流电，民用电 220V，工业用电 380V。

（2）安全电压

通过人体的电流强度大小，取决于人体电阻和所加电压。人体内部组织电阻约 1000Ω，皮肤电阻约为 1000Ω（潮湿皮肤）至数万欧姆（干燥皮肤）。因此，我国规定的安全电压为 36V，频率为 50Hz 的交流电，超过 45V 为危险电压。

（3）安全电流

物理化学实验室一般允许最大电流为 30A，实验台电流最大不超过 15A，切忌超负荷工作。表 2-1 列出了频率 50Hz 交流电不同强度时通过人体的反应情况。

表 2-1　人体在不同电流强度时的反应

电流强度/mA	1～10	10～25	25～100	100 以上
人体反应	针刺和麻木感，6～9mA 时触电即缩手	肌肉强烈收缩，手握带电体后不能释放	呼吸困难，甚至停止呼吸	心脏心室纤维性颤动，死亡

2. 电器仪表的安全使用

使用前，先了解电器仪表要求使用的电源是交流电还是直流电，是单相电还是三相电以及电压的大小（380V，220V，110V 或 6V 等）。了解电器功率是否符合要求。了解直流电器仪表的正、负极。仪表量程应大于待测值；若待测值未知，应从最大量程开始测量。实验前，先检查线路连接是否正确，经教师检查同意后方可接通电源。电器仪表使用过程中，如发现有异响，局部过热或闻到绝缘漆过热产生的焦味，应立即切断电源，并查找原因。

3. 防止触电

操作电器时，手必须干燥，不用潮湿的手接触电器。电源裸露部分应有绝缘装置（例如电线接头处应紧密包覆绝缘胶布）。所有电器的金属外壳应接地保护。实验时，先连接好电路再接通电源。实验结束后，先切断电源再拆线路。修理或安装电器时，应先切断电源。不得用试电笔去试高压电。使用高压电源应有专门的防护措施。如有人触电，应迅速切断电源，然后及时进行抢救，严重时送往医院救治。

4. 防止引发火灾

实验室的保险丝要与允许的用电量相符，仪器的保险丝使用要合理，不能使用不匹配的保险丝。电线的安全通电量应大于用电功率。室内若有氢气、一氧化碳、煤气等易燃易爆气体，应严禁明火和避免产生电火花，继电器工作和开关电闸时，易产生电火花，要特别注意。电插头等电器接触点接触不良时，应及时维修或更换。如遇电线起火，立即切断电源，用沙或二氧化碳、四氯化碳灭火器灭火，禁止用水或泡沫灭火器等导电介质灭火。如遇仪器设备起火，立即切断电源，小火可用石棉布覆盖，大火用四氯化碳灭火器或干粉灭火器灭火。

5. 防止短路

为防止短路，线路中各接点应牢固，电路元件两端接头不要互相接触。电线、电器要保持干燥，切勿被水淋湿或浸在导电液体中，例如实验室加热用的灯泡接口不要浸在水中，电加热套禁水等。

二、仪器的安全使用与维护

仪器使用得当，维护及时，可大大延长仪器使用寿命，保证较高的测量精度，提高使用效益。具体应做好以下几点：第一，仔细阅读仪器使用说明书，严格遵守操作规程，弄清仪器的结构、原理、使用方法和注意事项；第二，仪器线路接好，经仔细检查后方可试探性接通电源，即在仪器线路接通的一瞬间，根据仪器指针摆动速度及方向判断线路是否正确无误，实验完毕，关机时应按开机的逆顺序进行；第三，根据实验需要和仪器情况选择适当的测量精度和量程，在未知测量范围时，量程应放在最大挡，然后逐渐降挡；第四，光学仪器上的透镜、反射镜、棱镜、光栅等切忌用手触摸，如有灰尘应先用洗耳球吹去，再用擦镜纸轻拭干净，但光栅不能用擦镜纸擦拭。

三、化学药品的安全使用与防护

1. 防毒

取用药品前，应先了解药品的规格、型号、纯度、厂家，特别是毒性及防护措施。操作有毒药品（苯、硝基苯、四氯化碳、乙醚、液溴、浓盐酸等）和有毒气体（CO、H_2S、NO_2、Cl_2、HF等）应在通风橱内进行。有些药品（苯、汞等）能透过皮肤进入人体，应避免与皮肤接触。剧毒药品（氰化物、三氧化二砷、高汞盐、可溶性钡盐、重金属盐等）应妥善保管并小心使用。离开实验室时要洗净双手。特别强调，禁止在实验室内饮水、饮食，离开实验室及饭前应将双手洗净。

2. 防爆

可燃气体与空气的混合物在比例处于爆炸极限时，受到热源（如明火、电火花）诱发将会引起爆炸。一些气体的爆炸极限见表2-2。

表 2-2 与空气相混合的某些气体的爆炸极限表（20℃，101.325kPa）

气体	爆炸高限/%（体积）	爆炸低限/%（体积）	气体	爆炸高限/%（体积）	爆炸低限/%（体积）
氢	74.2	4.0	醋酸	—	4.1
乙烯	28.6	2.8	乙酸乙酯	11.4	2.2
乙炔	80.0	2.5	一氧化碳	74.2	12.5
苯	6.8	1.4	水煤气	72	7.0
乙醇	19.0	3.3	煤气	32	5.3
乙醚	36.5	1.9	氨	27.0	15.5
丙酮	12.8	2.6	硫化氢	45.5	4.3

因此，使用时要尽量防止可燃性气体逸出，保持室内通风良好。操作大量可燃性气体时，严禁使用明火或可能产生电火花的电器，并防止其它物品撞击产生火花。

另外，有些药品如过氧化物、高氯酸盐、乙炔银等受震或受热易引起爆炸，使用时要特别小心。严禁将强氧化剂和强还原剂放在一起。久置的乙醚使用前应除去其中可能产生的过氧化物。开展易发生爆炸的实验，应有防爆措施。

3. 防火

许多有机溶剂如乙醚、苯、丙酮等容易燃烧，大量使用时室内不能有明火、电火花或静电放电等；用后要及时回收处理，不可倒入水槽，以免聚集引起火灾。实验室内不可存放过多此类药品。另外，有些物质如磷、钠、钾、电石、金属氢化物及比表面较大的金属粉末（如铁、铝、锌）空气中易氧化自燃，保存和使用时要特别注意。

实验室一旦着火不要惊慌，应根据情况选择不同的灭火剂进行灭火。以下情况不能用水灭火：①有金属钠、钾、镁、铝粉、电石、过氧化钠等时，应用干沙灭火；②密度比水小的易燃液体着火，采用泡沫灭火器；③灼烧的金属或熔化物，用干沙或干粉灭火器灭火。

4. 防灼伤

强酸、强碱、强氧化剂、溴、磷、钠、钾、苯酚、冰醋酸等都会腐蚀皮肤，要特别防止溅入眼睛；液氧、液氮等低温条件也会严重灼伤人体。使用时要小心，一旦灼伤应及时救治。

四、汞的安全使用

汞中毒分急性和慢性两种。急性中毒多为高汞盐（如 $HgCl_2$）入口所致，0.1～0.3g 即可致死。吸入汞蒸气会引起慢性中毒，临床症状为食欲不振、恶心、便秘、贫血、精神衰弱、骨骼和关节疼痛等。汞蒸气的最大安全浓度为 $0.1mg \cdot m^{-3}$，而 20℃时汞的饱和蒸气压约为 0.16Pa（超过安全浓度 100 倍）。因此，使用汞必须严格遵守下列操作规定。

第一，储汞的容器要用厚壁玻璃器皿或瓷器，在汞面上加盖一层水，避免直接暴露于空气中，同时应放置在远离热源的地方。一切转移汞的操作，应在装有水的浅瓷盘内进行。用烧杯暂时盛汞时，不可多装以防破裂。第二，装汞的仪器下面一律放置浅瓷盘，防止汞滴散落到桌面或地面上。万一有汞掉落，要先用吸汞管尽可能将汞珠收集起来，然后把硫黄粉撒在汞溅落的地方，并摩擦使之生成 HgS，也可用 $KMnO_4$ 溶液使其氧化。擦拭过汞和汞齐的滤纸或布等必须放在有水的瓷缸内。第三，使用汞的实验室应有良好的通风设备。第四，手上若有伤口，切勿触汞。

五、高压储气瓶的安全使用与注意事项

1. 分类和标识

高压储气瓶是由无缝碳素钢或合金钢制成。按其所存储的气体及工作压力分类，如表 2-3 所示。气体钢瓶的颜色标识，如表 2-4 所示。

表 2-3　标准储气钢瓶型号分类表

气瓶型号	用途	工作压力 /kg·cm^{-2}	试验压力/kg·cm^{-2}	
			水压试验	气压试验
150	氢、氧、氮、氩、氦、甲烷、压缩空气	150	225	150
125	二氧化碳、纯净水煤气等	125	190	125
30	氨、氯、光气等	30	60	30
6	二氧化硫	6	12	6

表 2-4　我国常用气体钢瓶的颜色标记

气体类别	瓶身颜色	标字颜色	字样
氮气	黑	黄	氮
氧气	天蓝	黑	氧
氢气	深绿	红	氢
压缩空气	黑	白	压缩空气
二氧化碳	黑	黄	二氧化碳
氦	棕	白	氦
液氨	黄	黑	氨
氯	草绿	白	氯
乙炔	白	红	乙炔
氟氯烷	铝白	黑	氟氯烷
石油气体	灰	红	石油气
粗氩气体	黑	白	粗氩
纯氩气体	灰	绿	纯氩

2. 使用方法

首先在钢瓶上安装配套的减压阀，然后检查减压阀是否关紧，方法是逆时针旋转调压手柄至螺杆松动为止。使用方法：打开钢瓶总阀，此时高压表显示出瓶内气体总压力；缓慢地顺时针转动调压手柄，至低压表的示数达到实验所需压力为止；停止使用时，先关闭总阀门，待减压阀中余气逸尽后，再关闭减压阀。

3. 注意事项

存放时，气体钢瓶应置于阴凉、干燥、远离热源的地方。可燃性气瓶应与氧气瓶分开存放，尽量放置在远离实验室的专用房间，用紫铜管引入实验室，并安装防止回火的装置。搬运时，钢瓶要小心轻放，钢瓶帽要旋上。使用时，应装减压阀和压力表；压力表一般不可混用。可燃性气瓶（CO、H_2、CH_4、C_2H_2 等）气门螺丝为反丝；不燃性或助燃性气瓶（N_2、O_2、Ar、He 等）为正丝。不要让油或易燃有机物沾染气瓶（尤其是气瓶出口和压力表上）。开启总阀门时，不要将头或身体正对总阀门，防止阀门或压力表冲出伤人。不可把气瓶内气体用完，应保存 1MPa 左右的压力，以防下次充气时发生危险。一般储气瓶至少三年检验一次，充装腐蚀性气体的气瓶至少每两年检验一次，不合格储气瓶不可直接继续使用，应降级使用或予以报废。

六、辐射源的安全使用与防护

物理化学实验室的辐射源，主要是指产生 X 射线、γ 射线、中子流、带电粒子束的电离辐射和产生频率为 $10\sim1\times10^5$ MHz 的电磁波辐射。这些辐射作用于人体时，都会造成人体组织的损伤，引起一系列复杂的组织机能变化，因此必须加以重视。

1. 电离辐射

对于电离辐射的最大容许计量，我国规定从事放射性工作的人员，每日不得超过 0.05R（伦琴），非放射性工作者每日不得超过 0.005R。

X 射线被人体组织吸收后，对健康有害。一般晶体 X 射线衍射分析用的软 X 射线（波长较长、穿透能力较低）比医院透视用的硬 X 射线（波长较短、穿透能力较强）对人体组织伤害更大。轻者造成局部组织灼伤，重者造成白血球下降、毛发脱落和射线病。不过，若采取适当的防护措施，上述危害可以防止。最基本的一条是防止身体各部位（特别是头部）受到 X 射线照射，尤其是直接照射。因此，X 光管窗口附近要用厚铅皮（1mm 以上）挡好，使 X 射线尽量限制在一个局部小的范围内。在操作尤其是对光进行操作时，应戴上防护用具（如铅玻璃眼镜）。暂时不工作时，应关好窗口。非必要时，人员应尽量远离 X 射线室。室内应保持通风，以减少由于高电压和 X 射线电离作用产生的有害气体。操作结束后须全身淋浴。

同位素源放射的 γ 射线较 X 射线波长短、能量大，但二者对机体的作用相似，因此防护措施一致，主要采用屏蔽防护、缩短测试时间和远离辐射源等措施。

需要说明的是，一旦放射性物质进入人体，则上述防护举措就失去意义。

2. 电磁波辐射

电磁波辐射作为特殊加热热源，已在光谱用光源和高真空技术中得到广泛应用。它能对金属、非金属介质以感应方式加热，因此也会对人体组织，如眼睛晶状体、皮肤、肌肉以及血液循环系统、内分泌系统、神经系统造成伤害。

避免电磁辐射危害的有效措施是减少辐射源的泄漏，使辐射局限在限定范围内。若设备本身不能有效防止辐射泄漏，可利用能反射或吸收电磁波的材料，如金属、多孔性生胶和炭黑等制作成防护罩以屏蔽辐射。操作人员应穿防护服，戴涂覆二氧化锡、金属铬导电膜的防护眼镜。

3. 其它

除电离辐射和电磁辐射外，物理化学实验中还应注意紫外线、红外线和激光对人体，特别是眼睛的伤害。紫外线的短波部分（300~200nm）可引起角膜炎和结膜炎。红外线的短波部分（1600~760nm）可透过眼球到达视网膜，引起视网膜灼伤。激光可引起皮肤灼伤，严重灼伤眼睛、影响视力甚至引起白内障。避免紫外线、红外线和激光危害的有效措施是佩戴相应的防护眼镜，避免用眼睛直接对准光束进行观察。对于大功率的二氧化碳气体激光，尽量避免照射中枢神经系统而引起伤害，还需佩戴防护头盔。

第二节　物理化学实验的测量误差与误差计算

在物理化学实验中，由于实验方法的可靠程度、所用仪器的精密程度、实验者感官限度等各方面条件的限制，使得一切测量结果均带有误差——测量值与真值之差。因此，必须对误差产生的原因及其规律进行研究，方可在合理的人力物力支出条件下，获得可靠的实验结果，再通过实验数据的列表、作图、建立数学关系式等表达和处理，就可使实验结果变为有参考价值的资料。另一方面，还可根据误差分析去选择最合适的仪器，或进而对实验方法进行改进。这在科学研究中必不可少。

一、量的测定

测定物理量的方法虽然很多，但从测量方式上讲，一般可归纳为两类。

1. 直接测量

将被测的量直接与同一类量进行比较的方法称直接测量。若被测的量直接由仪器的读数决定，仪器的刻度就是被测量的尺度，此法称直接读数法。如用温度计测量温度，用压力计测量压力等。若被测的量由直接与此量的度量比较而决定时，此法称比较法。如用对消法测量电动势、用电桥法测量电阻、用天平称质量等。

2. 间接测量

若被测的量不能直接测量，而要根据其它量的测量结果，通过一些公式计算出来，此法称间接测量。如黏度法测高聚物的分子量、反应热的测定、表面张力的测定等。物理化学中的多数测量均属于此类。

二、误差的分类

在测量中，按误差的性质和来源可分为如下三种。

1. 系统误差

由某些比较确定的、始终存在的但又未发觉或未认知的因素引起的误差称为系统误差（systematic error）。在相同条件下多次测量同一量时，这些因素影响的结果永远朝一个方向偏离，其大小和符号在同一类实验中完全相同。产生的原因有以下几个方面。

① 方法误差　例如实验方法存在缺陷、使用近似公式。

② 仪器误差　例如仪器自身精密度有限、电表零点未调好、温度计和滴定管刻度不准确、天平砝码不准、仪器系统本身的问题等。

③ 试剂误差　例如所用化学试剂的纯度不符合要求。

④ 操作误差　例如操作者观察视线偏高或偏低的不良习惯、操作者对颜色的感觉不灵敏。

系统误差产生的原因无法完全获知，改变实验条件可以发现系统误差的存在，针对产生原因可采取措施将其消除或减小。

2. 偶然误差（随机误差）

在相同条件下多次测量同一量时，误差的绝对值时大时小，符号时正时负，但随测量次数的增加，其平均值趋近于零，即具有抵偿性，此类误差称为偶然误差（random error）。

偶然误差在实验中总是存在的，很难完全避免。偶然误差产生的原因并不确定，可能是由环境条件的改变（如大气压、温度的波动）、仪器性能的微小波动、操作过程的微小差别等所致。

3. 过失误差（粗差）

过失误差（mistake error）是一种明显歪曲实验结果的错误。它无规律可循，是由操作者读错刻度、记错数据、加错试剂、损失溶液等所致。只要加强责任心，此类误差可以避免。凡是含有过失误差的数据必须一律舍去。

综上所述，一个好的实验结果应该只包含偶然误差。

三、测量的准确度和精密度

判断一个测量结果的好坏，必须同时从测量的准确度和精密度两方面加以考虑。

准确度（accuracy）是指测量结果的准确性，即测量结果偏离真值的程度。两者越接近则准确度越高，可见准确度指测量结果的正确性。

精密度（precision）是指平行测量结果的可重复性（或相互接近程度）及测量值有效数字的位数。重复性越好、有效数字位数越多，则表示测量进行得越精密。

准确度和精密度既有区别又有联系。高精密度不一定能保证有高准确度，但高准确度必须有高精密度来保证。只有准确度和精密度都高的测量才是我们所要求的。

四、误差的表达

1. 误差

误差（error，E）是指测量值（x）与真值（μ）之差。

误差代表测量结果的准确度。误差越小，准确度越高。

关于真值，需要说明的是：真值尽管存在，但其数值是不可知的，因此，真值是用已消除系统误差（或只含偶然误差）的实验手段和方法进行足够多次的测量所得的算术平均值或者文献手册中的公认值。

误差分为绝对误差（absolute error）和相对误差（relative error）。

（1）绝对误差

$$E_a = x - \mu$$

（2）相对误差

$$E_r = \frac{E_a}{\mu} \times 100\% = \frac{x - \mu}{\mu} \times 100\%$$

【例题】 某矿物样品中 A、B 两组分的质量分数（%）分别为 2.00、20.00，实验测定结果分别为 2.02、20.02，其测量结果的绝对误差和相对误差如下：

组分	x（测定值）	μ（真值）	E_a	E_r
A	2.02	(2.00)	0.02	1%
B	20.02	(20.00)	0.02	0.1%

此例中，虽然组分 A 和 B 的绝对误差 E_a 相同，但相对误差 E_r 却相差 10 倍。因此，相比而言，相对误差才更具有可比性，更能反映结果的准确度，更具有实用意义。

真值虽然存在，但由于误差难免且真值难以获得，所以，一般常取多次（n）测量结果的算术平均值（$\bar{x}$）作为最后的测定结果，即

$$\bar{x} = \frac{x_1 + x_2 + \cdots + x_n}{n} = \frac{\sum x_i}{n}$$

此时

$$E_a = \bar{x} - \mu$$

$$E_r = \frac{E_a}{\mu} \times 100\% = \frac{\bar{x} - \mu}{\mu} \times 100\%$$

2. 偏差

偏差（deviation）是指某个测量值（x_i）与平均值（$\bar{x}$）之差。

偏差表示测量结果的精密度，即各测量值之间的相互符合程度。偏差越小，离散性越小，精密度越高。

偏差分为单个偏差（individual deviation）、平均偏差（average deviation）和标准偏差（standard deviation）。

（1）单个偏差

$$d_i = x_i - \bar{x}$$

（2）平均偏差

$$\delta = \frac{\sum |d_i|}{n}$$

平均偏差虽然是表示偏差的较好方法，其缺点是难以表示出各次测量值之间彼此吻合的情况。因为在一组测量中偏差彼此接近的情况下与另一组测量中偏差有大、中、小三种情况下，所得平均值可能相同，例如 1.9、2.0、2.1 和 1.0、2.0、3.0 两组，其平均值均为 2.0。总之，平均偏差的优点是计算简便，但用这种误差表示时，可能会把质量不高的测量掩盖住。

（3）标准偏差

标准偏差是表示测量精密度的最好方法。标准偏差不仅是一组测量中各个测量值的函数，而且对一组测量中的较大偏差和较小偏差反映比较灵敏。因此，在近代物理化学，特别是热力学中，多采用标准偏差来衡量数据的离散程度，表示测量的精密度。其定义式：

$$\sigma = \sqrt{\frac{\sum d_i^2}{n}} \quad （总体标准偏差，足够多次平行测量，\lim_{n \to \infty} \bar{x} = \mu）$$

$$s = \sqrt{\frac{\sum d_i^2}{n-1}} \quad （样本标准偏差，有限次平行测量）$$

在上述有限次测量的标准偏差公式中，$(n-1)$ 称为自由度，用 f 表示。自由度即独立偏差的个数，因各偏差之和等于零（$\sum |d_i| = 0$），所以 n 个偏差中只有 $(n-1)$ 个是独立的。

【例题】有两组测量数据，均平行测了 8 次，其平均偏差和标准偏差的计算结果同时列出，如下：

第一组	$x_i - \bar{x}$	0.11, −0.73, 0.24, 0.51, −0.14, 0.00, 0.30, −0.21
	n	8
	δ_1	0.28
	s_1	0.38
第二组	$x_i - \bar{x}$	0.18, 0.26, −0.25, −0.37, 0.32, −0.28, 0.31, −0.27
	n	8
	δ_2	0.28
	s_2	0.29

此例中，尽管 $\delta_1 = \delta_2$，但 $s_1 > s_2$，所以，用标准偏差比用平均偏差更科学更准确。

五、测量结果的表达

1. 测量结果的表达

前已述及，只有当 $n \to \infty$ 时，才能实现 $\bar{x} \to \mu$，即此时才能得到最可靠的分析结果；而有限次测量所得的平均值不可避免的带来一定的不确定性。因此，只能在一定的置信度下，根据 $\bar{x}$ 值对 μ 可能存在的区间做出估计。置信度是指真值落在某一区间内的概率（或把握）。平均值的置信区间是指在选定的置信度下，总体平均值在以测定平均值为中心出现的范围，简称置信区间。

因此，表达测量结果时，不仅要列出测量平均值，还应给出测量偏差（误差），以便确定真值出现的范围。

对于有限次平行测量，根据统计学原理，可用下式作为测量结果的一般表达形式：

$$\mu = \bar{x} \pm t \frac{s}{\sqrt{n}}$$

式中，t 是选定的某一置信度下的概率系数（t 可查手册，部分数据参见表 2-5）。

表 2-5 不同测量次数及不同置信度的 t 值

测定次数 n	置信度				
	50%	90%	95%	99%	99.5%
2	1.000	6.314	12.706	63.657	127.32
3	0.816	2.920	4.303	9.925	14.089
4	0.765	2.353	3.182	5.841	7.453
5	0.741	2.132	2.776	4.604	5.598
6	0.727	2.015	2.571	4.032	4.773

【例题】 用分光光度法测定钢中铬含量，测定 5 次，其结果分别为 1.12%、1.15%、1.11%、1.16% 和 1.12%。若取 95% 的置信度，试将测定结果以平均值的置信区间表示。

解：根据题意可得，$\bar{x} = 1.13\%$

$$s = \sqrt{\frac{\sum(x_i - \bar{x})^2}{n-1}} = 0.022$$

因 $f = 4$ 时，$t_{95\%} = 2.776$，故

$$w(\mathrm{Cr})/\% = 1.13 \pm (2.776 \times 0.022/\sqrt{5}) = 1.13 \pm 0.03$$

这说明铬含量出现在 $(1.13 \pm 0.03)\%$ 范围内的概率（或置信度）是 95%。

2. 测量结果精确度的表达

对于有限次平行测量，结果的精确度可表示为：

$$\bar{x} \pm \delta \quad \text{或} \quad \bar{x} \pm s$$

δ、s 越小，表示精密度越高。

也可用相对平均偏差和相对标准偏差来表示：

相对平均偏差：$\delta_r = \pm \dfrac{\delta}{\bar{x}} \times 100\%$

相对标准偏差：$s_r = \pm \dfrac{s}{\bar{x}} \times 100\%$

六、偶然误差的统计规律和可疑值的舍弃

偶然误差符合正态分布规律（图 2-1）。换言之，只要测量次数足够多，在消除了系统误差和粗差的前提下，测量值的算术平均值趋近于真值，即 $\lim_{n\to\infty}\overline{x}=x_真$。$s$ 为无限次测量所得的标准误差。但是，一般测量次数不可能有无限多次，所以一般测量值的算术平均值也不等于真值。于是人们又常把测量值与算术平均值之差称为偏差，常与误差混用。

以 $\overline{x}$ 为中心的偶然误差正态分布曲线具有以下特点。

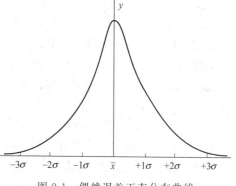

图 2-1 偶然误差正态分布曲线

（1）对称性　绝对值相等的正偏差和负偏差出现的概率几乎相等，正态分布曲线以 y 轴对称。

（2）单峰性　绝对值小的偏差出现的概率高，绝对值大的偏差出现的概率低。

（3）有界性　在特定条件下的有限次测量值中，偏差的绝对值不会超过某一界限。统计结果表明，测量结果的偏差在 $\pm 1\sigma$ 内出现的概率为 68.3%，在 $\pm 2\sigma$ 内出现的概率为 95.5%，在 $\pm 3\sigma$ 内出现的概率为 99.7%，偏差超过 $\pm 3\sigma$ 的概率仅为 0.3%。因此根据小概率定理，凡误差的绝对值大于 3σ 的点，均可以作为粗差剔除。严格地说，这是指测量达到一百次以上时方可如此处理，粗略地用于 15 次以上的测量。对于 10~15 次时可用 2σ，若测量次数再少，应酌情递减。

七、误差传递——间接测量结果的误差计算

测量分直接测量和间接测量两种，一切简单易得的量均可直接测出，如用温度计测量体系的温度。对于难以直接测得的量，可先通过直接测定简单量，而后按照一定的函数关系将它们计算出来。例如在凝固点降低实验中，测得纯溶剂凝固点 T_0、溶液凝固点 T、溶剂质量 m_A 和溶质质量 m_B，代入公式 $M_B=K_f\dfrac{m_B}{m_A(T_0-T)}$，就可求出溶质的摩尔质量 M_B，从而使直接测量值的误差传递给 M_B。

误差传递符合一定的基本公式。通过间接测量结果误差的求算，可以知道哪个直接测量值的误差对间接测量结果影响最大，从而可以有针对性地提高测量仪器的精度，获得好的结果。

1. 间接测量结果的平均误差和相对平均误差的计算

现以仅需三种直接可测量即可计算间接量为例。

设某间接量 N 是从 x，y，z 各直接测量值求得的，即 N 是 x，y，z 的函数，记作：
$$N=f(x,y,z)$$

若已知测定的 x，y，z 的平均误差为 Δx、Δy、Δz，如何求得 N 的平均误差 ΔN？分析如下。

将 $N=f(x,y,z)$ 式全微分得：

$$dN=\left(\frac{\partial N}{\partial x}\right)_{y,z}dx+\left(\frac{\partial N}{\partial y}\right)_{x,z}dy+\left(\frac{\partial N}{\partial z}\right)_{x,y}dz \tag{2-1}$$

设各自变量的平均误差 Δx、Δy、Δz 足够小时,可代替它们的微分 dx、dy、dz,并考虑到在最不利的情况下,直接测量的正负误差不能对消而引起误差累计,故取其绝对值,则式(2-1)可改写为:

$$\Delta N = \left|\frac{\partial N}{\partial x}\right||\Delta x| + \left|\frac{\partial N}{\partial y}\right||\Delta y| + \left|\frac{\partial N}{\partial z}\right||\Delta z| \tag{2-2}$$

式(2-2)即为间接测量中计算最终结果的平均误差的普遍公式。

若先将 $N = f(x, y, z)$ 式两边取对数,再求微分,然后将 dx、dy、dz 分别换成 Δx、Δy、Δz,且将 dN 换成 ΔN,则:

$$\frac{\Delta N}{N} = \frac{1}{f(x,y,z)}\left[\left|\frac{\partial N}{\partial x}\right||\Delta x| + \left|\frac{\partial N}{\partial y}\right||\Delta y| + \left|\frac{\partial N}{\partial z}\right||\Delta z|\right] \tag{2-3}$$

式(2-3)即为间接测量中计算最终结果的相对平均误差的普遍公式。

注意:上述式(2-2)与式(2-3)适用于仅需三种直接可测量即可测定间接量。若所需直接可测量的数目发生变化,分析方法同上。

表 2-6 给出了一些常见函数的平均误差。

表 2-6 部分函数的平均误差

函数关系	绝对误差 ΔN	相对误差 $\dfrac{\Delta N}{N}$
$N = x_1 + x_2$	$\pm(|\Delta x_1| + |\Delta x_2|)$	$\pm\left(\dfrac{|\Delta x_1| + |\Delta x_2|}{x_1 + x_2}\right)$
$N = x_1 - x_2$	$\pm(|\Delta x_1| + |\Delta x_2|)$	$\pm\left(\dfrac{|\Delta x_1| + |\Delta x_2|}{x_1 - x_2}\right)$
$N = x_1 x_2$	$\pm(x_1|\Delta x_2| + x_2|\Delta x_1|)$	$\pm\left(\dfrac{|\Delta x_1|}{x_1} + \dfrac{|\Delta x_2|}{x_2}\right)$
$N = x_1/x_2$	$\pm\left(\dfrac{x_1|\Delta x_2| + x_2|\Delta x_1|}{x_2^2}\right)$	$\pm\left(\dfrac{|\Delta x_1|}{x_1} + \dfrac{|\Delta x_2|}{x_2}\right)$
$N = x^n$	$\pm(nx^{n-1}|\Delta x|)$	$\pm\left(n\dfrac{|\Delta x|}{x}\right)$
$N = \ln x$	$\pm\left(\dfrac{|\Delta x|}{x}\right)$	$\pm\left(\dfrac{|\Delta x|}{x\ln x}\right)$

【例题】 计算函数 $x = \dfrac{5LRP}{\pi(m-m_0)rd^2}$ 的误差,其中 L、R、P、m、r、d 为直接测量值。

解: 对上式取对数:$\ln x = \ln 5 + \ln L + \ln R + \ln P - \ln\pi - \ln(m-m_0) - \ln r - 2\ln d$

微分得: $\dfrac{dx}{x} = \dfrac{dL}{L} + \dfrac{dR}{R} + \dfrac{dP}{P} - \dfrac{d(m-m_0)}{m-m_0} - \dfrac{dr}{r} - \dfrac{2d(d)}{d}$

考虑到误差积累,对每一项取绝对值得:

相对误差: $\dfrac{\Delta x}{x} = \pm\left[\dfrac{\Delta L}{L} + \dfrac{\Delta R}{R} + \dfrac{\Delta P}{P} + \dfrac{\Delta(m-m_0)}{m-m_0} + \dfrac{\Delta r}{r} + \dfrac{2\Delta d}{d}\right]$

绝对误差: $\Delta x = \left(\dfrac{\Delta x}{x}\right)\dfrac{5LRP}{\pi(m-m_0)rd^2}$

根据 $\dfrac{\Delta L}{L}$、$\dfrac{\Delta R}{R}$、$\dfrac{\Delta P}{P}$、$\dfrac{\Delta(m-m_0)}{m-m_0}$、$\dfrac{\Delta r}{r}$、$\dfrac{2\Delta d}{d}$ 各项的大小,还可以判断间接测量值 x 的最大误差来源。

【例题】 在凝固点降低法测定溶质的摩尔质量实验中，溶质B的摩尔质量M_B可用下式计算得出：

$$M_B = K_f \frac{m_B}{m_A \Delta T_f} = K_f \frac{m_B}{m_A(T_f^* - T_f)}$$

式中，m_A和m_B分别为溶剂A和溶质B的质量；T_f^*和T_f分别为纯溶剂A和溶液的凝固点；K_f为凝固点降低系数。

设溶质B的质量m_B为0.3000g，在分析天平上称重的绝对误差$\Delta m_B = 0.0004$g；溶剂A的质量m_A为20.0g，在普通天平上称量的绝对误差$\Delta m_A = 0.1$g；测量凝固点用贝克曼温度计，准确度为0.002K，纯溶剂A的凝固点T_f^*三次测量值分别为277.951K、277.947K、277.952K；溶液的凝固点T_f三次测定值分别为277.650K、277.654K、277.645K。

分析如下。

纯溶剂A的平均凝固点$\langle T_f^* \rangle$为：

$$\langle T_f^* \rangle = (277.951K + 277.947K + 277.952K)/3 = 277.950K$$

每次测量的绝对误差分别为0.001K、-0.003K、0.002K，则平均绝对误差$\langle \Delta T_f^* \rangle$为：

$$\langle \Delta T_f^* \rangle = \pm(0.001K + 0.003K + 0.002K)/3 = \pm 0.002K$$

那么，纯溶剂A的凝固点T_f^*应为：

$$T_f^* = (277.950 \pm 0.002)K$$

同法算得溶液的平均凝固点$\langle T_f \rangle = 277.650K$，平均绝对误差$\langle \Delta T_f \rangle = \pm 0.003K$，凝固点$T_f = (277.650 \pm 0.003)K$。

这样，凝固点降低值ΔT_f为：

$$\Delta T_f = T_f^* - T_f = (277.950 \pm 0.002)K - (277.650 \pm 0.003)K = (0.300 \pm 0.005)K$$

其相对误差为：

$$\frac{\Delta(\Delta T_f)}{\Delta T_f} = \pm \frac{0.005K}{0.300K} = \pm 0.017$$

又由于：

$$\frac{\Delta m_B}{m_B} = \pm \frac{0.0004g}{0.3000g} = \pm 1.3 \times 10^{-3}$$

$$\frac{\Delta m_A}{m_A} = \pm \frac{0.1g}{20.0g} = \pm 5 \times 10^{-3}$$

由此可求得溶质B的M_B的相对误差为：

$$\frac{\Delta M_B}{M_B} = \frac{\Delta m_B}{m_B} + \frac{\Delta m_A}{m_A} + \frac{\Delta(\Delta T_f)}{\Delta T_f} = \pm(1.3 \times 10^{-3} + 5 \times 10^{-3} + 0.017) = \pm 0.023$$

因此，测得的溶质的摩尔质量其最大相对误差为2.3%。从上述计算可以发现：本实验误差主要来自测量温度的准确性。称重的准确性对提高实验结果M_B的准确度影响不大，所以过分准确的称重（如用分析天平称溶剂的质量）没有必要。本实验的关键是提高温度测量的精度。所以，需要使用贝克曼温度计，同时需要很好地控制过冷现象，以免影响温度读数。

综上所述，事先计算各个测量的误差，分析其影响，能使我们选择正确的实验方法，选用精密度适宜的仪器，抓住实验测量关键，从而获得满意的实验结果。

2. 间接测量结果的标准误差计算

设函数 $N = f(x, y)$,且 x、y 的标准误差分别为 σ_x、σ_y 或 s_x、s_y,则 N 的标准误差为:

$$\sigma_N = \sqrt{\left(\frac{\partial N}{\partial x}\right)^2 \sigma_x^2 + \left(\frac{\partial N}{\partial y}\right)^2 \sigma_y^2} \quad \text{(足够多次平行测量)} \tag{2-4}$$

$$s_N = \sqrt{\left(\frac{\partial N}{\partial x}\right)^2 s_x^2 + \left(\frac{\partial N}{\partial y}\right)^2 s_y^2} \quad \text{(有限次平行测量)} \tag{2-5}$$

上述式(2-4)与式(2-5)即为间接测量中计算最终结果的标准误差的普遍公式。

注意:上述式(2-4)和式(2-5)适用于仅需两种直接可测量即可测定间接量。若所需直接可测量的数目发生变化,分析方法同上。

表 2-7 给出了一些常见函数的标准误差。

表 2-7 常见函数的标准误差

函数关系	绝对误差	相对误差
$N = x \pm y$	$\pm \sqrt{\sigma_x^2 + \sigma_y^2}$	$\pm \dfrac{1}{\lvert x \pm y \rvert}\sqrt{\sigma_x^2 + \sigma_y^2}$
$N = xy$	$\pm \sqrt{y^2 \sigma_x^2 + x^2 \sigma_y^2}$	$\pm \sqrt{\dfrac{\sigma_x^2}{x^2} + \dfrac{\sigma_y^2}{y^2}}$
$N = \dfrac{x}{y}$	$\pm \dfrac{1}{y}\sqrt{\sigma_x^2 + \dfrac{x^2}{y^2}\sigma_y^2}$	$\pm \sqrt{\dfrac{\sigma_x^2}{x^2} + \dfrac{\sigma_y^2}{y^2}}$
$N = x^n$	$\pm n x^{n-1} \sigma_x$	$\pm \dfrac{n}{x}\sigma_x$
$N = \ln x$	$\pm \dfrac{\sigma_x}{x}$	$\pm \dfrac{\sigma_x}{x \ln x}$

八、有效数字及其运算规则

1. 有效数字的概念

通常把只含有一位估读数字或不确定数的数字称为有效数字。它的位数不可随意增减。实验过程中常遇到两类数字:一类是数目,如测定次数、倍数、系数和分数等;第二类是测量值或计算值,这些数据的位数与测定准确度有关。

2. 有效数字的位数

(1) 有效数字的位数越多,数值的精确度也越大,相对误差越小。

① (1.35 ± 0.01)m,三位有效数字,相对误差 0.7%。

② (1.3500 ± 0.0001)m,五位有效数字,相对误差 0.007%。

(2) 计算误差时,所得误差数据一般只取一位有效数字,最多两位。

(3) 数字"0"在数据中具有双重作用,可能是有效数字,也可能不是。如 10.08 和 11.00 中的"0"是有效数字,即 10.08 和 11.00 都是四位有效数字。0.0518 是三位有效数字,"5"前面的"0"只起定位小数点的作用,即用以表达小数点位置的"0"不计入有效数字位数。像 12000 这样的数字,其有效位数不好确定,若写成 1.2×10^4,则是两位有效数字;若写成 1.2000×10^4,则是五位有效数字。

(4) 有效数字的位数应与测定仪器的精度相一致。所记录的测量值,应根据仪器的精度使记录的数字只保留一位估读数。滴定管和移液管读取 0.01mL,分析天平(万分之一)读取 0.0001g，标准溶液的浓度用四位有效数字表示。例如，普通 50mL 的滴定管，最小刻度为 0.1mL，记录 21.35 这个四位有效数字是合理的；记录 21.3 或 21.356 均错误，因为它们分别缩小和夸大了仪器的精度。

（5）对数（如 pH、pM、lgK）值的有效数字位数仅由小数的位数决定，且小数部分的所有"0"都为有效数字。

（6）改变单位，不改变有效数字的位数。

（7）若第一位的数值等于或大于 8，则有效数字的总位数可多算一位，如 9.23 虽然只有三位，但在运算时，可看作四位。

（8）常数 π，e 及乘子 $\sqrt{2}$ 和某些取自手册的常数，如阿伏伽德罗常数、普朗克常数等，其位数按实际需要取舍。

3. 运算中有效数字的修约

运算中舍弃过多不定数字时，应用"4 舍 6 入，逢 5 尾留双"的法则。例如有下列两个数值：9.435、4.685，整化为三位数，根据上述法则整化后的数值为 9.44 与 4.68。

（1）在加减运算中，各数值小数点后所取的位数，以其中小数点后位数最少者为准。例如：56.38+17.889+21.6=56.4+17.9+21.6=95.9。

（2）在乘除运算中，各数保留的有效数字，应以其中有效数字最少者为准。例如：$1.436 \times 0.020568 \div 85$，其中 85 的有效数字最少，由于首位是 8，所以可以看成三位有效数字，其余两个数值也应保留三位，最后结果只保留三位有效数字。例如：$1.44 \times 0.0206 \div 85 = 3.49 \times 10^{-4}$。

（3）在乘方或开方运算中，结果可多保留一位。

（4）在对数运算中，对数中的首数不是有效数字，对数的尾数的位数，应与各数值的有效数字相当。如 pH=2.299，$[H^+]=5.02 \times 10^{-3}$。

第三节 物理化学实验数据的表达与处理

物理化学实验数据的表示法主要有三种方法：列表法、作图法和数学方程式法。

一、列表法

将实验数据列成表格，排列整齐，使人一目了然。这是数据处理中最简单的方法。列表时应注意以下几点。

① 表格的上方要有序号和名称。

② 每行（或列）的开头一栏都要列出表头。物理量的名称和单位，二者应表示为相除的形式。因为物理量的符号本身是带有单位的，除以它的单位，即等于表中的纯数字。如 V/mL，$V_m/(mL \cdot mol^{-1})$，$\ln(p/kPa)$。较长的组合物理量也可以用一个简单的符号来表示，而在表的下方须说明该符号的意义。

③ 表中的数值应使用最简单的形式表示。公共的乘方因子应写在表头一栏与物理量符号相乘的形式，如 $10^3 T/K$，但注意指数上的正负号应异号。

④ 数字要排列整齐，小数点要对齐。要遵守有效数字书写规则。

⑤ 表格中表达的数据顺序：由左到右，由自变量到因变量。可以将原始数据和处理结果列在同一表中，必要时可在表的下方注明数据的处理方法或数据的来源。

二、作图法

作图法可更形象地表达出数据的变化规律，如极大、极小、转折点、周期性、变化速率等在图上一目了然。利用图形还可对数据作进一步处理，如求内插值、外推值、函数的微商、确定经验方程式中的常数等。

作图的基本要点如下。

(1) 坐标纸

用市售的正规坐标纸，并根据需要选用坐标纸种类：直角坐标纸、三角坐标纸、半对数坐标纸、对数坐标纸等。物理化学实验中一般用直角坐标纸。诸如三组分相图才使用三角坐标纸。

(2) 坐标轴

在直角坐标中，一般以横轴代表自变量，纵轴代表因变量。坐标原点不一定选在零点。

比例尺选择在作图法中十分重要。比例尺改变，曲线形状也随之改变，若选择不当，有时能使曲线上的极大、极小或转折点不明显，甚至得出错误结论。比例尺选择应遵守下列原则。

① 要能反映出测量值的精度。适当选择坐标比例，以表达出全部有效数字为准，即最小的毫米格内表示有效数字的最后一位。

② 坐标轴上每小格的数值，应便于读数和计算。一般取 1、2、5 或它们的 10^n 倍（n 为正或负整数），切忌 3、4、7、9 等难以读取的数字。

③ 在满足上述两个条件下，要充分考虑利用图纸，使图形分布合理。若图形为直线或近乎直线，则应将其安置在图的对角线邻近位置。

比例尺选好后，画上坐标轴，在轴旁注明该轴的变量名称和单位（二者表示为相除的形式）。10 的幂次以相乘的形式写在变量旁边，但注意指数上的正负号应异号。在横轴下边和纵轴左边每隔一定距离标出该变量的应有值，以便作图及读数。

(3) 绘制测量点

描点时，用细铅笔将所描的点准确而清晰地标在其位置上，用×、⊙、◇、★等符号表示，符号中心表示测得数据的正确值，圆的半径等表示精密度值。若同一图中有若干条曲线时，要用不同的符号描点，以示区别，并加以说明。

(4) 作曲线

绘好测量点后，按其分布情况，用曲线尺或曲线板作尽可能接近各点的曲线，曲线应光滑清晰。曲线不必通过所有的点，但分布在曲线两旁的点数应近似相等，测量点与曲线距离应尽可能小。

(5) 写图名

曲线作好后，应写上完整的图名、比例尺以及主要的测量条件，如温度、压力等。如图 2-2 所示。

作图法用途极为广泛，如求函数的极值、转折点、外推值、内插值、积分、微商、确定经验方程式中的常数等，举例如下。

① 求函数的极值或转折点。如二元恒沸混合物的最高（或最低）恒沸点及其组成的测定、固态二元相图中相变点的确定等。

② 求外推值。在某些情况下，测量数据间的线性关系可外推至测量范围以外，从而求

得某函数的极限值,这就是外推法。如强电解质无限稀溶液的摩尔电导率 Λ_m^∞ 值无法直接通过实验测定,但可以通过测定系列浓度该稀溶液的摩尔电导率,然后作图外推至浓度为零获得。

③ 求内插值。在曲线所示的范围内,可求对应于任意自变量数值的应变量数值。

④ 求导数函数的积分(图解积分法)。曲线下方的面积即为函数积分值。

⑤ 求函数的微商(图解微分法)。图解微分的关键是作切线。具体做法是在所得曲线上选定若干个点,然后采用几何作

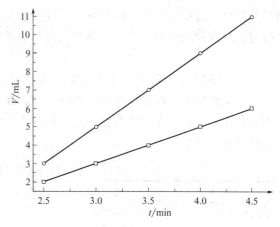

图 2-2 体积随时间变化的 V-t 图

图法,作出各切线,计算切线的斜率,即得该点函数的微商值。

作曲线的切线可用如下两种方法。

a. 镜像法

取一平面镜,使其垂直于图面,并通过曲线上待作切线的点 P (图 2-3),然后让镜子绕 P 点转动,注意观察镜中曲线的影像,当镜子转到某一位置,使得曲线与其影像刚好平滑地连为一条曲线时,过 P 点沿镜子作一直线即为 P 点的法线,过 P 点再作法线的垂线,就是曲线上 P 点的切线。若无镜子,可用玻璃棒代替,方法相同。

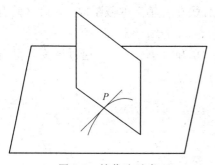

图 2-3 镜像法示意

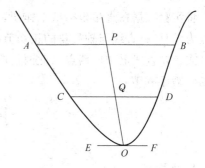

图 2-4 平行线段法示意

b. 平行线段法

如图 2-4,在选择的曲线段上作两条平行线 AB 及 CD,然后连接 AB 和 CD 的中点 PQ 并延长相交曲线于 O 点,过 O 点作 AB、CD 的平行线 EF,则 EF 就是曲线上 O 点的切线。

三、数学方程式法

将一组实验数据用数学方程式表达出来是最为精练的一种方法。它不但方式简单而且便于进一步求解,如积分、微分、内插等。此法首先需要寻找出一个适当的函数关系式,其次是确定函数关系式中各参数的值。

当不能确定函数关系式时,通常首先需要利用实验数据作图,根据图形判断其函数关系式。如果事先已知或者通过作图方式得到函数关系式,就可以利用实验数据,根据函数关系式进行数学拟合,得到函数关系式中的各参数的最佳值。

在所有的函数关系式中,把实验数据拟合成二元一次线性方程要比其它函数关系式来得

容易和简单。这不仅因为线性方程易于进行数学处理，而且还易于作图，并且可以直接从图上确定直线方程式中的各参数。例如二元一次线性方程：

$$y = mx + b$$

式中，参数 m 为斜率（又称 y 对 x 的回归系数）；参数 b 为截距。

在许多情况下，将所列数据作图时，并非都是直线。但是，有时通过某些数学处理，可以将其转化成二元一次线性方程，此过程称为曲线的直线化。表 2-8 列出了某些函数关系式的直线化处理方法。

表 2-8　常见函数关系式的直线化处理方法

原函数方程	线性式方程	线性式坐标轴	斜率	截距
$y = ae^{bx}$	$\ln y = bx + \ln a$	$\ln y - x$	b	$\ln a$
$y = ab^x$	$\ln y = x\ln b + \ln a$	$\ln y - x$	$\ln b$	$\ln a$
$y = ax^b$	$\ln y = b\ln x + \ln a$	$\ln y - \ln x$	b	$\ln a$
$y = a + bx^2$	$y = bx^2 + a$	$y - x^2$	b	a
$y = a\ln x + b$	$y = a\ln x + b$	$y - \ln x$	a	b
$y = \dfrac{a}{b+x}$	$\dfrac{1}{y} = \dfrac{x}{a} + \dfrac{b}{a}$	$\dfrac{1}{y} - x$	$\dfrac{1}{a}$	$\dfrac{b}{a}$
$y = \dfrac{ax}{1+bx}$	$\dfrac{1}{y} = \dfrac{1}{ax} + \dfrac{b}{a}$	$\dfrac{1}{y} - \dfrac{1}{x}$	$\dfrac{1}{a}$	$\dfrac{b}{a}$

求直线方程系数一般有三种方法：图解法、平均法和最小二乘法。

1. 图解法

将实验数据在直角坐标纸上作图，得一直线，此直线在 y 轴上的截距即为 b 值（横坐标原点为零时）；直线与轴夹角的正切值即为斜率 m。

或者在直线上选取两点（此两点应远离）(x_1, y_1) 和 (x_2, y_2)，通过计算，得出斜率 m、截距 b 值：

$$\begin{cases} m = \dfrac{\Delta y}{\Delta x} = \dfrac{y_2 - y_1}{x_2 - x_1} \\ b = y_1 - mx_1 \end{cases}$$

2. 平均法

平均法是用有关数据确定两个平均点，经过这两点得一直线。

为了得到这两个平均点，先把数据按 x（或 y）的大小顺序排列，把它们分成相等的两组。一组包含前一半数据点，另一组为余下的后一半数据点。如果数据点为奇数，中间的一点可以归入任意一组，或者归入两个组。之后，再对每一组数据点的 x 轴坐标和 y 轴坐标分别求平均值。这样，便确定了两个平均点 (X_1, Y_1) 和 (X_2, Y_2)。最后，可以直接通过这两个点画出直线；也可以用代数方法解两个联立方程 $Y_1 = mX_1 + b$ 和 $Y_2 = mX_2 + b$，通过计算，得出 m、b 值：

$$\begin{cases} m = \dfrac{\Delta Y}{\Delta X} = \dfrac{Y_2 - Y_1}{X_2 - X_1} \\ b = Y_1 - mX_1 \end{cases}$$

平均法的另一种算法是，先将测得的 n 组数据分别代入直线方程式，则得 n 个直线方程：

$$\begin{cases} y_1 = mx_1 + b \\ y_2 = mx_2 + b \\ \vdots \\ y_n = mx_n + b \end{cases}$$

然后将这些方程等分成两组，分别将各组的 x，y 值累加起来，得到两个方程：

$$\begin{cases} \sum_{i=1}^{k} y_i = m \sum_{i=1}^{k} x_i + kb \\ \sum_{i=k+1}^{n} y_i = m \sum_{i=k+1}^{n} x_i + (n-k)b \end{cases}$$

解此联立方程，可得 m、b 值。

3．最小二乘法

这是最为精确的一种方法，它的基本假设是使残差的平方和最小，即所有实验数据点与其在回归线上相应预测位置的偏差的平方和最小。

通常，为了数学上处理方便，假定误差只出现在因变量 y，且假定所有数据点都同样可靠。分析如下。

若两个物理量 x、y 之间存在线性关系，即

$$y = mx + b$$

实验测得 n 组数据：

$$x_1, x_2, \cdots, x_n$$
$$y_1, y_2, \cdots, y_n$$

每一组数据均代入直线方程式，则得 n 个方程，即：

$$\begin{cases} y_1 = mx_1 + b \\ y_2 = mx_2 + b \\ \vdots \\ y_n = mx_n + b \end{cases}$$

这是一个线性矛盾方程组，它没有一般意义下的解。利用最小二乘法可以求出该方程组的解，即斜率 m 和截距 b。这样一种计算方法称为直线拟合。

对于第 i 个点，残差或偶然误差 re_i 为：

$$re_i = y_i - \overline{y}_i = y_i - (mx_i + b)$$

式中，y_i 代表测量值，$\overline{y}_i$ 代表变量的真值。

残差的平方和为：

$$\Delta = \sum re_i^2 = \sum (y_i - \overline{y}_i)^2 = \sum [y_i - (mx_i + b)]^2$$

此和是每个测量数据点与两个参数 m、b 的函数。

令 $\Delta = \sum [y_i - (mx_i + b)]^2$ 为最小，则根据函数极值条件，应有：

$$\begin{cases} \dfrac{\partial \Delta}{\partial m} = 0 \\ \dfrac{\partial \Delta}{\partial b} = 0 \end{cases}$$

于是得方程组：

$$\begin{cases} \dfrac{\partial \Delta}{\partial m} = 2\sum_{i=1}^{n} x_i(b + mx_i - y_i) = 0 \\ \dfrac{\partial \Delta}{\partial b} = 2\sum_{i=1}^{n} (b + mx_i - y_i) = 0 \end{cases}$$

即

$$\begin{cases} m = \dfrac{n\sum_{i=1}^{n} x_i y_i - \sum_{i=1}^{n} x_i \sum_{i=1}^{n} y_i}{n\sum_{i=1}^{n} x_i^2 - \left(\sum_{i=1}^{n} x_i\right)^2} \\ b = \dfrac{\sum_{i=1}^{n} y_i \sum_{i=1}^{n} x_i^2 - \sum_{i=1}^{n} x_i \sum_{i=1}^{n} x_i y_i}{n\sum_{i=1}^{n} x_i^2 - \left(\sum_{i=1}^{n} x_i\right)^2} \end{cases} \qquad (2\text{-}6)$$

上述计算中包含了大量复杂的运算，任何一步运算错误都可导致随后计算失败。如果预先已知直线的斜率或截距，则计算会简化很多。

若斜率 m 已知，则：

$$b = \dfrac{\sum_{i=1}^{n} y_i - m\sum_{i=1}^{n} x_i}{n} \qquad (2\text{-}7)$$

若截距 b 已知，则：

$$m = \dfrac{\sum_{i=1}^{n} x_i y_i - b\sum_{i=1}^{n} x_i}{\sum_{i=1}^{n} x_i^2} \qquad (2\text{-}8)$$

需要说明的是，式(2-6)、式(2-7)、式(2-8) 的前提是假设所有的实验误差均来源于 y 值，或 x 的误差比 y 的小得多，可以忽略不计。若误差还来源于 x 值，则须另行处理，详细内容请参阅相关资料。

为了检验变量 x_i 与 y_i 之间的线性相关水平，常用相关系数 R 来表示：

$$R = \dfrac{n\sum_{i=1}^{n} x_i y_i - \sum_{i=1}^{n} x_i \sum_{i=1}^{n} y_i}{\sqrt{\left[\sum_{i=1}^{n} x_i^2 - \left(\sum_{i=1}^{n} x_i\right)^2\right]\left[\sum_{i=1}^{n} y_i^2 - \left(\sum_{i=1}^{n} y_i\right)^2\right]}}$$

相关系数 R 的绝对值的数值范围为 $0 \leqslant |R| \leqslant 1$。当 $|R|=1$ 时，变量 x_i 和 y_i 之间存在严格的线性相关（斜率 $m>0$，$R=1$；$m<0$，$R=-1$）；当 $|R|$ 远离 1 时，变量 x_i 和 y_i 之间线性相关较差；当 $|R|=0$ 时，变量 x_i 和 y_i 之间无线性关系。

这种方法处理较繁，但结果可靠。随着计算机在物理化学中应用日趋普遍，使用最小二乘法求解已成为一种极其方便的方法。

最后，值得一提的是，在数学方程式法中，若变量之间的关系为多项式，即 $y=a+bx+cx^2+dx^3+\cdots$，也可借助最小二乘法原理，通过复杂计算或利用计算机曲线拟合求出回归方程和系数。

采用回归分析的计算软件，将使实验数据方程的拟合变得非常简便。如软件 Curve Expert，只要将测量数据输入，计算机即可自动拟合，进行线性回归、多项式回归及非线性回归，并最终给出相关系数和图表。其它软件，如 Matlab、Spass、Origin、Excel 等也有回归和作图功能。

第四节　温度的测量与控制

在物理化学实验中，有些实验需要在高温（>250℃）进行，有些实验需要在低温下操作，有些实验需要在恒定的温度下进行，有些实验则需要在匀速升温下进行。这就涉及到体系温度的测量与控制。

一、温度和温标

1. 温度

温度是描述热力学平衡系统冷热程度的物理量，是对体系内部大量分子、原子等平均动能大小的一种度量，也是确定系统状态的一个基本参量。物体内部分子、原子平均动能的增加或减少，表现为物体温度的升高或降低。物质的物理化学特性，都与温度有密切的关系。因此，准确测量和控制温度，在科学实验中十分重要。

温度是一个特殊的物理量，两个物体的温度不能像质量那样互相叠加，两个温度间只有相等或不等的关系。为了表示温度的数值，需要建立温标。

2. 温标

度量温度高低的标尺称为温标，即温度间隔的划分与刻度的表示。这样才会有温度计的读数。所以温标是测量温度时必须遵循的带有"法律"性质的规定。温标有经验温标、热力学温标、国际温标。目前在物理化学实验中常使用的温标为经验温标和热力学温标。

（1）经验温标

经验温标是以某物质的某一属性随冷热程度的变化为依据而确定的温标。确立一种温标，需要以下三步。

① 选择测温物质。作为测温物质，它的某种物理性质，如体积、电阻、温差电势以及辐射电磁波的波长等与温度有依赖关系而又有良好的重现性。

② 确定基准点。测温物质的某种物理特性，只能显示温度变化的相对值，必须确定其相当的温度值，才能实际使用。通常是以某些高纯物质的相变温度，如凝固点、沸点等，作为温标的基准点。

③ 划分温度值。基准点确定以后，还需要确定基准点之间的分隔。例如，我们常用的摄氏温标，是以水银-玻璃温度计来测定水的相变点，规定1atm下水的冰点（0℃）和沸点（100℃）为两个定点，定点间分为100等份，每一份为1℃。用外推法或内插法求得其它温度。摄氏温标的符号为 t，单位为℃。

经验温标依赖于测温物质的物理属性，实际上，一般所用物质的某种特性，与温度之间并非严格地呈线性关系。因此用不同物质做的温度计测量同一物体时，所显示的温度往往不完全相同。基于此点，人们希望建立一种不依赖于测温物质性质的温标，即热力学温标。

（2）热力学温标

热力学温标又称开氏温标或绝对温标，符号为 T，单位以 K（开尔文）表示。它是

1848年英国物理学家开尔文（Kelvin）以热力学第二定律为基础建立的，与测温物质性质无关。

$$T_2 = \frac{Q_2}{Q_1} T_1$$

理想气体在定容下的压力（或定压下的体积）与热力学温度呈严格的线性函数关系。因此，国际上选定气体温度计，用来实现热力学温标。氦、氢、氮等气体在温度较高、压强不太大的条件下，其行为接近理想气体。所以，这种气体温度计的读数可以校正成为热力学温标。热力学温标用单一固定点定义，规定"热力学温度单位开尔文（K）是水三相点热力学温度的1/273.16"。水的三相点热力学温度为273.16K。热力学温标与通常习惯使用的摄氏温度分度值相同，只是差一个常数，$T/K = 273.15 + t/℃$。

（3）国际温标

由于气体温度计的装置复杂，使用很不方便；为了统一国际间的温度量值，1927年拟定了"国际温标"，建立了若干可靠而又能高度重现的固定点。随着科学技术的发展，又经多次修订，现采用的是1990国际温标（ITS-90），其固定点定义见表2-9。

表2-9　ITS-90的固定点定义

物质①	平衡态②	温度 T_{90}/K	物质①	平衡态②	温度 T_{90}/K
He	VP	3～5	Ga*	MP	302.9146
e-H_2	TP	13.8033	In*	FP	429.7485
e-H_2	VP(CVGT)	约17	Sn	FP	505.078
e-H_2	VP(CVGT)	约20.3	Zn	FP	692.677
Ne*	TP	24.5561	Al*	FP	933.473
O_2	TP	54.3584	Ag	FP	1234.94
Ar	TP	83.8058	Au	FP	1337.33
Hg	TP	234.3156	Cu*	FP	1357.77
H_2O	TP	273.16			

① e-H_2 指平衡氢，即正氢和仲氢平衡分布，在室温下正常氢含75%正氢、25%仲氢。
② VP—蒸气压点；CVGT—等容气体温度计点；TP—三相点（固、液和蒸气三相共存的平衡度）；FP—凝固点和MP—熔点（在一个标准大气压101325Pa下，固、液两相共存的平衡温度）。
注：1. 同位素组成为自然组成状态。
2. *代表第二类固定点。

国际温标规定，从低温到高温划分为四个温区，各温区分别选用一个高度稳定的标准温度计来度量各固定点之间的温度值。这四个温区及相应的标准温度计见表2-10。

表2-10　四个温区的划分及相应的标准温度计

温度范围 T/K	13.81～273.15	273.15～903.89	903.89～1337.58	1337.58以上
标准温度计	铂电阻温度计	铂电阻温度计	铂铑(10%)-铂热电偶	光学高温计

用于测量温度的物质都具有某些与温度密切相关，且又能严格重现的物理属性，如体积、压力、电阻、温差电势等。利用这些特性可以设计成各类测温仪、温度计。温度计的种类很多，一般可分为接触式和非接触式两大类。若按用途分类，则分为温度测量和温差测量两大类。物理化学实验中常采用水银温度计、贝克曼温度计、热电偶温度计、电阻温度计等来测量系统的温度。

二、水银温度计

水银温度计是实验室常用的温度计，它是利用玻璃球内水银随温度的变化而在毛细管中上升或下降来测温的。水银的体积膨胀系数，在相当大的范围内变化很小，因此在众多液体温度计中，水银温度计的使用最为广泛。它的优点是结构简单、价格低廉、精确度较高、可直接读数且使用方便，但是易损坏且损坏后无法修理。水银温度计适用范围为 238.15～633.15K（水银的熔点为 234.45K，沸点为 629.85K），如果用石英玻璃作管壁，充入氮气或氩气，最高使用温度可达到 1073.15K。常用的水银温度计刻度间隔有 2℃、1℃、0.5℃、0.2℃、0.1℃ 等，其与温度计的量程范围有关，可根据测量精度的需要恰当选择。

1. 水银温度计的种类和使用范围

按其刻度和量程范围的不同，可分为以下几种。

① 普通温度计　最小分度为 1℃，量程有 0～100℃、0～250℃、0～360℃ 等。

② 分段温度计（成套温度计）　最小分度为 0.1℃；从 -10～220℃，共有 23 支，每只温度范围为 10℃；另有 -40～400℃ 一套温度计，每隔 50℃ 一支，交叉组成的测量范围为 -10～200℃ 或 -10～400℃。

③ 石英温度计　用石英作管壁，内部充以氮气或氩气，最高温度可测到 800℃。

④ 精密温度计　常用于量热实验。最小分度为 0.01℃ 或 0.02℃。量程有 9～15℃、12～18℃、15～21℃、18～24℃、20～30℃ 等。在测定水溶液凝固点降低时，还使用量程为 -0.5～0.5℃，最小分度为 0.01℃ 的温度计。

⑤ 贝克曼（Beckmann）温度计　专用于测量温差，是一种移液式的内标温度计。最小分度为 0.01℃，温差范围为 0～5℃，测量温度的上下限可根据测温要求任意调节。

⑥ 接点式温度计　可在某一温度点上接通或断开，与电子继电器等装置配套使用，可以用来控制温度。常用的有导电表、电接触温度计。

2. 水银温度计的校正

(1) 示数刻度校正

① 以纯物质的熔点或沸点作为标准进行校正

选用数种已知熔点的纯物质，用该温度计测量它们的熔点，以实测熔点为纵坐标，实测熔点与已知熔点的差值为横坐标，作出校正曲线。由此，凡是用这支温度计测量的温度，均可在此曲线上找到校正值。

② 以标准水银温度计为标准进行校正

用标准温度计和待校正的温度计同时测某一体系的温度，每隔一定温度分别记录两支温度计测定的读数，并求出偏差值。

$$\Delta t_{示} = 标准温度计的读数 - 待校正温度计的读数$$

以待校正的温度计的读数为纵坐标，以 $\Delta t_{示}$ 为横坐标，作出校正曲线。由此，凡是用这支温度计测量的温度，均可在此曲线上找到校正值。标准水银温度计由多支温度计组成，各支温度计的测量范围不同，交叉组成 -10℃ 到 360℃ 范围，每支都经过计量部门的鉴定，读数准确。

如某温度计在 70℃ 左右时，示值校正值 $\Delta t_{示} = 0.12℃$，则当使用该温度计测量时，温度计读数 $t_{观} = 69.91℃$，则测量体系的正确温度 t 应为：

$$t = t_{观} + \Delta t_{示} = 69.91℃ + 0.12℃ = 70.03℃$$

(2) 露茎校正

水银温度计有"全浸"和"非全浸"两种，"非全浸"温度计通常在背面刻有浸入深度的标记，按此要求操作即可。常用的水银温度计为"全浸"温度计。只有当水银球与水银柱

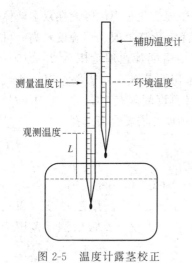

图 2-5 温度计露茎校正

全部浸入被测的系统中,"全浸"温度计的读数才是正确的。但在实际使用中,往往有部分水银柱露在系统外,造成读数误差,因此需要进行露茎校正。露茎校正的方法是:在测量温度计旁放一支辅助温度计,辅助温度计的水银球应置于测量温度计露茎高度的中部(见图2-5)。露茎校正公式为:

$$\Delta t_{露} = aL(t_{观} - t_0)$$

式中,$\Delta t_{露}$为系统的露茎校正值;$t_{观}$为测量温度计的读数(系统温度);t_0为辅助温度计上的读数(环境温度);L为水银柱露出系统外的长度(以温度差来表示);a为水银对玻璃的相对膨胀因子,$a = 0.00016$。

校正后,得:

$$t = t_{观} + \Delta t_{露}$$

综上所述,需要用水银温度计精确测量系统的温度 t 时(误差小于±0.01℃),应作如下校正:

$$t = t_{观} + \Delta t_{示} + \Delta t_{露}$$

3. 使用注意事项

① 根据测量系统的精度来选择不同量程、不同精确度的温度计。

② 根据需要对温度计进行校正。

③ 温度计置入系统后,待系统与温度计之间热传导平衡后(数分钟)再进行读数。

④ 如需改变温度,则从水银柱上升的方向读数为好,而且在各次读数前轻击水银温度计,以防水银沾壁。

⑤ 水银玻璃温度计是易损坏的仪器,使用时应严格遵守操作规程,尽量避免不合规定的操作。例如以温度计代替搅拌棒;与搅拌器相碰;置于桌子边缘;套温度计的塞子孔太大,使温度计滑下,或孔太小,用力把温度计塞入,造成温度计折断等。万一温度计损坏,内部水银洒出,应严格按"汞的安全使用规程"处理。

三、贝克曼温度计

在物理化学实验中,常常需要对体系的温度进行精确测量,如恒温槽的性能测试、燃烧热的测定、沸点升高实验、凝固点降低法测定相对分子量等均要求测量温度精确到0.001℃。然而普通温度计无法达到此精确度,需借助贝克曼温度计这样的精密温度计。贝克曼温度计主要用于量热技术中。

贝克曼温度计不能测系统的温度,但可精密测量系统过程的温差。

1. 结构特点

贝克曼温度计也是一种水银温度计,其主要特点如下。

① 刻度精细,测量精密度高。1℃均分为100等份,刻线间隔为0.01℃,用放大镜可以估读至0.002℃。现在还有更灵敏的贝克曼温度计,刻度标尺总共为1℃或2℃,最小刻度达0.002℃,可以估读至0.0004℃。

② 刻度尺上的刻度一般只有5℃或6℃,所以量程较短。

③ 其结构(如图2-6所示)与普通水银温度计不同,它的测温端水银球内的水银储量

可以借助顶端的水银储槽（水银球与储汞槽由均匀的毛细管连通，其中除水银外是真空）来调节。所以，虽然量程短，却可以在不同范围内使用，一般可在 −6～120℃ 使用。

④ 由于水银球中的水银量是可变的，因此，水银柱的刻度值就不是温度的绝对读数（不是实际温度），只能在量程范围内读出温度间的差数 ΔT。

2. 使用方法

一个已调节好的贝克曼温度计，是指在测量的起始温度，毛细管中的水银面应位于刻度尺的合适位置。比如，若为温度升高的实验（如燃烧焓的测定），则水银柱指示的起始温度 t 应调节在贝克曼温度计的 1℃ 左右；若为温度降低实验（如凝固点降低法测定物质的摩尔质量），则 t 应调节在 4℃ 左右；在温度上下波动时，则温度 t 应在中部位置。

贝克曼温度计在使用前需根据待测系统的温度及温差值的大小、正负来调节水银球中的水银量。贝克曼温度计的调节有两种方法：一是恒温浴调节法；二是标尺读数法。

（1）恒温浴调节法的基本操作

① 首先须确定所使用的温度范围。

例如，测量水溶液的凝固点降低时，需要能读出 1～−5℃ 之间的温度读数；测量水溶液的沸点升高时，则希望能读出 99～105℃ 之间的温度读数；对于燃烧热的测定，则室温时水银柱示值在 2～3℃ 为宜。

② 根据使用范围，对水银球中的水银量进行调节。

a. 估计水银柱升至毛细管末端弯头处的温度值。一般的贝克曼温度计，水银柱由刻度最高处上升至毛细管末端，还需再升高 2℃ 左右（将贝克曼温度计与一支 0.1 分度的普通温度计同时插入盛水或其它液体的烧杯中加热，贝克曼温度计的水银柱就会上升，由普通温度计读出贝克曼温度计最上部刻度处 a 至毛细管末端 b 处段相当的温度值，一般取 3 次测量的平均值）。根据这个估计值来调节水银球中的水银量。例如测定水的凝固点降低时，最高刻度值拟调节至 1℃，则毛细管末端弯头处温度相当于 3℃。

b. 连接储槽水银和毛细管水银。用手的温度或热水浴加热贝克曼温度计的水银球，使毛细管内的水银柱升至毛细管末端，并能在弯头出口处形成滴状。然后将其倒置，即可使它与储槽中的水银相连接。最后再将其慢慢倒转过来。

c. 调节水银球中的水银量。将一恒温浴调至毛细管末端弯头所应达到的温度，把贝克曼温度计置于该恒温浴中，恒温 3min 以上。之后，取出温度计，以右手紧握它的中部，使它近垂直，立刻用左手轻击右小臂，水银柱即可在毛细管末端处断开。温度计从恒温浴中取出后，由于温度的差异，水银体积会迅速变化，所以这一调整步骤要求迅速、轻快，但不能慌乱，以免造成失误。

d. 检查调节是否合格。将调节好的温度计置于欲测温度的恒温浴中，观察读数值，并估计量程是否达标。比如，凝固点降低实验中，可用 0℃ 的冰水浴加以检验，若温度落在 3～5℃ 处，意味着量程合适。如果偏差过大，则应按上述步骤重新调节。

贝克曼温度计的调节方法也可以采取以下措施。

图 2-6　贝克曼温度计
1—水银储槽；2—毛细管；3—水银球；a—最高刻度；b—毛细管末端

① 确定所使用的温度范围。同上。

② 进行水银储量的调节。首先，将贝克曼温度计倒持，使水银球中的水银与水银储槽中的水银在毛细管尖口处相连接；然后，利用水银的重力或热胀冷缩原理使水银从水银球转移到水银储槽或从水银储槽转移到水银球中。达到所需转移量时，迅速将贝克曼温度计正向直立，用左手轻击右手的手腕处，把毛细管尖口处的水银拍断。再放入待测介质中，观察水银柱位置是否合适，如不合适，可重复调节操作，直至调好为止。

（2）标尺读数法的基本操作

操作较熟练的人可采用此法。该法是直接利用贝克曼温度计上部的温度标尺，而不必另外用恒温浴来调节。

① 估计最高使用温度值。

② 将温度计倒置，使水银球和毛细管中的水银缓慢注入毛细管末端的储槽，再把温度计缓慢倾斜，使储槽中的水银与之相连。

③ 若估计值高于室温，可用温水或是倒置温度计利用重力作用，让水银流入水银储槽，当温度标尺处的水银面到达所需温度时，轻轻敲打，使水银柱在弯头处断开。若估计值低于室温，可把温度计浸在较低的恒温浴中，让水银面下降至温度标尺上的读数正好到达所需温度的估计值，同法使水银柱断开。

④ 检查调节是否合格。同上。

3. 使用注意事项

① 贝克曼温度计属于较贵重的玻璃仪器，下端水银球的玻璃壁很薄，中间的毛细管细长，极易损坏。使用时，不要同任何硬物相碰；动作不可过大，避免重击，避免触到实验台上损坏；不能骤冷和骤热，以防温度计破裂；使用夹子固定温度计时，必须垫有橡胶垫，不能用铁夹直接夹温度计。

② 在调节时，若温度计下部水银球内的水银与上部储槽中的水银始终不能相接时，应停下来并查找原因。不可一味地对温度计升温，致使下部水银过多的导入上部储槽中。调节好的温度计，注意勿使毛细管中的水银再与储槽中的水银相接。

③ 用完后必须立即放回盒内，不可任意搁置。

四、热电偶温度计

一般由热电偶及测量仪表两部分组成，二者间用导线相连接，测量温度范围约为-200~1300℃。热电偶可直接与被测对象接触，不受中间介质影响。其特点是测量精度高、响应时间短、重现性好、体积小且量程宽。在高温测量中，普遍使用热电偶温度计。

两种不同金属导体 A 和 B 的两端结合构成一个闭合线路，如果两个连接点温度不同，回路中将会产生一个与温差有关的电势，称为温差电势。这样的一对金属导体称为热电偶（图 2-7），可以利用其温差电势测定温度。

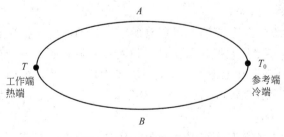

图 2-7 热电偶回路示意

实验表明，温差电势 E 与两个接点的温差 ΔT 之间存在函数关系。若其中一个接点的温度恒定不变，则温差电势只与另一接点的温度有关：$E=f(T)$。如果将热电偶其中一接点置于某一固定温度的介质中（一般置于冰水浴中，温度为0℃，常称为冷端，也叫自由端），则产生的热电势是另一接点（称为热端，也叫工作端）温度的单值函数。因此，通过热电势的测量可获得工作端置放处（被测系统）的温度。

热电偶根据材质可分为廉价金属、贵金属、难熔金属和非金属四种。其具体材质、对应组成及使用温度见表2-11。

表 2-11　热电偶基本参数表

类别	材质及组成	使用范围/℃
廉价金属	铁-康铜（CuNi40）	0～+800
	铜-康铜	−200～+300
	镍铬10-考铜（CuNi43）	0～+800
	镍铬-考铜	0～+800
	镍铬-镍硅	0～+1300
	镍铬-镍铝（NiAl2Si1Mg2）	0～+1100
贵金属	铂-铂铑10	0～+1600
	铂铑30-铂铑6	0～+1800
难熔金属	钨铼5-钨铼20	0～+200
非金属	碳化硅	0～+1800
	石墨-掺硼石墨	0～+2500
	石墨纤维	0～+2500

热电偶的两根材质不同的偶丝，需要在氧焰或电弧中熔接。为了避免短路，需将电偶丝穿在绝缘套管中。

使用时一般是将热电偶的一个接点放在待测物体中（热端），而将另一端放在储有冰水的保温瓶中（冷端），这样可以保持冷端的温度恒定。在要求不太高的测量中，可用锰铜丝制成冷端补偿电阻。

为了提高测量精度，需使温差电势增大，为此可将几支热电偶串联，称为热电堆。热电堆的温差电势等于各个热电偶温差电势之和。

热电偶有正、负端，在接仪表时应予以辨认。温差电势可以用直流毫伏表、电位差计或数字电压表测量。热电偶是良好的温度变换器，可以直接将温度参数转换成电参量，可自动记录和实现复杂的数据处理、控制，这是水银温度计无法比拟的。

五、电阻温度计

电阻温度计是利用物质的电阻随温度变化的特性制成的测温仪器。任何物体的电阻都与温度有关，因此都可以用来测量温度。但是，能满足实际要求的并不多。在实际应用中，不仅要求有较高的灵敏度，而且要求有较高的稳定性和重现性。目前，按感温元件的材料来分有金属导体和半导体两大类。金属导体有铂、铜、镍、铁和铑铁合金。目前大量使用的材料为铂、铜和镍。铂制成的为铂电阻温度计，铜制成的为铜电阻温度计。半导体有锗、碳和热敏电阻（氧化物）等。

1. 铂电阻温度计

铂的熔点高，容易提纯，化学稳定性高，电阻温度系数稳定且重现性很好。所以，铂电阻与专用精密电桥或电位差计组成的铂电阻温度计，有极高的精确度，被选定为13.81K（−259.34℃）～903.89K（630.74℃）温度范围的标准温度计。

铂电阻温度计用的纯铂丝，必须经933.35K（660℃）退火处理，绕在交叉的云母片上，密封在硬质玻璃管中，内充干燥的氦气，成为感温元件，用电桥法测定铂丝电阻值，以指示温度。

在 273K 时，铂电阻每欧姆温度系数大约为 $0.00392\Omega \cdot K^{-1}$。此温度下电阻为 25Ω 的铂电阻温度计，温度系数大约为 $0.1\Omega \cdot K^{-1}$，欲使所测温度能准确到 $0.001K$，测得的电阻值必须精确到 $\pm 10^{-4}\Omega$ 以内。

2. 热敏电阻温度计

热敏电阻的电阻值，会随着温度的变化而发生显著的变化，它是一个对温度变化极为敏感的元件。它对温度的灵敏度比铂电阻、热电偶等其它感温元件高得多。目前，常用的热敏电阻由金属氧化物半导体材料制成，能直接将温度变化转换成电性能，如电压或电流的变化，测量电性能变化就可得到温度变化结果。

热敏电阻与温度之间并非线性关系，但当测量温度范围较小时，可近似为线性关系。实验证明，其测定温差的精度足以与贝克曼温度计相比，而且还具有热容量小、响应快、便于自动记录等优点。根据电阻-温度特性可将热敏电阻器分为两类。

(1) 具有正温度系数的热敏电阻器 (positive temperature coefficient，PTC)。

(2) 具有负温度系数的热敏电阻器 (negative temperature coefficient，NTC)。

热敏电阻器可以做成各种形状，图 2-8 是珠形热敏电阻器的构造示意图。在实验中可将其作为电桥的一臂，其余三臂为纯电阻（图 2-9）。其中 R_1 和 R_2 是固定电阻，R_3 是可变电阻，R_T 为热敏电阻，E 为电源。在某一温度下将电桥调节平衡，记录仪中无电压信号输入，当温度发生变化时，用记录笔记录下电压变化，只要标定出记录笔对应单位温度变化时的走纸距离，就能很容易地求得所测温度。实验时应避免热敏电阻的引线受潮漏电，否则将影响测量结果和记录仪的稳定性。

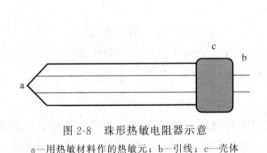

图 2-8　珠形热敏电阻器示意
a—用热敏材料作的热敏元；b—引线；c—壳体

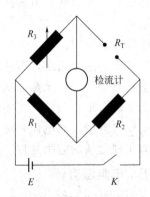

图 2-9　热敏电阻测温示意

六、温度控制

物质的物理化学性质如黏度、密度、蒸气压、表面张力、折射率等都随温度而改变，要测定这些性质必须在恒温条件下进行。一些物理化学常数如平衡常数、化学反应速率常数等也与温度有关，这些常数的测定也需恒温，因此掌握恒温技术非常必要。

1. 温度控制的基本方法

控制系统温度恒定，常采用下述两种方法。

(1) 利用物质相变点温度的恒定性来控制系统温度的恒定。如冰-水混合物（0℃）、液氮（-195.9℃）、$Na_2SO_4 \cdot 10H_2O$（32.4℃）等物质处于相平衡时就可以获得一个高度稳定的恒温条件。但这种方法对温度的选择有很大限制。

（2）热平衡法。对一个只与外界进行热交换的系统，当获取热量的速率与散发热量的速率相等时，系统温度保持恒定。或者当系统在某一时间间隔内获取热量的总和等于散发热量的总和时，系统的始态与终态温度不变，时间间隔趋向无限小时，系统的温度保持恒定。常用的措施是利用电子调节系统对加热器或制冷器进行温度自动控制。此方法控温范围宽，可任意调节设定温度。

物理化学中所用的恒温装置一般分为常温恒温（室温～250℃）、高温恒温（>250℃）、低温恒温（−218℃～室温）三大类。应用较多的是常温恒温装置，分别介绍如下。

2. 常温控制

常温控制通常用恒温槽控制温度，它是一种可调节的恒温装置，是实验室中常用的一种以液体为介质的恒温装置。用液体作介质的优点是热容量大、导热性好，使温度控制的灵敏度和稳定性大大提高。根据温度控制范围，可选择以下液体介质：−60～30℃用乙醇或乙醇水溶液；0～90℃用水；80～160℃用甘油或甘油水溶液；70～300℃用液体石蜡、汽缸润滑油或硅油。

恒温槽是由浴槽、加热器、搅拌器、温度计、感温元件、恒温控制器等部分组成，它的基本原理是利用电子调节系统对加热器或制冷器进行自动调节来控温（图 2-10）。恒温槽的详细控温原理和性能测试请参见后面的具体实验。

由于这种温度控制装置属于"通—断"类型，而传质、传热都有一个速度。因此，必然会出现温度传递的滞后。所以，恒温槽控制的温度是有一个波动范围的，而不是控制在某一固定不变的温度。

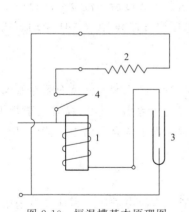

图 2-10 恒温槽基本原理图
1—继电器；2—加热器；3—接触温度计；4—衔铁

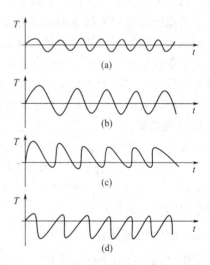

图 2-11 控温灵敏度曲线

由图 2-11 控温灵敏度曲线可以看出：曲线（a）表示恒温槽灵敏度较高；（b）表示恒温槽灵敏度较差；（c）表示加热器功率太大；（d）表示加热器功率太小或散热太快。

影响恒温槽灵敏度的因素很多，大体有：恒温介质流动性好，传热性能好，控温灵敏度就高；加热器功率适宜，热容量小，控温灵敏度就高；搅拌器搅拌速度足够大，才能保证恒温槽内温度均匀；继电器电磁吸引电键，后者发生机械作用的时间愈短，断电时线圈中的铁芯剩磁越小，控温灵敏度就越高；电接点温度计热容小，对温度的变化敏感，则灵敏度高；

环境温度与设定温度的差值越小，控温效果越好。

3. 高温控制

在 250~1000℃ 及更高温度范围内的温度控制，一般采用电阻电炉与相应仪表（如可控硅控温仪、调压器等）来调节与控制温度。其基本原理为电炉中的温度变化引起置于炉内的热敏元件（如热电偶）的物理性能发生变化，利用仪器构成的特定线路，产生讯号，以控制继电器的动作，进而控制温度。

（1）电炉

在实验室中以马弗炉、管式电炉最为常用。选用电炉应注意电炉规定的使用温度范围和实际使用的温度相适应，以免造成电炉损坏。一般电炉功率较大，应特别注意用电线路的负载。电炉中各个位置的温度常不相同，为此在实验前需进行恒温区的测定。测定方法：把热电偶放在电炉的中间，炉子两头用石棉绳等绝热材料堵塞以减少热量损失，当电炉加热至设定温度时，从可控硅控温仪（与热电偶匹配）上读出其温度，然后将热电偶上移 2cm，待温度恒定后，读出其温度，如此逐段上升，直至与第一次读数相差 1℃ 为止，记下此位置；再将热电偶自中间向下移动 2cm，如上所述，移至一定位置，温度与中间温度相差 1℃。那么，此区域即炉温精度为 ±1℃ 的恒温区。在实验时，试样的填充长度与放置位置必须与恒温区相吻合。

（2）高温控制器

高温控制器分为间歇式和调流式两大类。间歇式高温控制器的加热方式是间歇的，炉温升至设定值时停止加热，低于设定值时就加热，因此温度起伏较大，但设备简单。如果配以调压器调节加热功率可改善控温精度。在一般的实验中尚能满足需要，目前仍被广泛应用。间歇式高温控制器常采用动圈式温度控制仪表。

调流式高温控制器的优点是可以对电炉的加热负载进行自动调流，随着炉温与设定温度间的偏离程度而自动、连续地改变电流的大小，在到达设定温度后，温度变动较小，炉子的恒温精度较好。在实验室中常采用由 ZK-1 型可控硅电压调整器和 XCT-191 型动圈式温度指示调节仪相匹配组成的可控硅精密调流式控温仪。

4. 低温控制

低温的获得主要依靠由一定配比的组分组成的冷冻剂，冷冻剂与液体介质在低温下建立相平衡。例如冰-水混合物、干冰-丙酮、冰-盐双组分混合体系等。这些物质处于相平衡时，温度恒定而构成一个恒温介质浴，将需要恒温的测定对象置于该介质浴中，就可以获得一个高度稳定的低温恒温环境。

七、自动控温简介

实验室内常有自动控温设备，如电冰箱、恒温水浴、高温电炉等。目前多数采用电子调节系统进行温度控制，具有控温范围广、可任意设定温度、控温精度高等优点。

电子调节系统种类比较多，但从原理上讲，它必须包括三个基本部件，即变换器、电子调节器和执行机构（图 2-12）。变换器的功能是将被控对象的温度信号变换成电信号；电子调节器的功能是对来自变换器的信号进行测量、比较、放大和运算，最后发出某种形式的指令，使执行机构进行加热或制冷。电子调节系统按其自动调节规律可以分为断续式二位置控制和比例-积分-微分控制两种。

1. 断续式二位置控制

实验室常用的电烘箱、电冰箱、高温电炉和恒温水浴等，大多采用这种控制方法。变换

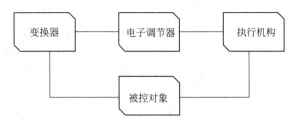

图 2-12　电子调节系统的控温原理

器的形式分为以下几类。

(1) 双金属膨胀式

利用不同金属的线膨胀系数不同，选择线膨胀系数差别较大的两种金属，线膨胀系数大的金属棒在中心，另外一个套在外面，两种金属内端焊接在一起，外套管的另一端固定。在温度升高时，中心金属棒便向外伸长，伸长长度与温度成正比。通过调节触点开关的位置，可使其在不同温度区间内接通或断开，达到控制温度的目的。其缺点是控温精度差，一般有几开尔文范围。

(2) 电接点温度计控制

若控温精度要求在 1K 以内，实验室多用导电表或温度控制表（电接点温度计）作变换器。

2. 继电器

(1) 电子管继电器

电子管继电器由继电器和控制电路两部分组成，参见图 2-10。电子继电器控制温度的灵敏度很高。通过电接点温度计的电流最大为 $30\mu A$，因而电接点温度计使用寿命很长，被普遍使用。随着科技的发展，电子管继电器中电子管逐渐被晶体管代替，发展出了晶体管继电器。之后，由于温度控制表、双金属膨胀类变换器不能用于高温，因而产生了可用于高温控制的动圈式温度控制器。

(2) 动圈式温度控制器

动圈式温度控制器采用能工作于高温的热电偶作为变换器。热电偶将温度信号变换成电压信号加于动圈式毫伏计的线圈上，当线圈中因为电流通过而产生的磁场与外磁场相作用时，线圈就偏转一个角度，故称为"动圈"。偏转的角度与热电偶的热电势成正比并通过指针在刻度板上直接将被测温度指示出来，指针上有一片"铝旗"，它随指针左右偏转。另有一个调节设定温度的检测线圈，它分成前后两半安装在刻度的后面，可以通过机械调节机构沿刻度板左右移动。检测线圈的中心位置通过设定针在刻度板上显示出来。当高温设备的温度未达到设定温度时"铝旗"在检测线圈之外，电热器加热；当温度达到设定温度时"铝旗"全部进入检测线圈，改变了电感量，电子系统使加热器停止加热，为防止被控对象的温度超过设定温度使"铝旗"冲出检测线圈而产生加热的错误信号，在温度控制器内设有挡针。

3. 比例-积分-微分控制（PID）

伴随着科学技术的快速发展，要求控制恒温和程序升温或降温的领域日益广泛，要求的控温精度也大大提高，在通常温度下，使用上述的断续式二位置控制器比较方便，但由于只存在通-断两个状态，电流大小无法自动调节，控制精度较低，特别在高温时精度更低。20

世纪 60 年代以来，控温技术和控温精度有了新的进展，PID 调节器被广泛采用，另外，利用可控硅控制加热电流随偏差信号大小而作相应变化的特性，提高了控温精度。

以电炉为例，炉温用热电偶测量，由毫伏定值器给出与设定温度相应的毫伏值，热电偶的热电势与定值器给出的毫伏值进行比较，如有偏差，说明炉温偏离设定温度。此偏差经过放大后送入 PID 调节器，再经可控硅触发器推动可控硅执行器，以调整炉丝加热功率，从而使偏差消除，炉温保持在所要求的温度控制精度范围内。比例调节作用，就是要求输出电压能随偏差（炉温与设定温度之差）电压的变化，自动按比例增加或减少，但在比例调节时会产生"静差"，要使被控对象的温度能在设定温度处稳定下来，必须使加热器继续给出一定热量，以补偿炉体与环境热交换产生的热量损耗。但在单纯的比例调节中，加热器发出的热量会随温度回升时偏差的减小而减少，当加热器发出的热量不足以补偿热量损耗时，温度就不能达到设定值，这被称为"静差"。

为克服"静差"需要加入积分调节，也就是输出控制电压与偏差信号电压与时间的积分成正比，只要有偏差存在，即使非常微小，经过长时间的积累，也会有足够的信号去改变加热器的电流，当被控对象的温度回升到接近设定温度时，偏差电压虽然很小，加热器仍然能够在一定时间内维持较大的输出功率，从而消除"静差"。

微分调节作用可使输出控制电压与偏差信号电压的变化速率成正比，而与偏差电压的大小无关。在情况多变的控温系统，如果发生偏差电压的突然变化，微分调节器会减小或增大输出电压，以克服由此而引起的温度偏差，保持被控对象的温度稳定。

PID 控制是一种比较先进的模拟控制方式，适用于各种条件复杂、情况多变的实验系统。目前，已有多种 PID 控温仪可供选用，常用型号有：DWK-720、DWK-703、DDZ-Ⅰ、DDZ-Ⅱ、DTL-121、DTL-161、DTL-152、DTL-154 等，其中 DWK 系列属于精密温度自动控制仪，其它是 PID 的调节单元，DDZ-Ⅲ型调节单元可与计算机联用，使模拟调节更加完善。PID 控制的原理及线路分析非常复杂，详情请查阅其它相关资料。

第五节　压力及流量的测量与控制

压力是用于描述体系宏观状态的一个重要参数。许多物理化学性质，例如熔点、沸点、蒸气压几乎都与压力有关。在化学热力学和化学动力学研究中，压力也是一个很重要的因素。因此，压力的测量具有重要意义。

就物理化学实验而言，压力的应用范围高至气体钢瓶的压力，低至真空系统的真空度。压力通常可分为高压、中压、常压和负压。压力范围不同，测量方法不同，精确度要求不同，所使用的单位的传统习惯也各有不同。

一、压力的表示方法

压力是指均匀垂直作用于单位面积上的力。压力即为物理中的压强，也可叫作压力强度，或简称压强。国际单位制（SI）用帕斯卡作为通用的压力单位，以 Pa 或帕表示。当作用于 $1m^2$（平方米）面积上的力为 $1N$（牛顿）时就是 $1Pa$（帕斯卡）：

$$Pa = \frac{N}{m^2}$$

但是，原来的许多压力单位，例如，标准大气压（或称物理大气压，简称大气压）、工程大气压（即 $kg \cdot cm^{-2}$）、巴等现在仍然在使用。物理化学实验中还常选用一些标准液体

（例如汞）制成液体压力计，压力大小就直接以液体的高度来表示。它的意义是作用在液柱单位底面积上的液体重量与气体的压力相平衡或相等。例如，1atm 可以定义为：在 0℃、重力加速度等于 9.80665m·s^{-2} 时，760mm 高的汞柱垂直作用于底面积上的压力。此时汞的密度为 13.5951g·cm^{-3}。因此，1atm 又等于 1.03323kg·cm^{-2}。上述压力单位之间的详细换算关系请参见后面的附录六。

除了所用单位不同之外，压力还可用绝对压力、表压和真空度来表示。图 2-13 说明了三者之间的关系：

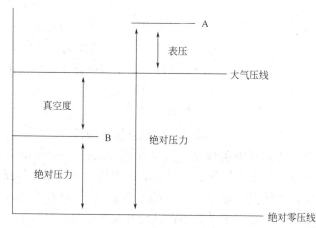

图 2-13 绝对压力、表压与真空度的关系

压力高于大气压时，

   绝对压力＝大气压＋表压　或　表压＝绝对压力－大气压

压力低于大气压时，

   绝对压力＝大气压－真空度　或　真空度＝大气压－绝对压力

当然，上述式子等号两端各项都必须采用相同的压力单位。

二、常用测压仪表

1. 液柱式压力计

液柱式压力计是物理化学实验中用的最多的压力计。它构造简单，使用方便，能测量微小压力差，测量准确度较高，制作容易且价格低廉，但是测量范围不大，示值与工作液密度有关。它的结构不牢固，耐压程度较差。现简单介绍一下 U 型压力计。

液柱式 U 型压力计由两端开口的垂直 U 型玻璃管及垂直放置的刻度标尺所构成。管内下部盛有适量工作液体作为指示液。如图 2-14 所示，U 型管的两支管分别连接于两个测压口。因为气体的密度远小于工作液的密度，因此，由液面差 Δh 及工作液的密度 ρ、重力加速度 g 可以得到下式：

$$p_1 = p_2 + \Delta h \rho g \quad 或 \quad \Delta h = \frac{p_1 - p_2}{\rho g}$$

U 型压力计可用来测量：两气体压力差；气体的表压（p_1 为测量气压，p_2 为大气压）；气体的绝对压力（令 p_2 为真空，p_1 所示即为绝对压力）；气体的真空度（p_1 通大气，p_2 为负压，可测其真空度）。

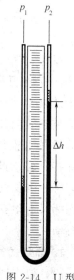

图 2-14 U 型压力计

2. 弹性式压力计

利用弹性元件的弹性力来测量压力,是测压仪表中相当重要的一种形式。由于弹性元件的结构和材料不同,它们具有各不相同的弹性位移与被测压力的关系。实验室中接触较多的为单管弹簧管式压力计。这种压力计的压力由弹簧管固定端进入,通过弹簧管自由端的位移带动指针运动,指示压力值。如图2-15所示。

使用弹性式压力计时应注意以下几点:合理选择压力表量程;为了保证足够的测量精度,选择的量程应在仪表分度标尺的1/2~3/4范围内;使用时环境温度不得超过35℃,如超过应给予温度修正;测量压力时,压力表指针不应有跳动和停滞现象;对压力表应定期进行校验。

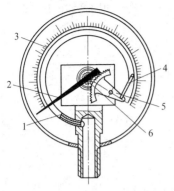

图2-15 弹簧管压力计

1—金属弹簧弯管;2—指针;3—刻度盘;4—杠杆;5—齿扇;6—小齿轮

3. 数字式低真空压力测试仪

数字式低真空压力测试仪是运用压阻式压力传感器原理测定实验系统与大气压之间压差的仪器。它可取代传统的U型水银压力计,无汞污染现象,对环境保护和人类健康有很大好处。该仪器的测压接口在仪器后的面板上。使用时,先将仪器按要求连接在实验系统上(注意实验系统不能漏气),再打开电源预热10min;然后选择测量单位,调节旋钮,使数字显示为零;最后开动真空泵,仪器上显示的数字即为实验系统与大气压之间的压差值。

三、气压计

测量环境大气压力的仪器称气压计。气压计的种类很多,实验室常用的是福廷式气压计、数字式气压计等。

(一) 福廷式气压计

福廷式气压计是一种真空压力计。它以汞柱所产生的静压力来平衡大气压力 p,汞柱的高度就可以度量大气压力的大小。在实验室,通常用毫米汞柱(mmHg)作为大气压力的单位。

福廷式气压计的构造如图2-16所示。它的外部是一黄铜管,管的顶端有悬环,用以悬挂在实验室的适当位置。气压计内部是一根一端封闭的装有水银的长90cm的玻璃管。玻璃管封闭的一端向上,管中汞面的上部为真空,管下端插在水银槽内。水银槽底部是一羚羊皮袋,下端由螺旋支持,转动此螺旋可调节槽内水银面的高低。水银槽的顶盖上有一倒置的象牙针,其针尖是黄铜标尺刻度的零点。此黄铜标尺上附有游标尺,转动游标调节螺旋,可使游标尺上下游动。

1. 福廷式气压计的使用方法

(1) 铅直调节

气压计必须垂直放置。若在铅直方向偏差1°,在压力为

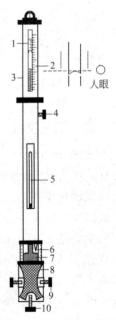

图2-16 福廷式气压计结构示意图

1—游标尺;2—读数标尺;3—黄铜管;4—游标尺调节螺旋;5—温度计;6—零点象牙针;7—汞槽;8—羚羊皮袋;9—铅直调节固定螺旋;10—汞槽液面调节螺旋

760mmHg 时,则测量误差大约为 0.1mm。可拧松气压计底部圆环上的三个螺丝,令气压计铅直悬挂,再旋紧这三个螺丝,使其固定即可。

(2) 调节汞槽内的汞面高度

慢慢旋转螺旋,调节水银槽内水银面的高度,使槽内水银面升高。利用水银槽后面磁板的反光,注视水银面与象牙尖的空隙,直至水银面与象牙尖刚刚接触,然后用手轻轻扣一下铜管上面,使玻璃管上部水银面凸面正常。稍等几秒钟,待象牙针尖与水银面的接触无变动为止。

(3) 调节游标尺

转动气压计旁的螺旋,使游标尺升起,并使下沿略高于水银面。然后慢慢调节游标,直到游标尺底边及其后边金属片的底边同时与水银面凸面顶端相切。这时观察者眼睛的位置应和游标尺前后两个底边的边缘在同一水平线上。

(4) 读取汞柱高度

当游标尺的零线与黄铜标尺中某一刻度线恰好重合时,则黄铜标尺上该刻度的数值便是大气压值,不须使用游标尺。当游标尺的零线不与黄铜标尺上任何一刻度重合时,那么游标尺零线所对标尺上的刻度,则是大气压值的整数部分(mm)。再从游标尺上找出一根恰好与标尺上的刻度相重合的刻度线,则游标尺上刻度线的数值便是气压值的小数部分。

(5) 整理工作

记下读数后,将气压计底部螺旋向下移动,使水银面离开象牙针尖。记下气压计的温度及所附卡片上气压计的仪器误差值,然后进行校正。

2. 气压计读数的校正

水银气压计的刻度是以温度为 0℃,纬度为 45°的海平面高度为标准的。若不符合上述规定时,从气压计上直接读出的数值,除进行仪器误差校正外,在精密的工作中还必须进行温度、纬度及海拔高度的校正。

(1) 仪器误差的校正

由于仪器本身制造的不精确而造成读数上的误差称"仪器误差"。仪器出厂时都附有仪器误差的校正卡片,应首先加上此项校正。

(2) 温度影响的校正

温度改变时,水银密度也随之改变,会影响水银柱的高度。同时由于铜管本身的热胀冷缩,也会影响刻度的准确性。当温度升高时,前者引起偏高,后者引起偏低。由于水银的膨胀系数较铜管的大,因此当温度高于 0℃时,经仪器校正后的气压值应减去温度校正值;当温度低于 0℃时,要加上温度校正值。气压计的温度校正公式如下:

$$p_0 = \frac{1+\beta t}{1+\alpha t} p = p - p\frac{\alpha-\beta}{1+\alpha t}t$$

式中,p 为气压计读数,mmHg;t 为气压计的温度,℃;α 为水银柱在 0~35℃ 之间的平均体膨胀系数,α 为 0.0001818;β 为黄铜的线膨胀系数,β 为 0.0000184;p_0 为读数校正到 0℃时的气压值,mmHg。显然,温度校正值即为 $p\frac{\alpha-\beta}{1+\alpha t}$。其数值列有数据表,实际校正时,读取 p、t 后可查表求得。表 2-12 给出了部分温度校正值数据。

表 2-12 气压计读数的温度校正值

温度 $t/℃$	压力观测值 p/mmHg				
	740	750	760	770	780
1	0.12	0.12	0.12	0.13	0.13
2	0.24	0.25	0.25	0.25	0.25
3	0.36	0.37	0.37	0.38	0.38
4	0.48	0.49	0.50	0.50	0.51
5	0.60	0.61	0.62	0.63	0.64
6	0.72	0.73	0.74	0.75	0.76
7	0.85	0.86	0.87	0.88	0.89
8	0.97	0.98	0.99	1.01	1.02
9	1.09	1.10	1.12	1.13	1.15
10	1.21	1.22	1.24	1.26	1.27
11	1.33	1.35	1.36	1.38	1.40
12	1.45	1.47	1.49	1.51	1.53
13	1.57	1.59	1.61	1.63	1.65
14	1.69	1.71	1.73	1.76	1.78
15	1.81	1.83	1.86	1.88	1.91
16	1.93	1.96	1.98	2.01	2.03
17	2.05	2.08	2.10	2.13	2.16
18	2.17	2.20	2.23	2.26	2.29
19	2.29	2.32	2.35	2.38	2.41
20	2.41	2.44	2.47	2.51	2.54
21	2.53	2.56	2.60	2.63	2.67
22	2.65	2.69	2.72	2.76	2.79
23	2.77	2.81	2.84	2.88	2.92
24	2.89	2.93	2.97	3.01	3.05
25	3.01	3.05	3.09	3.13	3.17
26	3.13	3.17	3.21	3.26	3.30
27	3.25	3.29	3.34	3.38	3.42
28	3.37	3.41	3.46	3.51	3.55
29	3.49	3.54	3.58	3.63	3.68
30	3.61	3.66	3.71	3.75	3.80
31	3.73	3.78	3.83	3.88	3.93
32	3.85	3.90	3.95	4.00	4.05
33	3.97	4.02	4.07	4.13	4.18
34	4.09	4.14	4.20	4.25	4.31
35	4.21	4.26	4.32	4.38	4.43

(3) 海拔高度及纬度的校正

重力加速度（g）随海拔及纬度不同而异，致使水银的重量受到影响，从而导致气压计读数的误差。其校正办法是：经温度校正后的气压值再乘以 $(1-2.6\times10^{-3}\cos2\lambda-3.14\times10^{-7}H)$。式中，$\lambda$ 为气压计所在地纬度，度；H 为气压计所在地海拔高度，m。此项校正值很小，在一般实验中可不必考虑。

(4) 其它如水银蒸气压的校正、毛细管效应的校正等，因校正值极小，一般都不考虑。

3. 使用时注意事项

① 调节螺旋时动作要缓慢，不可旋转过急。

② 在调节游标尺与汞柱凸面相切时，应使眼睛的位置与游标尺前后下沿在同一水平线上，然后再调到与水银柱凸面相切。

③ 发现槽内水银不清洁时，要及时更换水银。

（二）数字式气压计

数字式气压计是近年来随着电子技术和压力传感器的发展而产生的新型气压计。它质量小、体积小、使用方便且数据直观，更因无污染而将逐渐代替上述传统的气压计。

数字式气压计的工作原理是利用精密压力传感器，将压力信号转换成电信号，由于该电信号较微弱，还需经过低漂移、高精度的集成运算放大器放大后，再由 A/D 转换器转换成数字信号，最后由数字显示器输出，其分辨率可达 0.01kPa，甚至更高。

数字式气压计使用非常方便，只需打开电源预热 15min 即可读数。但需要注意，应将仪器放置在空气流动性小，不受强磁场干扰的地方。

四、真空的获得

真空是指压力小于一个大气压的气态空间。真空状态下气体的稀薄程度，常以压力值表示。习惯上称作真空度。不同的真空状态，意味着该空间具有不同的分子密度。

在现行的国际单位制（SI）中，真空度的单位与压力的单位均为帕斯卡（Pasca），简称帕，符号为 Pa。

在物理化学实验中，通常按真空度的获得和测量方法的不同，将真空区域划分为：粗真空（101325～1333Pa）；低真空（1333～0.1333Pa）；高真空（0.1333～1.333×10^{-6}Pa）；超高真空（<1.333×10^{-6}Pa）。

为了获得真空，就必须设法将气体分子从容器中抽出。凡是能从容器中抽出气体，使气体压力降低的装置，均称为真空泵。如水流泵、机械真空泵、油泵、扩散泵、吸附泵、钛泵等。

水抽气泵是实验室用以产生粗真空系统的真空泵。机械泵和扩散泵都要用特种油为工作物质，有一定的污染，但这两种泵价格较低，因此经常用到。机械泵的抽气速率很快，但只能产生 1～0.1Pa 的低真空。扩散泵使用时必须用机械泵作为前级泵，可获得 10^{-6}Pa 的高真空。

实验室常用的真空泵为旋片式真空泵，如图 2-17 所示。它主要由泵体和偏心转子组成。经过精密加工的偏心转子下面安装有带弹簧的滑片，由电动机带动，偏心转子紧贴泵腔壁旋转。滑片靠弹簧的压力也紧贴泵腔壁。滑片在泵腔中连续运转，使泵腔被滑片分成的两个不同的容积呈周期性的扩大和缩小。气体从进气嘴进入，被压缩后经过排气阀排出泵体外。如此循环往复，将系统内的压力减小。旋片式机械泵的整个机件浸在真空油中，这种油的蒸气压很低，既可起润滑作用，又可起封闭微小的漏气和冷却机件的作用。

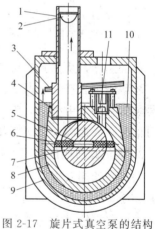

图 2-17 旋片式真空泵的结构与工作原理

1—进气嘴；2—滤网；3—挡油板；4—进气口密封圈；5—旋片弹簧；6—旋片；7—转子；8—泵体；9—油箱；10—真空泵油；11—排气嘴与排气阀片

在使用机械泵时应注意以下几点。

① 机械泵不能直接抽含可凝性气体的蒸气、挥发性液体等。因为这些气体进入泵后将会破坏泵油的品质，降低油在泵内的密封和润滑作用，甚至导致泵的机件生锈。所以，必须在可凝气体进泵前先通过纯化装置。例如，用无水氯化钙、五氧化二磷、沸石分子筛等吸收水分；用石蜡吸收有机蒸气；用活性炭或硅胶吸收其它蒸气等。

② 机械泵不能用来抽含腐蚀性成分的气体。比如含氯气、氯化氢、二氧化氮等的气体。

因为这类气体能迅速侵蚀泵中精密加工的机件表面，使泵漏气，不能达到所要求的真空度。遇到此类情况，应当使气体在进泵前先通过装有氢氧化钠固体的吸收瓶，以除去有害气体。

③ 机械泵由电动机带动。使用时应注意电动机的电压。如果是用三相电动机带动的泵，首次使用时特别要注意三相电动机旋转方向是否正确。正常运转时不应有摩擦、金属碰击等异声。运转时电动机温度不能超过 50～60℃。

④ 机械泵的进气口前应安装一个三通活塞。停止抽气时应使机械泵与抽空系统隔开从而与大气相通，然后再关闭电源。这样既可保持系统的真空度，又能避免泵油倒吸。

五、气体钢瓶减压阀

在物理化学实验中，经常用到氧气、氮气、氢气、氩气等气体。这些气体一般都是储存在专用的高压气体钢瓶中。使用时通过减压阀使气体压力降至实验所需范围，再经过其它控制阀门细调，使气体输入使用系统。最常用的减压阀为氧气减压阀，简称氧气表。

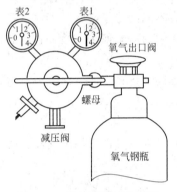

图 2-18 氧气钢瓶和减压阀

1. 氧气减压阀的工作原理

氧气减压阀见图 2-18。氧气减压阀的高压腔与钢瓶连接，低压腔为气体出口，并通往使用系统。高压表的示值为钢瓶内储存气体的压力。低压表的出口压力可由调节螺杆控制。

使用时先打开钢瓶总开关，然后顺时针转动低压表压力调节螺杆，使其压缩主弹簧并传动薄膜、弹簧垫块和顶杆而将活门打开。这样进口的高压气体由高压室经节流减压后进入低压室，并经出口通往工作系统。转动调节螺杆，改变活门开启的高度，从而调节高压气体的通过量并达到所需的压力值。

减压阀都装有安全阀。它是保护减压阀并使之安全使用的装置，也是减压阀出现故障的信号装置。如果由于活门垫、活门损坏或由于其它原因，导致出口压力自行上升并超过一定许可值时，安全阀会自动打开排气。

2. 氧气减压阀的使用方法

(1) 按使用要求的不同，氧气减压阀有许多规格。最高进口压力大多为 $150kg \cdot cm^{-2}$（约 $150 \times 10^5 Pa$），最低进口压力不小于出口压力的 2.5 倍。出口压力规格较多，一般为 0～$1kg \cdot cm^{-2}$（约 $1 \times 10^5 Pa$），最高出口压力为 $40kg \cdot cm^{-2}$（约 $40 \times 10^5 Pa$）。

(2) 安装减压阀时应确定其连接规格是否与钢瓶和使用系统的接头相一致。减压阀与钢瓶采用半球面连接，靠旋紧螺母使二者完全吻合。因此，在使用时应保持两个半球面的光洁，以确保良好的气密效果。安装前可用高压气体吹除灰尘。必要时也可用聚四氟乙烯等材料作垫圈。

(3) 氧气减压阀应严禁接触油脂，以免发生火警事故。

(4) 停止工作时，应先将钢瓶总阀关闭，再将减压阀中余气放净，然后拧松调节螺杆以免弹性元件长久受压变形。

(5) 减压阀应避免撞击振动，不可与腐蚀性物质相接触。

3. 其它气体减压阀

有些气体，例如氮气、空气、氩气等永久性气体，可以采用氧气减压阀。但还有一些气体，如氨等腐蚀性气体，则需要专用减压阀。市面上常见的有氮气、空气、氢气、氨、乙炔、丙烷、水蒸气等专用减压阀。

这些减压阀的使用方法及注意事项与氧气减压阀基本相同。但是，还应该注意：专用减压阀一般不用于其它气体。为了防止误用，有些专用减压阀与钢瓶之间采用特殊连接口，例如氢气和丙烷均采用左牙螺纹，也称反向螺纹，安装时应特别注意。

六、各种流量计简介

1. 转子流量计

转子流量计又称浮子流量计，是目前工业上或实验室常用的一种流量计。其结构如图 2-19 所示。它是由一根锥形的玻璃管和一个能上下移动的浮子所组成。当气体自下而上流经锥形管时，被浮子节流，在浮子上下端之间产生一个压差。浮子在压差作用下上升，当浮子上、下压差与其所受的黏性力之和等于浮子所受的重力时，浮子就处于某一高度的平衡位置，当流量增大时，浮子上升，浮子与锥形管间的环隙面积也随之增大，则浮子在更高位置上重新达到受力平衡。因此流体的流量可用浮子升起的高度表示。

这种流量计很少自制，市售的标准系列产品，规格型号很多，测量范围也很广，流量每分钟几毫升至几十毫升。这些流量计用于测量哪一种流体，如气体或液体，是氮气或氢气，市售产品均有说明，并附有某流体的浮子高度与流量的关系曲线。若改变所测流体的种类，可用皂膜流量计或湿式流量计另行标定。

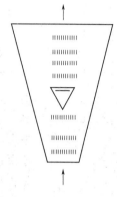

图 2-19 转子流量计

使用转子流量计需注意几点：流量计应垂直安装；要缓慢开启控制阀；待浮子稳定后再读取流量；避免被测流体的温度、压力突然急剧变化；为确保计量的准确、可靠，使用前均需进行校正。

2. 毛细管流量计

毛细管流量计的外表形式很多，图 2-20 所示是其中的一种。它是根据流体力学原理制成的。当气体通过毛细管时，阻力增大，线速度（即动能）增大，而压力降低（即位能减小），这样气体在毛细管前后就产生压差，借流量计中两液面高度差（Δh）显示出来。当毛细管长度 L 与其半径 r 之比等于或大于 100 时，气体流量 V 与毛细管两端压差存在线性关系：

$$V = \frac{\pi r^4 \rho}{8 L \eta} \Delta h = f \frac{\rho}{\eta} \Delta h$$

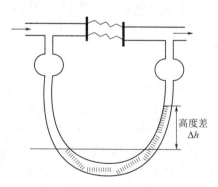

图 2-20 毛细管流量计

式中，$f = \frac{\pi r^4}{8L}$ 为毛细管特征系数；r 为毛细管半径；ρ 为流量计所盛液体的密度；η 为气体黏度系数。

当流量计的毛细管和所盛液体一定时，气体流量 V 和压差 Δh 成直线关系。对不同的气体，V 和 Δh 有不同的直线关系；对同一气体，更换毛细管后，V 和 Δh 的直线关系也与原来不同。而流量与压差这一直线关系不是由计算得来的，而是通过实验标定，绘制出 V-Δh 的关系曲线。因此，绘制出的这一关系曲线，必须说明使用的气体种类和对应的毛细管规格。

这种流量计多为自行装配，根据测量流速的范围，选用不同孔径的毛细管。流量计所盛的液体可以是水，液体石蜡或水银等。在选择液体时，要考虑被测气体与该液体不互溶，也不起化学反应，同时对流速小的气体采用密度小的液体，对流速大的采用密度大的液体，在使用和标定过程中要保持流量计的清洁与干燥。

3. 皂膜流量计

这是实验室常用的构造十分简单一种流量计，它可用滴定管改制而成。如图 2-21 所示。橡皮头内装有肥皂水，当待测气体经侧管流入后，用手将橡皮头一捏，气体就把肥皂水吹成一圈圈的薄膜，并沿管上升，用停表记录某一皂膜移动一定体积所需的时间，即可求出流量（$V \cdot t^{-1}$）。这种流量计的测量是间断式的，宜用于尾气流量的测定，标定测量范围较小的流量计（约 100mL·min^{-1} 以下），并且只限于对气体流量的测定。

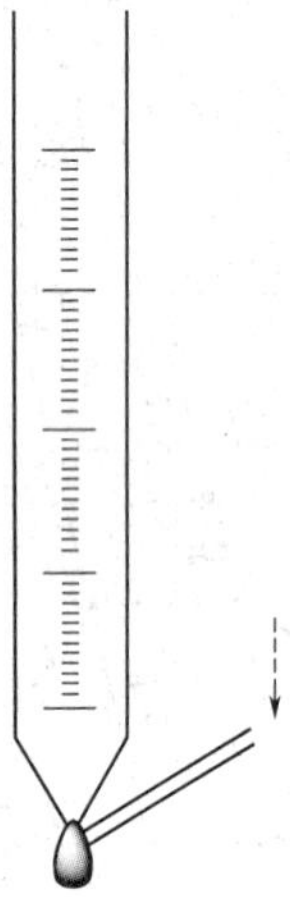

4. 湿式流量计

湿式流量计也是实验室常用的一种流量计。它的构造主要由圆鼓形壳体、转鼓及传动计数装置所组成。转动鼓是圆筒及四个变曲形状的叶片所构成。四个叶片构成 A，B，C，D 四个体积相等的小室。鼓的下半部浸在水中水位高低由水位器指示。气体从背部中间的进气管依次进入各室，并不断地由顶部排出，迫使转鼓不停地转动。气体流经流量计的体积由盘上的计数装置和指针显示，用停表记录流经某一体积所需的时间，便可求得气体流量。湿式流量计的测量是累积式的，它用于测量气体流量和标定流量计。湿式流量计事先应经标准容量瓶进行校准。使用时注意：①先调整湿式流量计的水平，使水平仪内气泡居中；②流量计内注入蒸馏水，其水位高低应使水位器中液面与针尖接触；③被测气体应不溶于水且不腐蚀流量计；④使用时，应记录流量计的温度。

图 2-21 皂膜流量计

5. 质量流量控制器

质量流量控制器主要用于对气体的质量流量进行精确测量和控制，具有精度高、重现性好、量程宽、响应快、软启动、稳定可靠、工作压力范围宽等优点。它操作和使用方便，可在任意位置安装且便于与计算机连接实现自动控制，也可作为质量流量计使用，对气体的瞬时流量和累积流量进行精确计量。因此，质量流量控制器在集成电路、石油化工、特种材料、生物医药和环境保护等领域的科研和生产具有重要价值。

质量流量控制器一般与流量显示仪等产品配套使用。

质量流量控制器由流量传感器、分流器通道、流量调节阀和放大控制电路等部件组成。流量传感器采用毛细管传热温差量热法原理测量气体的质量流量，具有温度压力自动补偿特点。将传感器加热电桥测得的流量信号送入放大器放大，放大后的流量检测电压与设定电压进行比较，再将差值信号放大后去控制调节阀门，闭环控制流过通道的流量使之与设定的流量相等。分流器决定主通道的流量。与之配套的流量显示仪上设置有稳压电源、三位半数字电压表、设定电位器、外设、内设转换和三位阀控开关等。控制器输出的流量检测电压与流过通道的质量流量成正比。

使用时，主要操作在流量显示仪上进行。阀门控制开关及流量设定电位器在前面板上，流量设定的内部或外部信号选择开关一般在后面板上。当设定选择开关打到"内"时，用设定电器设定流量；打到"外"时，由外部信号设定流量。在显示面板上还设置有三个阀门控制开关，当置于"关闭"位时，阀门关闭；当置于"清洗"位时，阀门开到最大，以便气路清洗；当置于"阀控"时，自动控制流量。

操作时，先打开电源，将阀开关置到"关闭"位，将设定值调到零，再开气，待预热至零点稳定后，再转"阀控"位，然后将设定流量调至需要值，则实际流量跟踪设定值而改变，无过冲，这是正确的操作方法。将质量流量控制器显示的流量读数，与使用气体的转换系数（可查表）相乘，即可得到该被测气体在标准状态下的质量流量。

第六节　热分析测量技术及仪器

顾名思义，热分析可以解释为以热进行分析的一种方法。国际热分析联合会给出的确切定义：热分析是在程序控制温度的条件下，测量物质的物理性质与温度之间的关系的一类技术。这里所说的"程序控制温度"一般指线性升温或线性降温，当然也包括恒温、循环或非线性升温、降温。这里的"物质"指试样本身和（或）试样的反应产物，包括中间产物。根据所测物理性质不同，热分析技术分类如表 2-13 所示。

表 2-13　热分析技术分类

物理性质	技术名称	简称	物理性质	技术名称	简称
质量	热重法 导热系数法 逸出气检测法 逸出气分析法	TG DTG EGD EGA	机械特性	机械热分析 动态热 机械热	TMA
温度	差热分析	DTA	声学特性	热发声法 热传声法	
焓	差示扫描量热法①	DSC	光学特性	热光学法	
尺度	热膨胀法	TD	电学特性	热电学法	
			磁学特性	热磁学法	

① DSC 的分类：功率补偿 DSC 和热流 DSC。

热分析是一类多学科的通用技术，应用范围极广。本文只着重简要介绍 DTA、DSC 和 TG 等基本原理和技术。

一、差热分析法（DTA）

1. DTA 的基本原理

差热分析（differential thermal analysis，DTA）是在程序控制温度的条件下，测量物质与环境（样品与参比物）之间的温度差与温度关系的一种技术。差热分析曲线是描述样品与参比物之间的温差（ΔT）随温度 T 或时间 t 的变化关系。在 DTA 实验中，样品温度的变化是由于相转变或反应的吸热或放热效应引起的。如相转变、熔化、结晶结构的转变、沸腾、升华、蒸发、脱氢反应、断裂或分解反应、氧化或还原反应、晶格结构的破坏和其它化学反应。一般说来，相转变、脱氢还原和一些分解反应产生吸热效应；而结晶、氧化和一些分解反应产生放热效应。

差热分析的原理如图 2-22 所示。将试样和参比物分别放入坩埚，置于炉中以一定速率 $v = \mathrm{d}T/\mathrm{d}t$ 进

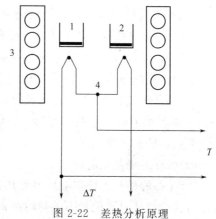

图 2-22　差热分析原理
1—参比物；2—试样；3—炉体；4—热电偶

行程序升温，以 T_s、T_r 表示各自的温度，设试样和参比物（包括容器、温差电偶等）的热容量 C_s、C_r 不随温度而变。则它们的升温曲线如图 2-23 所示。

若以 $\Delta T = T_s - T_r$ 对 t 作图，所得 DTA 曲线如图 2-24 所示。在 $o \sim a$ 区间，ΔT 大体上是一致的，形成 DTA 曲线的基线。随着温度的增加，试样产生了热效应（例如相转变），则与参比物间的温差变大，在 DTA 曲线中表现为峰。显然，温差越大，峰也越大，试样发生变化的次数多，峰的数目也多，所以各种吸热和放热峰的个数、形状和位置与相应的温度可用来定性地鉴定所研究的物质，而峰面积与热量的变化有关。

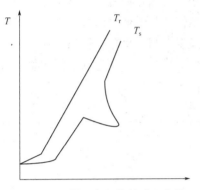

图 2-23 试样和参比物的升温曲线

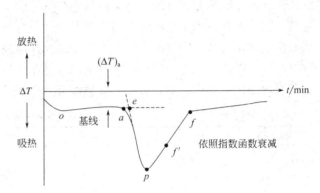

图 2-24 DTA 吸热转变曲线

DTA 曲线所包围的面积 S 可用下式表示：

$$\Delta H = \frac{gC}{m} \int_{t_2}^{t_1} \Delta T \mathrm{d}t = \frac{gC}{m} S$$

式中，ΔH 是反应热；m 是反应物（样品）的质量；g 是仪器的几何形态常数；C 是样品的热传导率；ΔT 是温差；t_1 和 t_2 是 DTA 曲线的积分限。这是一种最简单的表达式，它是通过运用比例或近似常数 g 和 C 来说明样品反应热与峰面积的关系。这里忽略了微分项和样品的温度梯度，并假设峰面积与样品的比热无关，所以它是一个近似关系式。

2. DTA 曲线起止点温度和面积的测量

(1) DTA 曲线起止点温度的确定

如图 2-24 所示，DTA 曲线的起始温度可取下列任一点温度：曲线偏离基线之点 T_a；曲线陡峭部分切线和基线延长线这两条线交点 T_e（外推始点，extrapolated onset）。其中，T_a 与仪器的灵敏度有关，灵敏度越高则出现得越早，即 T_a 值越低，故一般重复性较差；T_p 和 T_e 的重复性较好，其中 T_e 最为接近热力学的平衡温度。T_p 是曲线的峰值温度。

从外观上看，曲线回复到基线的温度是 T_f（终止温度）；而反应的真正终点温度是 T_f'，由于整个体系的热惰性，即使反应终了，热量仍有一个散失过程，使曲线不能立即回到基线。T_f' 可以通过作图的方法来确定，T_f' 之后，ΔT 即以指数函数降低，因而如以 $\Delta T - (\Delta T)_a$ 的对数对时间作图，可得一直线。当从峰的高温侧的底沿逆查这张图时，则偏离直线的那点，即表示终点 T_f。

(2) DTA 峰面积的确定

DTA 的峰面积为反应前后基线所包围的面积，其测量方法有以下几种：①使用积分仪，可以直接读数或自动记录下差热峰的面积；②若差热峰的对称性好，可作等腰三角形处理，用峰高乘以半峰宽（峰高 1/2 处的宽度）的方法求面积；③纸称重法，若记录纸厚薄均匀，可将差热峰剪下来，在分析天平上称其质量，其数值可以代表峰面积。

对于反应前后基线没有偏移的情况，只要联结基线就可求得峰面积，这是不言而喻的。

对于基线有偏移的情况［图 2-25(a)，图 2-25(b)］，经常采用下面两种方法。

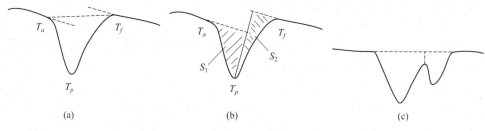

图 2-25 峰面积求法

① 分别作反应开始前和反应终止后的基线延长线，它们离开基线的点分别是 T_a 和 T_f，联结 T_a、T_p、T_f 各点，便得峰面积，这就是 ICTA（国际热分析协会）所规定的方法，见图 2-25(a)。

② 由基线延长线和通过峰顶 T_p 作垂线，与 DTA 曲线的两个半侧所构成的两个近似三角形面积 S_1 和 S_2［在图 2-25(b) 中以阴影表示］之和 $S=S_1+S_2$ 表示峰面积。这种求面积的方法是认为在 S_1 中丢掉的部分与 S_2 中多余的部分可以得到一定程度的抵消。

对于分辨情况不够理想的两个相邻峰，在两峰面积相差不大的情况下，可以以峰谷为界限分别计算，见图 2-25(c)。

3. 影响差热分析结果的主要因素

差热分析操作简单，但在实际工作中往往发现同一试样在不同仪器上测量，或不同的人在同一仪器上测量，所得到的差热曲线结果有差异。峰的最高温度、形状、面积和峰值大小都会发生一定变化。其主要原因是因为热量与许多因素有关，传热情况比较复杂所造成的。一般而言，一是仪器，二是样品。虽然影响因素很多，但只要严格控制某种条件，仍可获得较好的重现性。

(1) 参比物的选择

要获得平稳的基线，参比物的选择至关重要。参比物在加热或冷却过程中不发生任何变化，在整个升温过程中参比物的比热容、导热系数、粒度尽可能与试样一致或相近。

常用 $\alpha\text{-}Al_2O_3$、石英砂或煅烧过的 MgO 作参比物。若分析试样为金属，也可以用金属镍粉作参比物。如果试样与参比物的热性质相差很远，则可用稀释试样的方法解决，主要是减少反应剧烈程度。比如试样加热过程中有气体产生时，可以减少气体大量出现，以免使试样冲出。选择的稀释剂不能与试样有任何化学反应或催化反应，常用的稀释剂有 SiC、Al_2O_3、Fe_2O_3、铁粉、玻璃珠等。

(2) 试样的预处理和用量

试样用量大，易使相邻两峰重叠，降低分辨率。一般尽可能减少用量，最大至毫克。样品的颗粒度在 100~200 目，颗粒小可以改善导热条件，但太细可能会破坏样品的结晶度。对易分解产生气体的样品，颗粒应大一些。参比物的颗粒、装填情况及紧密程度应与试样一致，以减少基线漂移。

(3) 升温速率的影响和选择

升温速率不仅影响峰温的位置，而且影响峰面积的大小。一般来说，在较快的升温速率下峰面积变大，峰变尖锐。但是过快的升温速率使试样分解偏离平衡条件的程度也大，因而易使基线漂移。更主要的是可能导致相邻两个峰重叠，分辨率下降。较慢的升温速率，基线漂移小，使体系接近平衡条件，得到宽而浅的峰，也能使相邻两峰更好地分离，因而分辨率高。但测定时间长，需要仪器的灵敏度高。一般选择 $8 \sim 12 ℃ \cdot min^{-1}$ 为宜。

(4) 气氛和压力的选择

气氛和压力可以影响样品化学反应和物理变化的平衡温度、峰形。因此，必须根据样品的性质选择适当的气氛和压力。例如有的样品易氧化，可以通入 N_2、Ne 等惰性气体。

(5) 纸速的选择

在相同的实验条件下，同一试样如走纸速度快，峰的面积大，但峰的形状平坦，误差小；走纸速度小，峰面积小。因此，应根据不同样品选择适当的走纸速度。

不同条件的选择都会影响差热曲线，除上述外还有许多因素，诸如样品管的材料、大小和形状、热电偶的材质以及热电偶插在试样和参比物中的位置等。市售的差热仪，以上因素都已固定，但自己装配的差热仪就要考虑这些因素。

4. DTA 的仪器结构

尽管仪器种类繁多，DTA 分析仪内部结构装置大致相同。典型的 DTA 装置如图 2-26 所示。

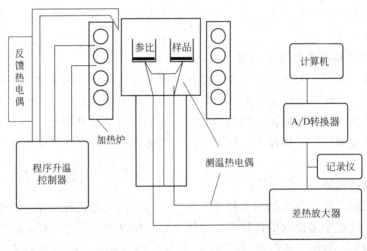

图 2-26 差热分析仪原理与装置

DTA 仪器一般由以下几个部分组成：炉子（其中有试样和参比物坩埚，温度敏感元件等）、炉温控制器、微伏放大器、气氛控制、记录仪（或计算机）等部分组成。

(1) 温度程序控制单元

炉温控制系统由程序信号发生器、PID 调节器和可控硅执行元件等几部分组成。

程序信号发生器按给定的程序方式（升温、降温、恒温、循环）给出毫伏信号。若温控热电偶的热电势与程序信号发生器给出的毫伏值有差别时，说明炉温偏离给定值，此偏差值经微伏放大器放大，送入 PID 调节器，再经可控硅触发器导通可控硅执行元件，调整电炉的加热电流，从而使偏差消除，达到使炉温按一定的速度上升、下降或恒定的目的。

(2) 差热放大单元

用以放大温差电势，由于记录仪量程为毫伏级，而差热分析中温差信号很小，一般只有几微伏到几十微伏,因此差热信号须经放大后再送入记录仪(或计算机)中记录。

(3) 信号记录单元

由双笔自动记录仪(或计算机)将测温信号和温差信号同时记录下来。

在进行 DTA 过程中,如果升温时试样没有热效应,则温差电势应为常数,DTA 曲线为一直线,称为基线。但是由于两个热电偶的热电势和热容量以及坩埚形态、位置等不可能完全对称,在温度变化时仍有不对称电势产生。此电势随温度升高而变化,造成基线不直,这时可以用斜率调整线路加以调整。

CRY 和 CDR 系列差热仪调整方法:坩埚内不放参比物和试样,将差热放大量程置于 $\pm 100\mu V$,升温速度置于 $10\text{℃}\cdot\text{min}^{-1}$,用移位旋钮使温差记录笔处于记录纸中部,这时记录笔应画出一条直线。在升温过程中如果基线偏离原来的位置,则主要是由于热电偶不对称电势引起基线漂移。待炉温升到 750℃ 时,通过斜率调整旋钮校正到原来位置即可。另外,基线漂移还和试样杆的位置、坩埚位置、坩埚尺寸等因素有关。

二、差示扫描量热法(DSC)

在差热分析测量试样的过程中,当试样产生热效应(熔化、分解、相变等)时,由于试样内的热传导,试样的实际温度已不是程序所控制的温度(如在升温时试样由于放热而一度加速升温)。由于试样的吸热或放热,促使温度升高或降低,因而进行试样热量的定量测定是困难的。要获得较准确的热效应,可采用差示扫描量热法(differential scanning calorimetry,DSC)。

1. DSC 的基本原理

差示扫描量热法是在程序控制温度下,测量输给试样和参比物的功率差与温度关系的一种技术。

DSC 和 DTA 仪器装置相似,所不同的是在试样和参比物容器下装有两组补偿加热丝,当试样在加热过程中由于热效应与参比物之间出现温差 ΔT 时,通过差热放大电路和差动热量补偿放大器,使流入补偿电热丝的电流发生变化。当试样吸热时,补偿放大器使试样一边的电流立即增大;反之,当试样放热时则使参比物一边的电流增大,直到两边热量平衡,温差 ΔT 消失为止。换言之,试样在热反应时发生的热量变化,由于及时输入电功率而得到补偿,所以实际记录的是试样和参比物下面两只电热补偿的热功率之差随时间 t 的变化 $\left(\dfrac{dH}{dt}\text{-}t\right)$ 关系。如果升温速率恒定,记录的也就是热功率之差随温度 T 的变化。$\left(\dfrac{dH}{dt}\text{-}T\right)$ 关系如图 2-27 所示。

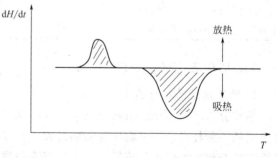

图 2-27 DSC 曲线与峰面积

其峰面积 S 正比于热焓的变化:

$$\Delta H = KS$$

式中,K 为与温度无关的仪器常数。

如果事先用已知相变热的试样标定仪器常数,再根据待测样品的峰面积,就可得到 ΔH 的绝对值。仪器常数的标定,可利用测定锡、铅、铟等纯金属的熔化,从其熔化热的文献值即可得到仪器常数。

因此，用差示扫描量热法可以直接测量热量，这是与差热分析的一个重要区别。此外，DSC 与 DTA 相比，另一个突出的优点是后者在试样发生热效应时，试样的实际温度已不是程序升温时所控制的温度（如在升温时试样由于放热而一度加速升温）。而前者由于试样的热量变化随时可得到补偿，试样与参比物的温度始终相等，避免了参比物与试样之间的热传递，故仪器的反应灵敏，分辨率高，重现性好。

2. DTA 和 DSC 应用讨论

DTA 和 DSC 的共同特点是峰的位置、形状和峰的数目与物质的性质有关，故可以定性地用来鉴定物质。原则上讲，物质的所有转变和反应都应有热效应，因而可以采用 DTA 和 DSC 检测这些热效应，不过有时由于灵敏度等种种原因的限制，不一定都能观测得出；而峰面积的大小与反应热焓有关，即 $\Delta H = KS$。对 DTA 曲线，K 是与温度、仪器和操作条件有关的比例常数。而对 DSC 曲线，K 是与温度无关的比例常数。这说明在定量分析中 DSC 优于 DTA，但是目前 DSC 仪测定的温度只能达到 750℃ 左右，温度再高时，只能用 DTA 仪。DTA 一般可用到 1600℃ 的高温，最高可达 2400℃。

近年来热分析技术已广泛应用于石油产品、高聚物、配合物、液晶、生物体系、医药等有机和无机化合物，它们已成为研究有关问题的有力工具。但从 DSC 得到的实验数据比从 DTA 得到的更为定量，并更易于做理论解释。因此，DTA 和 DSC 在化学领域和工业中得到了广泛的应用。DTA 和 DSC 在化学中的一些应用请参见表 2-14。

表 2-14 DTA 和 DSC 在化学中的应用

材料	研究类型	材料	研究类型
催化剂	相组成,分解反应,催化剂鉴定	煤和褐煤	升华热
聚合材料	相图,玻璃化转变,降解,熔化和结晶	天然产物	转变热
脂和油	固相反应	有机物	脱溶剂化反应
润滑油	脱水反应	黏土和矿物	脱溶剂化反应
配位化合物	辐射损伤	金和合金	气-固反应
碳水化合物	催化剂	土壤	转化热
氨基酸和蛋白质	吸附热	生物材料	热稳定性
金属盐水化合物	反应热	液晶	纯度测定
金属和非金属化合物	聚合热	铁磁性材料	居里点测定

三、热重法（TG，DTG）

1. 热重法的基本原理

热重分析法（thermogravimetry，TG）是在程序控制温度条件下，测量物质质量与温度关系的一种技术。许多物质在加热过程中常伴随质量的变化，这种变化过程有助于研究晶体性质的变化，如熔化、蒸发、升华和吸附等物质的物理变化现象；也有助于研究物质的脱水、解离、氧化、还原等物质的化学变化现象。

进行热重分析的基本仪器为热天平。热天平一般包括天平、炉子、程序控温系统、记录系统等部分。有的热天平还配有通入气氛或真空装置。典型的热天平的结构原理如图 2-28 所示。除热天平外，还有弹簧秤。国内已有 TG 和 DTG（微商热重法）联用的示差天平。

热重法通常可分为两大类：静态法和动态法（升温）。静态法是等压质量变化的测定，是指一物质的挥发性产物在恒定分压下，物质平衡与温度 T 的函数关系。以失重为纵坐标，

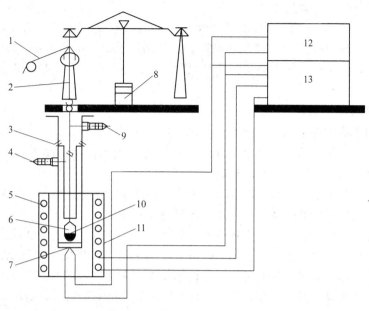

图 2-28 热天平的结构原理图

1—机械减码；2—吊挂系统；3—密封管；4—出气口；5—加热丝；6—试样盘；7—热电偶；8—光学读数；9—进气口；10—试样；11—管式电阻炉；12—温度读数表头；13—温控加热单元

温度 T 为横坐标作等压质量变化曲线图。等温质量变化的测定是指一物质在恒温下，物质质量变化与时间 t 的依赖关系，以质量变化为纵坐标，以时间为横坐标，获得等温质量变化曲线图。动态法是在程序升温的情况下，测量物质质量的变化对时间的函数关系。

在控制温度下，试样受热后重量减轻，天平（或弹簧秤）向上移动，使变压器内磁场移动输电功能改变；另一方面，加热电炉温度缓慢升高时，热电偶所产生的电位差输入温度控制器，经放大后由信号接收系统绘出 TG 热分析图谱。

热重法实验得到的曲线称为热重曲线（TG 曲线），如图 2-29（a）所示。TG 曲线以质量作纵坐标，从上向下表示质量减少；以温度（或时间）作横坐标，自左至右表示温度（或时间）增加。

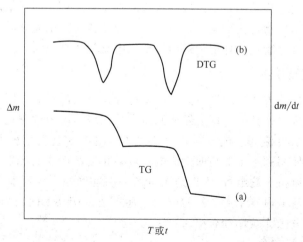

图 2-29 热重曲线图

(a) TG 曲线；(b) DTG 曲线

从热重法可派生出微商热重法（DTG），它是 TG 曲线对温度（或时间）的一阶导数。以物质的质量变化速率 dm/dt 对温度 T（或时间 t）作图，即得 DTG 曲线，如图 2-29(b) 所示。DTG 曲线上的峰代替 TG 曲线上的阶梯，峰面积正比于试样质量。DTG 曲线可以微分 TG 曲线得到，也可以用适当的仪器直接测得，DTG 曲线比 TG 曲线优越性大，它提高了 TG 曲线的分辨率。

2. 影响热重分析的因素

热重分析的实验结果受到许多因素的影响，基本可分两类：第一类是仪器因素，包括升温速率、炉内气氛、炉子的几何形状、坩埚的材料等；第二类是样品因素，包括样品的质量、粒度、装样的紧密程度、样品的导热性等。

在 TG 曲线的测定中，升温速率增大会使样品分解温度明显升高。如升温太快，试样来不及达到平衡，会使反应各阶段分不开。较适宜的升温速率为 $5\sim 10\text{℃}\cdot\text{min}^{-1}$。

样品在升温过程中，往往会有吸热或放热现象，这样使温度偏离线性程序升温，从而改变了 TG 曲线位置。样品量越大，这种影响越大。对于受热产生气体的样品，样品量越大，气体越不易扩散。此外，样品量大时，样品内温度梯度也大，将影响 TG 曲线位置。总之，实验时应根据天平的灵敏度，尽量减小样品量。样品的粒度不能太大，否则将影响热量的传递；粒度也不能太小，否则开始分解的温度和分解完毕的温度都会降低。

3. 热重分析的应用

热重法的重要特点是定量性强，能准确地测量物质的质量变化及变化的速率，理论上，只要物质受热时发生重量的变化，就可以用热重法来研究其变化过程。目前，热重法已在下述多个方面得到广泛应用，包括：无机物、有机物及聚合物的热分解；金属在高温下受各种气体的腐蚀过程；固态反应；矿物的煅烧和冶炼；液体的蒸馏和汽化；煤、石油和木材的热解过程；含湿量、挥发物及灰分含量的测定；升华过程；脱水和吸湿；爆炸材料的研究；反应动力学的研究；发现新化合物；吸附和解吸；催化活度的测定；表面积的测定；氧化稳定性和还原稳定性的研究；反应机理的研究。

第七节　电学测量技术及仪器

电学测量技术在物理化学实验中占有很重要的地位，常用来测量电解质溶液的电导、原电池电动势等。作为基础物理化学实验，本节主要介绍传统的电化学测量方法。只有掌握了传统的基本方法，才有可能正确理解和运用近现代电化学研究方法。

一、电导的测量及仪器

测量待测溶液电导的方法称为电导分析法。电导是电阻的倒数，因此电导值的测量实际上是通过电阻值的测量再换算的，即电导的测量方法应该与电阻的测量方法相同。但在溶液电导的测定过程中，当电流通过电极时，由于离子在电极上会发生放电，产生极化引起误差，故测量电导时要使用频率足够高的交流电，以防止电解产物的产生。另外，所用的电极镀铂黑是为了减少超电位（超电势），提高测量结果的准确性。相比而言，电导率更具有实用价值，因此，测量溶液电导率的仪器的应用更加广泛，例如 DDS-11A 型电导率仪，下面对其测量原理及操作方法作较详细介绍。

1. DDS-11A 型电导率仪

DDS-11A 型电导率仪的测量范围广，可以测定一般液体和高纯水的电导率，操作简便，可直接从表上读取数据，并有 0~10mV 讯号输出，可接自动平衡记录仪进行连续记录。

(1) 测量原理

电导率仪的工作原理，如图 2-30 所示。把振荡器产生的一个交流电压源 E，送到电导池 R_x 与量程电阻（分压电阻）R_m 的串联回路里，电导池里的溶液电导愈大，R_x 愈小，R_m 获得的电压 E_m 也就越大。将 E_m 送至交流放大器放大再经过讯号整流，以获得推动表头的直流讯号输出，表头直读电导率。

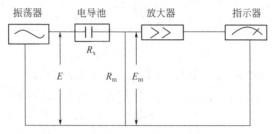

图 2-30　电导率仪测量原理图

$$E_m = \frac{ER_m}{R_m + R_x} = \frac{ER_m}{R_m + \dfrac{K_{cell}}{\kappa}}$$

式中，K_{cell} 为电导池常数，当 E、R_m 和 K_{cell} 均为常数时，由电导率 κ 的变化必将引起 E_m 作相应变化，所以测量 E_m 的大小，也就测得溶液电导率的数值。

机器振荡产生低周（约 140Hz）及高周（约 1100Hz）两个频率，分别作为低电导率测量和高电导率测量的信号源频率。振荡器用变压器耦合输出，因而使信号 E 不随 R_x 变化而改变。因为测量讯号是交流电，因而电极极片间及电极引线间均出现了不可忽视的分布电容 C_0（约 60pF），电导池则有电抗存在，这样将电导池视作纯电阻来测量，则存在比较大的误差，特别在 0~0.1μS·cm^{-1} 低电导率范围内，此项影响较为显著，需采用电容补偿消除它，其原理见图 2-31。

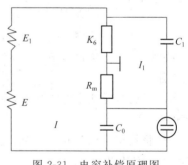

图 2-31　电容补偿原理图

信号源输出变压器的次极有两个输出信号 E_1 及 E，E_1 作为电容的补偿电源。E_1 与 E 的相位相反，所以由 E_1 引起的电流 I_1 流经 R_m 的方向与测量讯号 I 流过 R_m 的方向相反。测量讯号 I 中包括通过纯电阻 R_x 的电流和流过分布电容 C_0 的电流。调节 K_6 可以使 I_1 与流过 C_0 的电流振幅相等，使它们在 R_m 上的影响大体抵消。

(2) 测量范围

① 测量范围：0~10^5 μS·cm^{-1}，分 12 个量程。

② 配套电极：DJS-1 型光亮电极；DJS-1 型铂黑电极；DJS-10 型铂黑电极。光亮电极用于测量较小的电导率（0~10μS·cm^{-1}），而铂黑电极用于测量较大的电导率（10~10^5 μS·cm^{-1}）。通常用铂黑电极，因为它的比表面积比较大，这样降低了电流密度，减少或消除了极化。但在测量低电导率溶液时，铂黑对电解质有强烈的吸附作用，出现不稳定的现象，这时宜用光亮铂电极。

③ 电极选择原则列于表 2-15。

表 2-15 电极选择

量程	电导率 /μS·cm^{-1}	测量频率	配套电极	量程	电导率 /μS·cm^{-1}	测量频率	配套电极
1	0～0.1	低周	DJS-1 型光亮电极	7	0～100	低周	DJS-1 型铂黑电极
2	0～0.3	低周	DJS-1 型光亮电极	8	0～300	低周	DJS-1 型铂黑电极
3	0～1	低周	DJS-1 型光亮电极	9	0～1000	高周	DJS-1 型铂黑电极
4	0～3	低周	DJS-1 型光亮电极	10	0～3000	高周	DJS-1 型铂黑电极
5	0～10	低周	DJS-1 型光亮电极	11	0～10000	高周	DJS-1 型铂黑电极
6	0～30	低周	DJS-1 型铂黑电极	12	0～100000	高周	DJS-10 型铂黑电极

(3) 使用方法

DDS-11A 型电导率仪的面板，如图 2-32 所示。使用方法如下。

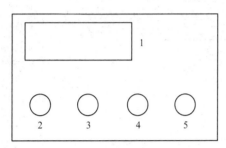

图 2-32　DDS-11A 型电导率仪的面板图
1—数字显示屏；2—检查、量程选择开关；
3—校正旋钮；4—电导池常数旋钮；
5—量程选择开关

① 打开电源开关前，应观察表针是否指零，若不指零时，可调节表头的螺丝，使表针指零。

② 将校正、测量开关拨至"校正"位置。

③ 插好电源后，再打开电源开关，此时指示灯亮。预热数分钟，待指针完全稳定下来为止。调节校正调节器，使表针指向满刻度。

④ 根据待测液电导率的大致范围选用低周或高周，并将高周、低周开关拨向所选位置。

⑤ 将量程选择开关拨到测量所需范围。若预先不知道被测溶液电导率的数值大小，则由最大挡逐挡下降至合适范围，以防表针打弯。

⑥ 根据电极选用原则，选好电极并插入电极插口。各类电极要注意调节好配套电极常数，如配套电极常数为 0.95（电极上已标明），则将电极常数调节器调节到相应的位置 0.95 处。

⑦ 倾去电导池中的电导水，将电导池和电极用少量待测液洗涤 2～3 次，再将电极浸入待测液中并恒温。

⑧ 将校正、测量开关拨至"测量"，这时表头上的指示读数乘以量程开关的倍率，即为待测液的实际电导率。

⑨ 当量程开关指向黑点时，读表头上刻度（0～1μS·cm^{-1}）的数；当量程开关指向红点时，读表头下刻度（0～3μS·cm^{-1}）的数值。

⑩ 当用 0～0.1μS·cm^{-1} 或 0～0.3μS·cm^{-1} 这两挡测量高纯水时，在电极未浸入溶液前，调节电容补偿调节器，使表头指示为最小值（此最小值为电极铂片间的漏阻，由于此漏阻的存在，使调节电容补偿调节器时表头指针不能达到零点），然后开始测量。

(4) 注意事项

电极的引线不能潮湿，否则测量不准确；高纯水应迅速测量，否则空气中 CO_2 溶入水中变为 CO_3^{2-}，使电导率迅速增加；测定一系列浓度待测液的电导率，应注意按浓度由小到大的顺序测定；盛待测液的容器必须清洁，没有离子玷污；电极要轻拿轻放，切勿触碰铂黑。如要想了解在测量过程中电导率的变化情况，将 10mV 输出接到自动平衡记录仪即可。

2. DDS-11 型电导率仪使用方法

该仪器的测量原理与 DDS-11A 型电导率仪一样，基于"电阻分压"原理的不平衡测量方法。其面板如图 2-33 所示。

使用方法如下：

（1）接通电源前先检查表针是否指零，如不指零可调节表头上校正螺丝使表针指零。

（2）接通电源，打开电源开关，指示灯亮。预热数分钟即可开始工作。

（3）将测量范围选择器旋钮拨至所需的范围挡。如不知被测液电导的大小范围，则应将旋钮分置于最大量程挡，然后逐挡减小，以保护表不被损坏。

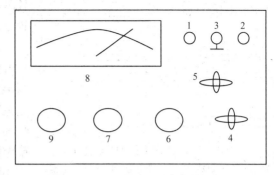

图 2-33 DDS-Ⅱ型电导率仪的面板图
1,2,3—电极接线柱；4—校正、测量开关；5—范围选择器；6—校正调节器；7—电源开关；
8—指示表；9—电源指示灯

（4）选择电极。

（5）连接电极引线。使用 260 型电极时电极上两根同色引出线分别接在接线柱 1，2 上，另一根引出线接在电极屏蔽线接线柱 3 上。使用 U 型电极时，两根引出线分别接在接线柱 1，2 上。

（6）用少量待测液洗涤电导池及电极 2~3 次，然后将电极浸入待测溶液中，并恒温。

（7）将测量校正开关扳向"校正"，调节校正调节器，使指针停在红色倒三角处。应注意在电导池接好的情况下才可进行校正。

（8）将测量校正开关扳向"测量"，此时指针指示的读数即为被测液的电导值。当被测液电导很高时，每次测量都应在校正后方可读数，以提高测量精度。

本仪器附有三种电极，分别适用于下述电导范围：①被测液电导低于 $5\mu S$ 时，用 260 型光亮电极；②被测液电导在 $5\sim150mS$ 时，用 260 型铂黑电极；③被测液电导高于 $150mS$ 时，用 U 型电极。

二、原电池电动势的测量及仪器

原电池电动势一般用直流电位差计并配以饱和式标准电池和检流计来测量。电位差计可分为高阻型和低阻型两类，使用时，可根据待测系统的不同，选用不同类型的电位差计。通常情况下，高电阻系统选用高阻型电位差计，低电阻系统选用低阻型电位差计。但不管电位差计的类型如何，其测量原理都是一样的。下面具体以 UJ-25 型电位差计为例，说明其原理及使用方法。

1. UJ-25 型电位差计

UJ-25 型直流电位差计属于高阻电位差计，它适用于测量内阻较大的电源电动势，以及较大电阻上的电压降等。由于工作电流小、线路电阻大，故在测量过程中工作电流变化很小，因此需要高灵敏度的检流计。它的主要特点是测量时几乎不损耗被测对象的能量，测量结果稳定、可靠且有很高的准确度，因此在教学和科研中广泛使用。

（1）测量原理

电位差计是按照对消法测量原理而设计的一种平衡式电学测量装置，能直接给出待测电池的电动势值（以伏特表示）。图 2-34 是对消法测量电动势原理示意图。

由图 2-34 可知，电位差计由三个回路组成：工作电流回路、标准回路和测量回路。

① 工作电流回路亦称电源回路。从工作电源正极开始，经电阻 R_N、R_X，再经工作电

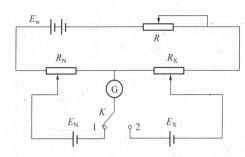

图 2-34 对消法测量原理示意图

E_w—工作电源；E_N—标准电池；E_X—待测电池；R—调节电阻；R_X—待测电池电动势补偿电阻；K—转换电键；R_N—标准电池电动势补偿电阻；G—检流计

流调节电阻 R，回到工作电源负极。其作用是借助于调节 R 使在补偿电阻上产生一定的电位降。

② 标准回路。从标准电池的正极开始（当换向开关 K 扳向"1"一方时），经电阻 R_N，再经检流计 G 回到标准电池负极。其作用是校准工作电流回路以标定补偿电阻上的电位降。通过调节 R 使检流计 G 中电流为零，此时 R_N 产生的电位降 V 与标准电池的电动势 E_N 相对消，也就是说大小相等而方向相反。校准后的工作电流 I 为某一定值 I_0。

③ 测量回路。从待测电池的正极开始（当换向开关 K 扳向"2"一方时），经检流计 G 再经电阻 R_X，回到待测电池负极。在保证校准后的工作电流 I_0 不变，即固定 R 的条件下，调节电阻 R_X，使得检流计 G 中电流为零。此时产生的电位降 V 与待测电池的电动势 E_X 相对消。

由上述工作原理可见，用直流电位差计测量电动势时，有两个明显的优点。

① 在两次平衡中检流计都指零，没有电流通过，也就是说电位差计既不从标准电池中吸取能量，也不从被测电池中吸取能量，表明测量时没有改变被测对象的状态，因此在被测电池的内部就没有电压降，测得的结果是被测电池的电动势而不是端电压。

② 被测电动势 E_X 的值是由标准电池电动势 E_N 和电阻 R_N、R_X 来决定的。由于标准电池的电动势的值十分准确，并且具有高度的稳定性，而电阻元件也可以制造得具有很高的准确度，所以当检流计的灵敏度很高时，用电位差计测量的准确度就非常高。

(2) 使用方法

UJ-25 型电位差计面板，如图 2-35 所示。电位差计使用时都配用灵敏检流计和标准电池以及工作电源。UJ-25 型电位差计测电动势的范围其上限为 600V，下限为 0.000001V，但当测量高于 1.911110V 以上电压时，就必须配用分压箱来提高上限。

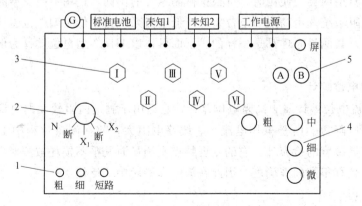

图 2-35 UJ-25 型电位差计面板图

1—电计按钮（共3个）；2—转换开关；3—电势测量旋钮（共6个）；4—工作电流调节旋钮（共4个）；5—标准电池温度补偿旋钮

下面说明测量 1.911110V 以下电压的方法。

① 连接线路。先将（N，X_1，X_2）转换开关放在断的位置，并将左下方三个电计按钮（粗、细、短路）全部松开，然后依次将工作电源、标准电池、检流计，以及被测电池按正、负极性接在相应的端钮上，检流计没有极性的要求。

② 调节工作电压（标准化）。将室温时的标准电池电动势值算出。对于镉汞标准电池，温度校正公式为：

$$E_t = E_0 - 4.06 \times 10^{-5}(t-20) - 9.5 \times 10^{-7}(t-20)^2$$

式中，E_t 为室温 t℃时标准电池电动势；$E_0 = 1.0186$V 为标准电池在 20℃时的电动势。

调节温度补偿旋钮（A，B），使数值为校正后的标准电池电动势。将（N，X_1，X_2）转换开关放在 N（标准）位置上，按"粗"电计旋钮，旋动右下方（粗、中、细、微）四个工作电流调节旋钮，使检流计示零，然后再按"细"电计按钮，重复上述操作。注意按电计按钮时，不能长时间按住不放，需要"按"和"松"交替进行。

③ 测量未知电动势。将（N，X_1，X_2）转换开关放在 X_1 或 X_2（未知）的位置，按下电计"粗"，由左向右依次调节六个测量旋钮，使检流计示零。然后再按下电计"细"按钮，重复以上操作使检流计示零。读下六个旋钮下方小孔示数的总和即为电池的电动势。

（3）注意事项

测量过程中，若发现检流计受到冲击时，应迅速按下短路按钮，以保护检流计。由于工作电源的电压会发生变化，故在测量过程中要经常标准化。另外，新制备的电池电动势也不够稳定，应隔数分钟测一次，最后取平均值。测定时电计按钮按下的时间应尽量短，以防止电流通过而改变电极表面的平衡状态。若在测定过程中，检流计一直往一边偏转，找不到平衡点，这可能是电极的正负号接错、线路接触不良、导线有断路、工作电源电压不够等原因引起，应该进行检查，加以排除。

2. 其它配套仪器和设备

（1）盐桥

当原电池存在两种电解质界面时，便产生一种称为液体接界电势的电动势，它干扰电池电动势的测定。减小液体接界电势的办法常用盐桥。盐桥是在 U 型玻璃管中灌满盐桥溶液，用捻紧的滤纸塞管两端，把管插入两个互相不接触的溶液，使其导通。

一般，盐桥溶液用正、负离子迁移速率都接近于 0.5 的饱和盐溶液，例如饱和氯化钾溶液等。这样，当饱和盐溶液与另一种较稀溶液相接界时，主要是盐桥溶液向稀溶液扩散，从而减小了液接电势。

使用盐桥时应注意：盐桥溶液不能与两端电池溶液发生反应。如果实验中使用硝酸银溶液，则盐桥溶液就不能用氯化钾溶液，而选择硝酸铵溶液较为合适，因为硝酸铵中正、负离子的迁移速率比较接近。

（2）标准电池

标准电池是电化学实验中基本校验仪器之一，其构造如图 2-36 所示。电池由一 H 型管构成，负极为含镉 12.5% 的镉汞齐，正极为汞和硫酸亚汞的糊状物，两极之间盛以硫酸镉的饱和溶液，管的顶端加以密封。电池反应如下。

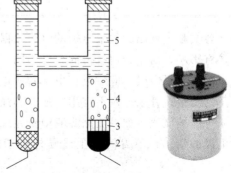

图 2-36 标准电池

1—含 Cd 12.5% 的镉汞齐；2—汞；3—硫酸亚汞的糊状物；4—硫酸镉晶体；5—硫酸镉饱和液

负极（－）：$Cd(汞齐) \longrightarrow Cd^{2+} + 2e^-$

正极（＋）：$Hg_2SO_4(s) + 2e^- \longrightarrow 2Hg(l) + SO_4^{2-}$

电池反应：$Cd(汞齐) + Hg_2SO_4(s) + \frac{8}{3}H_2O \Longrightarrow 2Hg(l) + CdSO_4 \cdot \frac{8}{3}H_2O(s)$

标准电池的电动势很稳定，重现性好，20℃时 $E_0 = 1.0186V$，其它温度下 E_t 可按下式算得：

$$E_t = E_0 - 4.06 \times 10^{-5}(t-20) - 9.5 \times 10^{-7}(t-20)^2$$

使用标准电池时应注意：使用温度 4~40℃；正负极不能接错；不能振荡，不能倒置，携取要平稳；不能用万用表直接测量标准电池；标准电池只是校验器，不能作为电源使用；测量时间必须短暂，间歇按键，以免电流过大损坏电池；电池若未加套直接暴露于日光下，会使硫酸亚汞变质，电动势下降；须按规定时间对标准电池进行计量校正。

（3）常用电极

① 甘汞电极　甘汞电极是实验室中常用的参比电极。具有装置简单、可逆性高、制作方便、电势稳定等优点。其构造形状很多，但不管哪一种形状，在玻璃容器的底部皆装入少量的汞，然后装入汞和甘汞的糊状物，再注入氯化钾溶液，将作为导体的铂丝插入，即构成甘汞电极。甘汞电极表示形式如下：

$$Hg, Hg_2Cl_2(s) | KCl(a)$$

电极反应：

$$Hg_2Cl_2(s) + 2e^- \longrightarrow 2Hg(l) + 2Cl^-(a_{Cl^-})$$

$$\varphi_{甘汞} = \varphi_{甘汞}^{\ominus} - \frac{RT}{F}\ln a_{Cl^-}$$

可见，甘汞电极的电势随氯离子活度（a_{Cl^-}）的不同而改变。不同氯化钾溶液浓度的 $\varphi_{甘汞}$ 与温度的关系见表 2-16。

表 2-16　不同氯化钾溶液浓度的 $\varphi_{甘汞}$ 与温度的关系

氯化钾溶液浓度/mol·dm^{-3}	电极电势 $\varphi_{甘汞}$/V
饱和	$0.2412 - 7.6 \times 10^{-4}(t-25)$
1.0	$0.2801 - 2.4 \times 10^{-4}(t-25)$
0.1	$0.3337 - 7.0 \times 10^{-5}(t-25)$

各文献上列出的甘汞电极的电势数据常不相吻合，这是因为接界电势的变化对甘汞电极电势有影响，由于所用盐桥的介质不同，而影响甘汞电极电势的数据。

使用甘汞电极时应注意：由于甘汞电极在高温时不稳定，故甘汞电极一般适用于70℃以下的测量。甘汞电极不宜用在强酸、强碱性溶液中，因为此时的液体接界电位较大，而且甘汞可能被氧化。如果被测溶液中不允许含有氯离子，应避免直接插入甘汞电极。应注意甘汞电极的清洁，不得使灰尘或局外离子进入该电极内部。当电极内溶液太少时，应及时补充。

② 铂黑电极　铂黑电极是在铂片上镀一层颗粒较小的黑色金属铂所组成的电极，这是为了增大铂电极的表面积。

电镀前一般需进行铂表面处理。对于新制作的铂电极，可放在热的氢氧化钠-乙醇溶液中浸洗 15min 左右，以去除表面油污，然后在浓硝酸中煮几分钟，取出之后用蒸馏水冲洗。

长时间用过的老化的铂黑电极可浸在 40～50℃ 的混酸中（硝酸∶盐酸∶水＝1∶3∶4），经常摇动电极，洗去铂黑，再经过浓硝酸煮 3～5min 以去氯，最后用水冲洗。

以处理过的铂电极为阴极，另一铂电极为阳极，在 $0.5\text{mol}\cdot\text{dm}^{-3}$ 的硫酸中电解 10～20min 以消除氧化膜。观察电极表面出氢是否均匀，若有大气泡产生则表明有油污，应重新处理。

在处理过的铂片上镀铂黑一般采用电解法，电解液的配制如下：

3g 氯铂酸（H_2PtCl_6）＋0.08g 醋酸铅（$PbAc_2\cdot 3H_2O$）＋100mL H_2O（蒸馏水）

电镀时将处理好的铂电极作阴极，另一铂电极作阳极。阴极电流密度约 $15\text{mA}\cdot\text{cm}^{-2}$，电镀约 20min。若所镀的铂黑一洗即掉落，则需重新处理。铂黑不宜镀得太厚，但太薄又易老化和中毒。

（4）检流计

检流计灵敏度很高，常用来检查电路中有无电流通过。主要用在平衡式直流电测仪器如电位差计、电桥作示零仪器。另外，在光-电测量、差热分析等实验中测量微弱的直流电流。目前，实验室中使用最多的是磁电式多次反射光点检流计，它可以和分光光度计及 UJ-25 型电位差计配套使用。

① 工作原理　磁电式检流计结构如图 2-37 所示。当检流计接通电源后，由灯泡、透镜和光栏构成的光源发射出一束光，投射到平面镜上，又反射到反射镜上，最后成像在标尺上。被测电流经悬丝通过动圈时，使动圈发生偏转，其偏转的角度与电流的强弱有关。由于平面镜随动圈而转动，所以在标尺上光点移动距离的大小与电流的大小成正比。

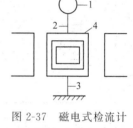

图 2-37　磁电式检流计结构示意图

1—反射小镜；2—悬丝；
3—电流引线；4—动圈

电流通过动圈时，产生的磁场与永久磁铁的磁场相互作用，产生转动力矩，使动圈偏转。但动圈的偏转又使悬丝的扭力产生反作用力矩，当二力矩相等时，动圈就停在某一偏转角度上。

② AC15 型检流计使用方法　仪器面板如图 2-38 所示。

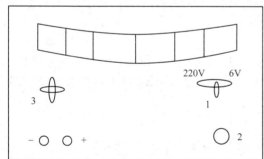

图 2-38　AC15 型检流计面板图

1—电源开关；2—零点调节器；3—分流器开关

使用方法如下：

a. 首先检查电源开关所指示的电压是否与所使用的电源电压一致，然后接通电源。

b. 旋转零点调节器，将光点准线调至零位。

c. 用导线将输入接线柱与电位差计"电计"接线柱接通。

d. 测量时先将分流器开关旋至最低灵敏度挡（0.01 挡），然后逐渐增大灵敏度进行测量（"直接"挡灵敏度最高）。

e. 在测量中如果光点剧烈摇晃时，可按电位差计短路键，使其受到阻尼作用而停止。

f. 实验结束时，或移动检流计时，应将分流器开关置于"短路"，以防止损坏检流计。

三、溶液 pH 值的测量及仪器

酸度计是测定溶液 pH 值最常用的仪器之一，是对溶液中的氢离子活度产生选择性响应的一种电化学传感器。理论上，溶液的酸度可以这样测得：以参比电极、指示电极和溶液组成工作电池，测量出电池的电动势。用已知 pH 值的标准缓冲溶液为基准，比较标准缓冲液所组成的电池的电动势，从而得出待测试液的 pH 值。因此酸度计也叫 pH 计，其优点是使用方便、测量快速。

1. 酸度计的组成

酸度计由电极和电动势测量装置组成，即参比电极、指示电极和测量系统三部分组成。电极用来与试液组成工作电池；电动势测量部分对电池的电动势产生响应，显示出溶液的 pH 值。多数酸度计还兼有毫伏挡，可以直接测电极电位。若配以合适的离子选择电极，还可以测定溶液中某离子的活度（浓度）。

参比电极常用的是饱和甘汞电极，指示电极则通常是一支对 H$^+$ 具有特殊选择性的玻璃电极。组成的电池可表示如下：

玻璃电极|待测溶液‖饱和甘汞电极

鉴于由玻璃电极组成的电池内阻很高，在常温时达几百兆欧，因此不能用普通的电位差计来测量电池的电动势。酸度计的种类很多，现以 pHS-2 型酸度计为例说明它的使用，此酸度计可以测量 pH 值和电动势。测量范围 pH：0～14pH，量程分七挡，每挡为 2pH；mV：0～±1400mV，每挡为 200mV。其面板如图 2-39 所示。

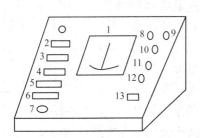

图 2-39　pHS-2 型酸度计面板图
1—指示表；2—温度补偿器；3—电源开关；4—pH 按键；5—+mV 按键；6——mV 按键；7—零点调节器；8—甘汞电极接线柱；9—玻璃电极插口；10—pH-mV 分挡开关；11—校正调节器；12—定位调节器；13—读数开关

2. 酸度计的使用方法

酸度计在使用中一定要能够合理维护电极、按要求配制标准缓冲液和正确操作 pH 计，这样就可大大减小 pH 示值误差，从而提高化学实验、医学检验数据的可靠性。酸度计作为一种精密仪器，使用方法非常重要，并且日常维护一定要精心准备。目前实验室使用的电极都是复合电极，其优点是使用方便、不受氧化或还原性物质影响且平衡速度较快。使用时，将电极加液口上所套的橡胶套和下端的橡皮套全取下，以保持电极内氯化钾溶液的液压差。

（1）检查和预热

① 检查酸度计的接线是否完好。接通电源，打开仪器开关，预热 20～30min 方可使用。

② 取下复合电极上的电极套，注意不要将电极套中的饱和 KCl 溶液撒出或倒掉。用蒸馏水冲洗电极头部，用滤纸吸干残留水分。

（2）校正

在测量之前，首先对 pH 计进行校准，一般采用两点定位校准法。

① 将"pH-mV"开关拨到 pH 位置。

② 调节控温钮，使旋钮指示的温度与室温相同，斜率旋钮顺时针旋至最大 100%，调节零点，使指针指在 pH=7 处。

③ 取下放蒸馏水的小烧杯，并用滤纸轻轻吸去玻璃电极上的多余水珠。在小烧杯内加入选择好的、已知 pH=7 的标准缓冲溶液一。将电极浸入，注意使玻璃电极端部小球和甘汞电极的毛细孔浸在溶液中，轻轻摇动小烧杯使电极所接触的溶液均匀。轻轻按下或稍许转动读数开关使开关卡住，调节定位旋钮，使指针恰好指在标准缓冲液的 pH 数值处。放开读

数开关，重复操作，直至数值稳定为止。

④ 用蒸馏水洗净电极，并用滤纸轻轻吸去玻璃电极上的多余水珠。在小烧杯内加入选择好的、已知 pH 值的标准缓冲溶液二。将电极浸入，注意使玻璃电极端部小球和甘汞电极的毛细孔浸在溶液中，轻轻摇动小烧杯使电极所接触的溶液均匀。根据标准缓冲液的 pH 值，将量程开关拧到 0～7 或 7～14 处。轻轻按下或稍许转动读数开关使开关卡住，调节定位旋钮，使指针恰好指在标准缓冲液的 pH 数值处。放开读数开关，重复操作，直至数值稳定为止。

⑤ 校正后，切勿再旋动定位旋钮，否则需重新校正。取下标准液小烧杯，用蒸馏水冲洗电极。

（3）测量

① 将电极上多余的水珠吸干或用被测溶液冲洗两次，然后将电极浸入被测溶液中，并轻轻转动或摇动小烧杯，使溶液均匀接触电极。

② 被测溶液的温度应与标准缓冲溶液的温度相同。

③ 按下读数开关，指针所指的数值即是待测液的 pH 值。若在量程 pH 为 0～7 范围内测量时指针读数超过刻度，则应将量程开关置于 pH 为 7～14 处再测量。

④ 测量完毕，放开读数开关后，指针必须指在 pH 为 7 处，否则重新调整。

⑤ 关闭电源，冲洗电极，并按照前述方法浸泡。

（4）注意事项

① 电源的电压与频率必须符合仪器铭牌上所指明的数据，同时必须接地良好，否则在测量时可能指针不稳。

② 复合电极不用时，可充分浸泡 3 mol·L^{-1} 氯化钾溶液中；切忌用洗涤液或其它吸水性试剂浸洗；正常情况下，电极应该透明而无裂纹；使用前需检查玻璃电极前端的球泡，球泡内要充满溶液，不能有气泡存在。

③ 玻璃电极在初次使用前，应在蒸馏水中浸泡 24h 以上。平常不使用时，也应浸泡在蒸馏水中。

④ 甘汞电极在初次使用前，应浸泡在饱和氯化钾溶液内，不要与玻璃电极同泡在蒸馏水中。平常不使用时，也应浸泡在饱和氯化钾溶液中或用橡胶帽套住甘汞电极的下端毛细孔。

第八节 光学测量技术及仪器

光与物质相互作用可以产生各种光学现象，如光的折射、反射、散射、透射、吸收、旋光以及物质受激辐射等，通过分析和研究这些光学现象，可以提供原子、分子及晶体结构等方面的大量信息。所以，在物质成分分析、结构测定及光化学反应等方面均离不开光学测量。下面对物理化学实验中常用的几种光学测量仪器及其技术作详细介绍。

一、阿贝折光仪

折射率是物质的重要物理参数之一，许多纯物质在一定温度下都具有一定的折射率，如果其中含有杂质则折射率将发生变化，出现偏差，杂质越多，偏差越大。因此通过折射率的测定，可以测定物质的浓度。

1. 阿贝折光仪的构造和原理

阿贝折光仪的外形构造，如图 2-40 所示。

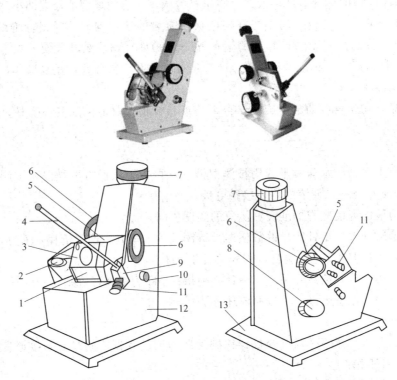

图 2-40　阿贝折光仪外形构造图

1—反射镜；2—转轴；3—遮光板；4—温度计；5—进光棱镜座；6—色散调节手轮（微调）；
7—目镜；8—位置调节手轮（粗调）；9—温度计座；10—照明刻度盘罩；
11—恒温接头；12—折射棱镜座；13—底座

当一束单色光从介质Ⅰ进入介质Ⅱ（两介质的密度不同）时，光线在通过界面时改变了方向，这一现象称为光的折射，如图 2-41 所示。

光的折射现象遵从折射定律：

$$\frac{\sin\alpha}{\sin\beta}=\frac{n_{\text{Ⅱ}}}{n_{\text{Ⅰ}}}=n_{\text{Ⅰ,Ⅱ}}$$

式中，α 为入射角；β 为折射角；$n_{\text{Ⅰ}}$、$n_{\text{Ⅱ}}$ 为交界面两侧两种介质的折射率；$n_{\text{Ⅰ,Ⅱ}}$ 为介质Ⅱ对介质Ⅰ的相对折射率。

若介质Ⅰ为真空，因规定 $n=1.0000$，故 $n_{\text{Ⅰ,Ⅱ}}=n_{\text{Ⅱ}}$ 为绝对折射率。但介质Ⅰ通常为空气，空气的绝对折射率为 1.00029，这样得到的各物质的折射率称为常用折射率，也称对空气的相对折射率。同一物质两种折射率之间的关系为：

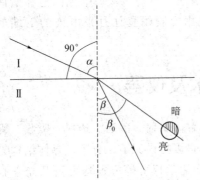

图 2-41　光的折射现象

绝对折射率＝常用折射率×1.00029

根据公式 $\dfrac{\sin\alpha}{\sin\beta}=\dfrac{n_{\text{Ⅱ}}}{n_{\text{Ⅰ}}}=n_{\text{Ⅰ,Ⅱ}}$ 可知，当光线从一种折射率小的介质Ⅰ射入折射率大的介质

Ⅱ时（$n_Ⅰ<n_Ⅱ$），入射角一定大于折射角（$α>β$）。当入射角增大时，折射角也增大。设当入射角 $α=90°$ 时，折射角为 $β_0$，此折射角称为临界角。因此，当在两种介质的界面上以不同角度射入光线时（入射角 $α$ 从 $0°\sim 90°$），光线经过折射率大的介质后，其折射角 $β\leq β_0$。其结果是大于临界角的部分无光线通过，成为暗区；小于临界角的部分有光线通过，成为亮区。临界角成为明暗分界线的位置，见图 2-41。

根据 $\dfrac{\sinα}{\sinβ}=\dfrac{n_Ⅱ}{n_Ⅰ}=n_{Ⅰ,Ⅱ}$ 可得：

$$n_Ⅰ=n_Ⅱ\dfrac{\sinβ_0}{\sinα}=n_Ⅱ\sinβ_0$$

因此，在固定一种介质时，临界折射角 $β_0$ 的大小与被测物质的折射率是简单的函数关系，阿贝折光仪就是根据这个原理而设计的。

2. 阿贝折光仪的光学测量系统结构

阿贝折光仪的光学示意图，如图 2-42 所示。

它的主要部分是由两个折射率为 1.75 的玻璃直角棱镜所构成，上部为测量棱镜，是光学平面镜，下部为辅助棱镜。其斜面是粗糙的毛玻璃，两者之间约有 $0.10\sim 0.15$mm 厚度空隙，用于装待测液体并使液体展开成一薄层。当从反射镜反射来的入射光进入辅助棱镜至粗糙表面时，产生漫散射，以各种角度透过待测液体，因而从各个方向进入测量棱镜而发生折射。其折射角都落在临界角 $β_0$ 之内，因为棱镜的折射率大于待测液体的折射率，因此入射角从 $0°\sim 90°$ 的光线都通过测量棱镜发生折射。具有临界角 $β_0$ 的光线从测量棱镜出来反射到目镜上，此时若将目镜十字线调节到适当位置，则会看到目镜上呈半明半暗状态。折射光都应落在临界角 $β_0$ 内，成为亮区，其它部分为暗区，构成了明暗分界线。

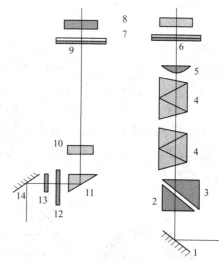

图 2-42 阿贝折光仪光学系统示意图
1—反射镜；2—辅助棱镜；3—测量棱镜；4—消色散棱镜；5,10—物镜；6—分划板；7,8—目镜；9—分划板；11—转向棱镜；12—照明度盘；13—毛玻璃；14—小反光镜

根据式 $n_Ⅰ=n_Ⅱ\dfrac{\sinβ_0}{\sinα}=n_Ⅱ\sinβ_0$ 可知，只要已知棱镜的折射率 $n_{棱}$，通过测定待测液体的临界角 $β_0$，就能求得待测液体的折射率 $n_{液}$。实际上，测定 $β_0$ 值很不方便，当折射光从棱镜出来进入空气又产生折射，折射角为 $β'_0$。$n_{液}$ 与 $β'_0$ 之间的关系为：

$$n_{液}=\sin r\sqrt{n_{棱}^2-\sin^2β'_0}-\cos r\cdot\sinβ'_0$$

式中，r 为常数；$n_{棱}=1.75$。测出 $β'_0$ 即可求出 $n_{液}$。因为在设计折光仪时已将 $β'_0$ 换算成 $n_{液}$ 值，故从折光仪的标尺上可直接读出液体的折射率。

实际测量折射率时，常常使用的入射光不是单色光，而是使用由多种单色光组成的普通白光，因不同波长的光的折射率不同而产生色散，在目镜中看到一条彩色的光带，而没有清晰的明暗分界线，为此，在阿贝折光仪中安置了一套消色散棱镜（又叫补偿棱镜）。通过调节消色散棱镜，使测量棱镜出来的色散光线消失，明暗分界线清晰，此时测得的液体的折射率相当于用单色光钠光 D 线（$λ=589$nm）所测得的折射率 n_D。

3. 阿贝折光仪的使用方法

(1) 仪器安装

将阿贝折光仪安放在光亮处，但应避免阳光直接照射，以免液体试样受热迅速蒸发。用恒温槽将恒温水通入棱镜夹套内，检查棱镜上温度计的读数是否符合要求，一般选用 (20.0 ± 0.1)℃ 或 (25.0 ± 0.1)℃。

(2) 加样

旋开测量棱镜和辅助棱镜的闭合旋钮，使辅助棱镜的磨砂斜面处于水平位置，若棱镜表面不清洁，可滴加少量丙酮，用擦镜纸顺单一方向轻擦镜面（切勿来回擦）。待镜面洗净干燥后，用滴管滴加数滴试样于辅助棱镜的毛镜面上，迅速合上辅助棱镜，旋紧闭合旋钮。若液体易挥发，动作要迅速，或先将两棱镜闭合，然后用滴管从加液孔中注入试样（切勿将滴管折断在孔内）。

(3) 调光

转动镜筒使之垂直，调节反射镜使入射光进入棱镜，同时调节目镜的焦距，使目镜中十字线清晰明亮。调节消色散补偿器使目镜中彩色光带消失。再调节读数螺旋，使明暗的界面恰好同十字线交叉处重合。

(4) 读数

从读数望远镜中读出刻度盘上的折射率数值，见图 2-43。常用的阿贝折光仪可读至小数点后的第四位，为使读数准确，一般应将试样重复测量三次，每次相差不超过 0.0002，然后取平均值。

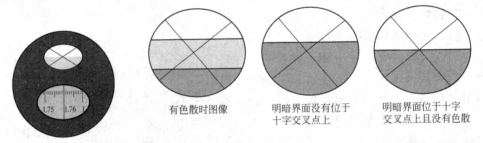

图 2-43 阿贝折光仪的图像和读数

4. 阿贝折光仪的使用注意事项和日常保养

阿贝折光仪是一种精密的光学仪器，使用时应注意以下几点。

① 使用时，要注意保护棱镜；清洗时只能用擦镜纸而不能用滤纸等；加试样时不能将滴管口触及镜面；对于酸、碱等腐蚀性液体，不得使用阿贝折光仪。

② 每次测定时，试样不可加得太多，一般只需加 2~3 滴即可。

③ 读数时，有时在目镜中观察不到清晰的明暗分界线，而是畸形的，这是由于棱镜间未充满液体；若出现弧形光环，则可能是由于光线未经过棱镜而直接照射到聚光透镜上。

④ 测定时，若待测试样折射率不在 1.3~1.7 范围内，则阿贝折光仪不能测定，也看不到明暗分界线。

⑤ 使用完毕后，要注意保养。要保持仪器清洁，保护刻度盘。每次实验完毕，要在镜面上加几滴丙酮，并用擦镜纸擦干，最后用两层擦镜纸夹在两棱镜镜面之间，以免镜面损坏。

⑥ 使用完毕后，如果光学零件表面有灰尘，可用高级鹿皮或脱脂棉轻擦后，再用洗耳球吹去；如有油污，可用脱脂棉蘸少许汽油轻擦后再用乙醚擦干净。

⑦ 使用完毕后，将仪器放入有干燥剂的箱内，放置于干燥、空气流通的室内，防止仪器受潮。搬动仪器时，应避免强烈振动和撞击，防止光学零件损伤而影响精度。

5. 阿贝折光仪的校正

阿贝折光仪的刻度盘的标尺零点有时会发生移动，须加以校正。校正的方法一般是用已知折射率的标准液体，常用纯水。通过仪器测定纯水的折射率，读取数值，如与该条件下纯水的标准折射率不符，调整刻度盘上的数值，直至相符为止。也可用仪器出厂时配备的折光玻璃来校正，具体方法一般在仪器说明书中有详细介绍。

二、旋光仪

1. 旋光现象和旋光度

一般光源发出的光，其光波在垂直于传播方向的一切方向上振动，这种光称为自然光，或称非偏振光；而只在一个方向上有振动的光称为平面偏振光。当一束平面偏振光通过某些物质时，其振动方向会发生改变，此时光的振动面旋转一定的角度，这种现象称为物质的旋光现象，这种物质称为旋光物质。旋光物质使偏振光振动面旋转的角度称为旋光度。尼柯尔（Nicol）棱镜就是利用旋光物质的旋光性而设计的。

2. 旋光仪的构造原理和结构

旋光仪的主要元件是两块尼柯尔棱镜。尼柯尔棱镜是由两块方解石直角棱镜沿斜面用加拿大树脂黏合而成，如图 2-44 所示。

当一束单色光照射到尼柯尔棱镜时，分解为两束相互垂直的平面偏振光，一束折射率为 1.658 的寻常光，一束折射率为 1.486 的非寻常光，这两束光线到达加拿大树脂黏合面时，折射率大的寻常光（加拿大树脂的折射率为 1.550）被全反射到底面上的黑色涂层吸收，而折射率小的非寻常光则通过棱镜，这样就获得了一束单一的平面偏振

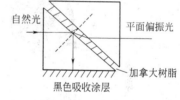

图 2-44 尼柯尔棱镜

光。用于产生平面偏振光的棱镜称为起偏镜，如让起偏镜产生的偏振光照射到另一个透射面与起偏镜透射面平行的尼柯尔棱镜，则这束平面偏振光也能通过第二个棱镜，如果第二个棱镜的透射面与起偏镜的透射面垂直，则由起偏镜出来的偏振光完全不能通过第二个棱镜。如果第二个棱镜的透射面与起偏镜的透射面之间的夹角 θ 在 0°～90°之间则光线部分通过第二个棱镜，此第二个棱镜称为检偏镜。通过调节检偏镜能使透过的光线强度在最强和零之间变化。如果在起偏镜与检偏镜之间放有旋光性物质，则由于物质的旋光作用，使来自起偏镜的光的偏振面改变了某一角度，只有检偏镜也旋转同样的角度，才能补偿旋光线改变的角度，使透过的光的强度与原来相同。旋光仪就是根据这种原理设计的。如图 2-45 所示。

通过检偏镜用肉眼判断偏振光通过旋光物质前后的强度是否相同十分困难，这样会产生较大的误差，为此设计了一种在视野中分出三分视界的装置，原理是：在起偏镜后放置一块狭长的石英片，由起偏镜透过来的偏振光通过石英片时，由于石英片的旋光性，使偏振光旋转了一个角度 φ，通过镜前观察，光的振动方向如图 2-46 所示。

A 是通过起偏镜的偏振光的振动方向，A' 是又通过石英片旋转一个角度后的振动方向，此两偏振方向的夹角 φ 称为半暗角（$\varphi=2°\sim3°$），如果旋转检偏镜使透射光的偏振面与 A'

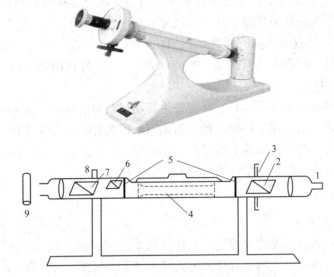

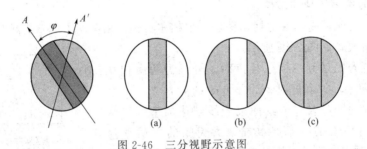

图 2-45　旋光仪构造示意图

1—目镜；2—检偏棱镜；3—圆形标尺；4—样品管；5—窗口；6—半暗角器件；
7—起偏棱镜；8—半暗角调节；9—灯

图 2-46　三分视野示意图

平行时，在视野中将会观察到：中间狭长部分较明亮而两旁较暗，这是由于两旁的偏振光不经过石英片，如图 2-46(b) 所示。如果检偏镜的偏振面与起偏镜的偏振面平行（即在 A 的方向时），在视野中将是中间狭长部分较暗而两边较亮，如图 2-46(a) 所示。当检偏镜的偏振面处于 $\frac{\varphi}{2}$ 时，两边直接来自起偏镜的光偏振面被检偏镜旋转了 $\frac{\varphi}{2}$，而中间被石英片转过角度 φ 的偏振面对被检偏镜旋转角度 $\frac{\varphi}{2}$，这样中间和两边的光偏振面都被旋转了 $\frac{\varphi}{2}$，故视野呈微暗状态且三分视野内的暗度是相同的，如图 2-46(c) 所示，将这一位置作为仪器的零点，在每次测定时，都要调节检偏镜使三分视界的暗度相同，然后读数。

3. 影响旋光度的因素

（1）溶剂的影响

旋光物质的旋光度主要取决于物质本身的结构。另外，还与光线透过物质的厚度，测量时所用光的波长和温度有关。如果被测物质是溶液，影响因素还包括物质的浓度，溶剂也有一定的影响。因此，旋光物质的旋光度，在不同的条件下，测定结果通常不一样。因此，一般用比旋光度作为量度物质旋光能力的标准，其定义式为：

$$[\alpha]_D^t = \frac{10\alpha}{lc}$$

式中，D 表示光源，通常为钠光 D 线；t 为实验温度；α 为旋光度；l 为液层厚度，cm；c 为被测物质的浓度（以每毫升溶液中含有样品的克数表示）。在测定比旋光度 $[\alpha]_D^t$ 值时，应说明使用什么溶剂，如不说明一般指水。

(2) 温度的影响

温度升高会使旋光管膨胀而长度加长，从而导致待测液体的密度降低。另外，温度变化还会使待测物质分子间发生缔合或离解，使旋光度发生改变。通常，温度对旋光度的影响，可用下式表示：

$$[\alpha]_\lambda^t = [\alpha]_D^t + Z(t-20)$$

式中，t 为测定时的温度；Z 为温度系数。

不同物质的温度系数不同，一般在 $(-0.01 \sim -0.04)℃^{-1}$ 之间。为此，在实验测定时必须恒温，旋光管上装有恒温夹套，与恒温槽连接。

(3) 浓度和旋光管长度对比旋光度的影响

在一定实验条件下，常将旋光物质的旋光度与浓度视为成正比，因为将比旋光度作为常数。而旋光度和溶液浓度之间并非严格地呈线性关系，因此严格讲比旋光度并非常数，在精密的测定中，比旋光度和浓度间的关系可用下面的三个方程之一表示：

$$[\alpha]_\lambda^t = A + Bq$$

$$[\alpha]_\lambda^t = A + Bq + Cq^2$$

$$[\alpha]_\lambda^t = A + \frac{Bq}{C+q}$$

式中，q 为溶液的百分浓度；A，B，C 为常数，可以通过不同浓度的几次测量来确定。

旋光度与旋光管的长度成正比。旋光管通常有 10cm、20cm、22cm 三种规格。经常使用的是 10cm 长度。但对旋光能力较弱或者较稀的溶液，为提高准确度、降低读数的相对误差，需用 20cm 或 22cm 长度的旋光管。

4. 旋光仪的使用方法

首先打开钠光灯（或仪器电源开光），稍等几分钟，待光源稳定后，从目镜中观察视野，如不清楚可调节目镜焦距。

选用合适的样品管并洗净，充满蒸馏水（应无气泡）放入旋光仪的样品管槽中，调节检偏镜的角度使三分视野消失，读出刻度盘上的刻度并将此角度作为旋光仪的零点。读数方法参考图 2-47。

零点确定后，将样品管中蒸馏水换为待测溶液，按同样方法测定，此时刻度盘上的读数与零点时读数之差即为该样品的旋光度。

5. 使用注意事项

旋光仪在使用时需通电预热几分钟，

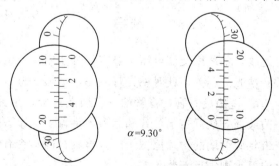

图 2-47 旋光仪的读数

但钠光灯使用时间不宜过长。旋光仪是比较精密的光学仪器，使用时注意仪器金属部分切忌沾污酸和碱，防止腐蚀。光学镜片部分不能与硬物接触，以免损坏镜片。不得随便拆卸仪器，以免损坏或影响精度。

6. 自动指示旋光仪结构及测试原理

目前，国内常用的旋光仪，其三分视野检测、检偏镜角度的调整，采用光电检测器，减小了人为因素产生的误差。通过电子放大及机械反馈系统自动进行，最后数字显示。该类旋光仪具有体积小、灵敏度高、读数方便等优点，对弱旋光性物质同样适应。

（1）WZZ 型自动数字显示旋光仪

常用的 WZZ 型自动数字显示旋光仪，其结构原理，如图 2-48 所示。

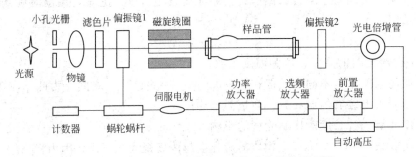

图 2-48 WZZ 型自动数字显示旋光仪结构原理图

该仪器用 20W 钠光灯为光源，并通过可控硅自动触发恒流电源点燃，光线通过聚光镜、小孔光栅和物镜后形成一束平行光，然后经过起偏镜后产生平行偏振光，这束偏振光经过有法拉第效应的磁旋线圈时，其振动面产生 50Hz 的一定角度的往复振动，该偏振光线通过检偏镜透射到光电倍增管上，产生交变的光电讯号。当检偏镜的透光面与偏振光的振动面正交时即为仪器的光学零点，此时出现平衡指示。而当偏振光通过一定旋光度的测试样品时，偏振光的振动面转过一个角度 α，此时光电讯号就能驱动工作频率为 50Hz 的伺服电机，并通过蜗轮杆带动检偏镜转动角度 α 而使仪器回到光学零点，此时读数盘上的示值即为所测物质的旋光度。

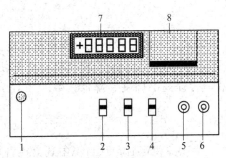

图 2-49 WZZ-2B 型数字旋光仪
1—钠光源；2—电源开关；3—钠光源开关；
4—测量开关；5—复测按钮；6—调零按钮；
7—读数显示器；8—样品室

（2）WZZ-2B 型数字旋光仪

WZZ-2B 型数字旋光仪的结构，如图 2-49 所示。其使用方法和操作步骤如下。

① 将仪器电源接至 220V 交流电源插座，并接好地线，如所用交流电压不稳定，可使用交流电子稳压器 1KVA。连接电源后，打开电源开关和钠光灯开关，此时钠光灯应亮，预热 5min，待钠光灯发光稳定后再工作。

② 洗净旋光管，将管的一端加上盖子，由另一端向管内加入蒸馏水，至在管上面形成一凸液面，然后盖上玻片和套盖，将盖子旋紧，但不可过紧以免产生应力，造成误差。用镜头纸将管两端的护片擦拭干净。检查管内是否有气泡，若有小气泡让其浮至管的凸颈处；若气泡过大则须重新装入。

③ 将旋光管放入样品室，盖上箱盖。打开测量开关，按调零按钮，使读数显示器示值为零。

④ 取出旋光管，用待测液反复荡洗数次后，将待测液装入旋光管，放入样品室，盖好

箱盖。

⑤ 按复测按钮，样品的旋光度立即显示在读数显示器上。数字前如为"＋"号，表示样品为右旋，如为"－"号，表示样品为左旋。

其使用注意事项及维护与保养要求如下。

- 仪器应安装在干燥通风处，防止潮气侵蚀，工作台应坚固稳定，不应有震动源，无强电磁干扰源，避免强光直接照射和化学气体侵入，要尽量不使灰尘落入。搬动仪器应小心轻放，避免震动。
- 钠光灯积灰或损坏，可打开机壳进行擦净或更换。
- 钠光灯启辉后至少 5min 发光才能稳定，测定或读数时应在钠光灯稳定后进行。
- 供试的液体或固体物质的溶液应不显浑浊或含有混悬的微粒，如有上述情形，应预先滤过，并弃去初滤液。
- 测定前，以溶剂作空白校正，以确定零点是否移动，若移动，应重新测定。旋光管两端的玻璃盖玻片应用软布或擦镜纸擦干，试样管两端的螺帽应旋至适中的位置。旋光管放在旋光仪的位置，供试品与空白应一致。
- 对遇光后旋光度变化大的化合物必须避光操作，对旋光度随时间发生改变的化合物必须在规定的时间内完成旋光度测定。
- 钠光灯使用时间一般勿连续超过 4h，并不宜瞬间反复开关，开启后避免震动，当关熄钠光灯后，如要继续使用，等钠光灯冷却后再开启。
- 测定结束后，试样管必须洗净晾干，镜片应保持干燥和清洁，防止灰尘和油污的污染。旋光管光学旋片和橡皮圈每次洗涤后，切不可置烘箱中干燥，以免橡皮圈变形发黏；橡皮圈老化易漏溶液，应注意经常更换。
- 试样管盛放有机溶剂应立即洗涤，避免两头橡皮圈被腐蚀发黏。
- 样品室内应保持干燥清洁，仪器不用期间应放置硅胶吸潮。长期不用，应每周开机通电 1h。

三、分光光度计

1. 吸收光谱原理

物质中分子内部的运动可分为电子的运动、分子内原子的振动和分子自身的转动，因而具有电子能级、振动能级和转动能级。

当分子被光照射时，将吸收能量引起能级跃迁，即从基态能级跃迁到激发态能级。而三种能级跃迁所需要的能量不同，需用不同波长的电磁波去激发。电子能级跃迁所需的能量较大，一般在 $1\sim20eV$，吸收光谱主要处于紫外及可见光区，这种光谱称为紫外及可见光谱。如果用红外线（能量为 $1\sim0.025eV$）照射分子，此能量不足以引起电子能级的跃迁，只能引发振动能级和转动能级的跃迁，得到的光谱为红外光谱。若以能量更低的远红外线（$0.025\sim0.003eV$）照射分子，只能引起转动能级的跃迁，这种光谱称为远红外光谱。由于物质结构不同，对上述各能级跃迁所需能量都不一样，因此对光的吸收也就不一样，各种物质都有各自的吸收光谱，因而就可以对不同物质进行鉴定分析，这就是光度法进行定性分析的基础。

根据朗伯-比耳定律，当入射光波长；溶质、溶剂以及溶液的温度一定时，溶液的光密度和溶液液层厚度及溶液的浓度成正比，若液层的厚度一定，则溶液的光密度只与溶液的浓度有关。

$$T = \frac{I}{I_0}, \quad A = -\lg T = \lg \frac{1}{T} = \varepsilon c l$$

式中，T 为透光率；I 为透射光强度；I_0 为入射光强度；A 为某一单色波长下的光密度（又称吸光度）；ε 为摩尔吸光系数；c 为溶液浓度；l 为液层厚度。

在待测物质的厚度 l 一定时，吸光度与被测物质的浓度成正比，这就是光度法定量分析的依据。

2. 分光光度计的构造原理

将一束复合光通过分光系统将其分成一系列波长的单色光，任意选取某一波长的光，根据被测物质对光的吸收强弱进行物质的测定分析，这种方法称为分光光度法，分光光度法所使用的仪器称为分光光度计。

分光光度计种类和型号较多，实验室常用的有 72 型、721 型、752 型等。若按波长划分，则有紫外型、可见型、紫外可见型等，如 UNICO 7200、7202 可见分光光度计，UNICO UV2000、UV2100、UV2102C、UV2350 紫外可见分光光度计。

各种型号的分光光度计的基本结构都相同，由五部分组成：①光源（钨灯、卤钨灯、氢弧灯、氘灯、汞灯、氙灯、激光光源）；②单色器（滤光片、棱镜、光栅、全息栅）；③样品吸收池；④检测系统（光电池、光电管、光电倍增管）；⑤信号指示系统（检流计、微安表、数字电压表、示波器、微处理机显像管）。

其组成简写为：光源→单色器→样品吸收池→检测系统→信号指示系统。

在基本构件中，单色器是仪器关键部件。其作用是将来自光源的混合光分解为单色光，并提供所需波长的光。单色器是由入口与出口狭缝、色散元件和准直镜等组成，其中色散元件是关键性元件，主要有棱镜和光栅两类。

(1) 棱镜单色器

光线通过一个顶角为 θ 的棱镜，从 AC 方向射向棱镜，如图 2-50 所示，在 C 点发生折射。光线经过折射后，在棱镜中沿 CD 方向到达棱镜的另一个界面上，在 D 点又一次发生折射，最后光在空气中 DB 方向行进。这样，光线经过此棱镜后，传播方向从 AA' 变为 BB'，两方向的夹角 δ 称为偏向角。偏向角与棱镜的顶角 θ、棱镜材料的折射率以及入射角 i 有关。如果平行的入射光由 λ_1，λ_2，λ_3 三色光组成，且 $\lambda_1 < \lambda_2 < \lambda_3$，通过棱镜后，就分成三束不同方向的光，且偏向角不同。波长越短，偏向角越大，如图 2-51 所示，$\delta_1 > \delta_2 > \delta_3$。这即为棱镜的分光作用，又称光的色散，棱镜分光器就是根据此原理设计的。

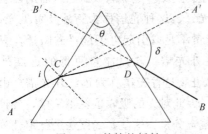
图 2-50 棱镜的折射

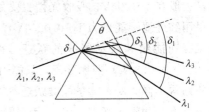
图 2-51 不同波长的光在棱镜中的色散

棱镜是分光的主要元件之一，一般是三角柱体。由于其构成材料不同，透光范围也就不同，比如用玻璃棱镜可得到可见光谱，用石英棱镜可得到可见及紫外光谱，用溴化钾（或氯化钠）棱镜可得到红外光谱等。棱镜单色器示意图，如图 2-52 所示。

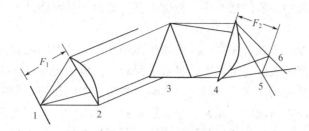

图 2-52　棱镜单色器示意图
1—入射狭缝；2—准直透镜；3—色散元件；4—聚焦透镜；5—焦面；6—出射狭缝

（2）光栅单色器

单色器还可用光栅作为色散元件，反射光栅是由磨平的金属表面上刻划许多平行的、等距离的槽构成。辐射由每一刻槽反射，反射光束之间的干涉造成色散。

3. 几种类型的分光光度计简介

（1）72 型分光光度计

① 结构和原理

72 型分光光度计属可见光分光光度计，波长范围为 420～700nm，它由以下部分组成：磁饱和稳压器、光源、单色器、测光机构和微电计。测量的基本依据是朗伯-比耳定律，它是根据相对测量原理工作的，即先选定某一溶剂作为标准溶液，设定其透光率为 100%，被测试样的透光率是相对于标准溶液而言的，即让单色光分别通过被测试样和标准溶液，二者能量的比值就是在一定波长下对于被测试样的透光率。

具体光路系统和测量原理如下：白色光源经入射狭缝、反射镜和透光镜后，变成平行光进入棱镜，色散后的单色光经镀铝的反射镜反射后，再经过透镜并聚光于出射狭缝上，狭缝宽度为 0.32nm。反射镜和棱镜组装在一可旋转的转盘上并由波长调节器的凸轮所带动，转动波长调节器便可以在出光狭缝后面选择到任一波长的单色光。单色光透过样品吸收池后，由一光量调节器调节为适度的光通量，最后被光电电池吸收，转换成电流后，由微电计指示，从刻度标尺上直接读出透光率的值。

② 使用方法

a. 在仪器通电前，先检查供电电源与仪器所需电压是否相符，然后再接通电源。

b. 把单色光器的光路闸门拨到"黑"光位置，打开微电计开关，指示光点即出现在标尺上，用零位调节器把光点准确调到透光率标尺"0"位上。

c. 打开稳压器及单色器的电源开关，把光路闸门拨到红点位置，按顺时针方向调节光量调节器，使微电计的指示光点达到标尺右边上限附近，数分钟后，待硒光电池趋于稳定后开始使用仪器。

d. 打开比色皿暗箱盖，取出比色皿架，将四个比色皿中的一个装入标准溶液或蒸馏水，其余三个装待测溶液，为便于测量，将标准溶液放入比色皿架的第一格内，然后将比色皿架放入暗箱内固定好，盖好暗箱盖。

e. 将光路闸门重新拨到"黑"点，校正微电计至"0"位，再打开光路闸门，使光路通过标准溶液，用波长调节器调节所需波长，转动光量调节器把光点调到透光率为"100"的读数上。

f. 然后将比色皿拉杆拉出一格，使第二个比色皿的待测溶液进入光路中，此时微电计标尺上的读数即为溶液中溶质的透光率。然后再测定另两个待测溶液。

③ 注意事项

仪器应放置在洁净、干燥、无尘、无腐蚀气体和无阳光照射的房间内。工作台应牢固稳定。在测定溶液的色度不太强的情况下，尽量采用较低的电源电压（5.5V），以便延长光源灯泡的寿命。仪器连续使用时间不应超过两小时，如要长时间使用，中间应间歇后再用。测定结束后，应依次关闭光路闸门、光源、稳压器及检流计电源，取出比色皿并洗净，用擦镜纸擦干，放于比色皿盒内。应注意单色仪的防潮，及时检查硅胶是否受潮，若变红色应及时更换。搬动仪器时，检流计正、负极必须接上短路片，以免损坏仪器。

(2) 721型分光光度计

721型分光光度计也是可见光分光光度计，是72型分光光度计的改进升级型，适用波长范围368～800nm，主要用作物质定量分析。与72型相比，721型的主要优点在于：所有部件组装为一体，使仪器更紧凑，使用更方便；适用波长范围更宽；装备了电子放大装置，使读数更精确。其内部构造和光路系统，如图2-53和图2-54所示。

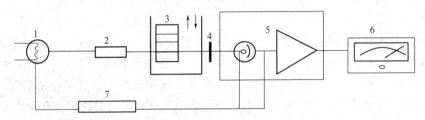

图2-53　721型分光光度计的内部结构图

1—光源；2—单色光器；3—比色皿槽；4—光量调节器；5—光电管暗盒部件；
6—微安表；7—稳压电源

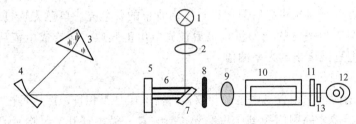

图2-54　721型分光光度计的电路和系统示意图

1—光源灯；2—透镜；3—棱镜；4—准直镜；5,13—保护玻璃；6—狭缝；
7—反射镜；8—光栅；9—聚光透镜；10—比色皿；11—光门；12—光电管

(3) 752型分光光度计

752型分光光度计为紫外可见分光光度计，测定波长200～800nm。

① 结构和原理　752型分光光度计由光源室、单色器、样品室、光电管暗盒、电子系统及数字显示器等部件组成。仪器的结构原理如图2-55所示。

仪器内部光路系统，如图2-56所示。从钨灯或氢灯等光源发出的连续辐射，经滤色片选择聚光镜聚光后投向单色器进狭缝，此狭缝正好位于聚光镜及单色器内准直镜的焦平面上，因此，进入单色器的复合光通过平面反射镜反射及准直镜变成平行光射向色散光栅。光

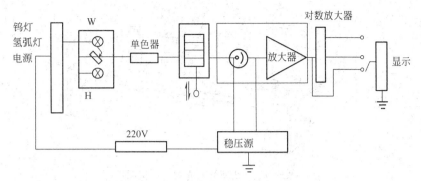

图 2-55 752 型分光光度计结构原理图

栅将入射的复合光通过衍射作用形成按照一定顺序均匀排列的连续单色光谱,此时单色光谱重新返回到准直镜,然后通过聚光原理成像在出射狭缝上。出射狭缝选出指定带宽的单色光,通过聚光镜落在试样室被测样品中心,样品吸收后透射的光经光门射向光电管阴极面。根据光电效应原理会产生一股微弱的光电流。此光电流经电流放大器放大,送到数字显示器,测出透光率或吸光度,或通过对数放大器实现对数转换,显示出被测样品的浓度 c 值。

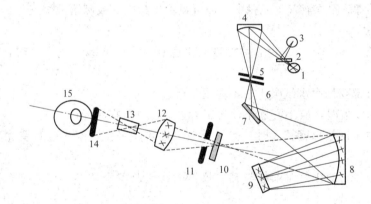

图 2-56 752 型分光光度计光学系统图

1—钨灯;2—滤色片;3—氢灯;4,12—聚光镜;5—进狭缝;6—保护玻璃;7—反射镜;8—准直镜;
9—光栅;10—保护玻璃;11—出狭缝;13—样品;14—光门;15—光电管

② 使用方法 752 型分光光度计的外部面板,如图 2-57 所示。

a. 把灵敏度旋钮调到"1"挡(放大倍数最小)。

b. 打开电源开关,钨灯点亮,预热 30min 便可测定。若需用紫外光则打开"氢灯"开关,再按氢灯触发按钮,氢灯点亮,同样需预热 30min。

c. 将选择开关置于"T"。

d. 打开试样室盖,调节 0%T 旋钮,使数字显示为"0.000"。

e. 调节波长旋钮,选择所需测的波长。

f. 将装有参比溶液和被测溶液的两比色皿放入比色皿架中(记清位置)。

g. 盖上样品室盖,使光路通过参比溶液比色皿,调节透光率旋钮使数字显示为 100.0%(T)。如果显示不到 100.0%(T),可适当增加灵敏度的挡数。然后,推拉试样架拉手,将被测溶液置于光路中,数字显示值即为被测溶液的透光率。

h. 若不需测透光率,则仪器显示 100.0%(T)后,将选择开关调至"A",调节吸光度

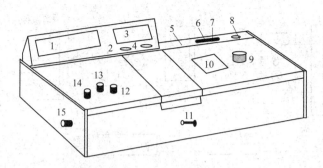

图 2-57　752 型分光光度计面板图

1—数字显示器；2—吸光度调零旋钮；3—选择开关；4—浓度旋钮；5—光源室；6—电源室；
7—氢灯电源开关；8—氢灯触发按钮；9—波长调节手轮；10—波长刻度窗；11—试样架拉手；12—100%T 调节旋钮；13—0%T 调节旋钮；14—灵敏度旋钮；15—干燥器

旋钮，使数字显示为"000.0"。再将被测溶液置于光路中，数字显示值即为被测溶液的吸光度。

ⅰ. 若将选择开关调至"c"，则将已知标定浓度的溶液置于光路，调节浓度旋钮使数字显示为标定值，再将被测溶液置于光路中，即可显示出相应的被测溶液浓度值。

③ 注意事项

a. 测定波长在 360nm 以上时，可用玻璃比色皿；波长在 360nm 以下时，应使用石英比色皿。

b. 比色皿外部要用吸水纸吸干，不能用手触摸光面。

c. 开关样品室盖时，应小心操作，勿用力过猛，以防损坏光门开关。

d. 当光波波长调整幅度较大时，需稍等数分钟才能工作，因光电管受光后需有一段响应时间。

e. 每台仪器配套的比色皿不能与其它仪器的比色皿单个调换。如需增补，应经校正后方可使用。

f. 不测量时，应使样品室盖处于开启状态，否则会使光电管疲劳，致使数字显示不稳定。

g. 实验完毕，关闭电源，洗净比色皿，并用擦镜纸擦干，放入比色皿盒内。

h. 做好日常仪器维护和保养工作。应保持仪器干燥，清洁；避免酸、碱及化学气体腐蚀；避免阳光直射；搬动仪器时，须轻拿轻放，以免损坏仪器。

第三章 实　验

第一节　热力学部分

实验一　恒温槽的组装及其性能测试

一、实验目的

1. 了解恒温槽的构造及其工作原理。
2. 掌握恒温槽的装配技术和调试技术。
3. 测绘恒温水浴槽的灵敏度曲线。
4. 熟悉贝克曼温度计的原理、调节技术和使用。

二、实验原理

在物理化学及其相关学科实验中，许多数据如电导、折射率、蒸气压、化学反应速率常数等都与温度有关，因此许多数据的测定必须在恒温条件下进行。欲控制被研究体系的某一温度，通常采取两种办法：一是利用物质的相变点温度来实现。如冰-水混合物（0℃）、沸点水（100℃）、沸点硫（444.6℃）、液氮（-195.9℃）、干冰-丙酮（-78.5℃）、$Na_2SO_4 \cdot 10H_2O$（32.4℃）等。这些物质处于相平衡时，温度恒定而构成一个恒温介质浴，将需要恒温的测定对象置于该介质浴中，就可以获得一个高度稳定的恒温条件。另一种是利用电子调节系统，对加热器或制冷器的工作状态进行自动调节，从而使被控对象处于设定的温度。

本实验所讨论的恒温水浴槽就是一种常用的控温装置。它通过电子继电器对加热器自动调节来实现恒温的目的。当恒温浴因热量向外扩散等原因使体系温度低于设定值时，继电器迫使加热器工作；当体系再次达到设定温度时，又自动停止加热。这样周而复始，就可以使体系温度在一定范围内保持恒定。

恒温槽的基本结构通常是由浴槽、加热器、搅拌器、温度计、感温元件、恒温控制器（温控仪）等部分组成，其装置示意如图 3-1-1 所示。现分别介绍如下。

1. 浴槽

浴槽包括容器和液体介质。若要求设定的温度与室温相差不太大，通常可用 20dm³ 的圆形玻璃缸做容器。若设定的温度较高（或较低），则应对整个槽体保温，以减小热量传递

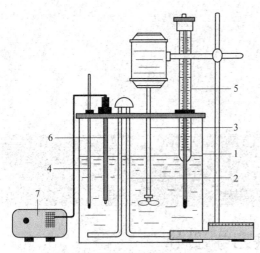

图 3-1-1 恒温水浴槽的基本结构
1—浴槽；2—加热器；3—搅拌器；4—温度计；5—精密温度计；6—感温元件；7—恒温控制器（温控仪）

速度，提高恒温精度。恒温水浴以蒸馏水为工作介质。若对装置稍作改动并选用其它合适液体作为工作介质，则上述恒温可在较大的温度范围内使用。例如，欲控制温度在 $-60\sim30$ ℃时，一般选用乙醇或乙醇水溶液；$0\sim90$ ℃时选用水；$80\sim160$ ℃时选用甘油或甘油水溶液；$70\sim200$ ℃时选用液体石蜡或硅油。有时也应根据实验具体要求选择合适的恒温介质，如实验中要求选用绝缘介质，则可选用变压器油等。

2. 加热器

在要求设定的温度比室温高的情况下，必须不断供给热量以及补偿水浴向环境散失的热量。常用的加热器是电热器。电加热器的选择原则是热容量小、导热性能好、功率适当。根据恒温槽的容量、恒温温度以及与环境的温差大小来选择电热器的功率。如果容量为 20dm^3 的浴槽，要求恒温在 $20\sim30$ ℃之间，可选用 $200\sim300$ W 的电加热器。室温过低时，则应选用较大功率或采用两组加热器。

3. 搅拌器

搅拌器以小型电动机带动，其功率一般可选 40W，用变速器或变压器来调节搅拌速度。搅拌器一般应安装在加热器附近，使热量迅速传递，以使槽内各部位温度均匀。

4. 温度计

观察恒温浴的温度可选用分度值为 0.1℃ 的水银温度计，而测量恒温浴的灵敏度时应选用分度值为 0.01℃ 的温度计、贝克曼温度计等精密温度计。温度计的安装位置应尽量靠近被测系统。所用的水银温度计读数都应加以校正。

5. 感温元件

它是恒温槽的感觉中枢，对提高恒温槽的精度起着关键作用。感温元件的种类很多，如水银接触温度计、热敏电阻感温元件等。

水银接触温度计又称水银电导表。水银球上部焊有金属丝，温度计上半部有另一金属丝，两者通过引出线接到继电器的信号反馈端。接触温度计的顶部有一磁性螺旋调节帽，用来调节金属丝触点的高低。同时，从温度计调节指示螺母在标尺上的位置可以估读出大致的控制设定温度值。浴槽温度升高时，水银膨胀并上升至触点，继电器内线圈通电产生磁场，加热线路弹簧片被吸下跳开，加热器停止加热。随后浴槽热量向外扩散，使温度下降，水银收缩并与接触点脱离，继电器的电磁效应消失，弹簧片弹回，而接通加热器回路，系统温度又开始回升。这样接触温度计反复工作，从而使系统温度得到控制。

需要注意的是，水银接触温度计调节好以后，一定要锁紧固定螺丝。水银接触温度计允许通过的电流很小，不能与加热器直接相连，必须在水银接触温度计和加热器中间加一个媒介，即继电器。

6. 温度控制器（温控仪）

所采用的继电器必须与加热器和感温元件相连，才能起到控温作用。实验常用的继电器有电子管继电器和晶体管继电器。晶体管继电器利用传感器来控制继电器。它不能在高温下工作,不能用于烘箱等高温场合。由于这种温度控制装置属于"通-断"类型,而传质、传热都有一个速度。因此,出现温度传递的滞后,即当继电器处于"通"转向"断"时,电热器附近的水温已经超过了指定的温度,因此,恒温槽温度必高于指定温度。同理,降温时也会出现滞后状态。由此可见,恒温槽控制的温度是有一个波动范围的,而不是控制在某一固定不变的温度。

衡量恒温槽性能的优劣,可以用恒温槽的灵敏度来度量。通常以实测的最高温度值与最低温度值之差的一半数值来表示其灵敏度[式(3-1-1)]。温度的波动范围越小,各处的温度越均匀,恒温槽的灵敏度越高。灵敏度除了与感温元件、继电器有关外,还受搅拌器的效率、加热器的功率等因素的影响。

测定恒温水浴槽灵敏度的方法是:在设定温度下,测定温度随时间的波动情况。采用精密度较高的、灵敏的温度计,如贝克曼温度计,记录温度作为纵坐标,同时记录相应的时间为横坐标,再绘制灵敏度曲线,如图 3-1-2 所示。T_s 为设定温度,波动最低温度为 T_1,最高温度为 T_2,则恒温水浴的灵敏度为:

$$S = \pm \frac{T_2 - T_1}{2} \tag{3-1-1}$$

总之,组装一个性能优良的恒温水浴槽,必须选择合适的组件,并进行合理的安装,方可达到要求。

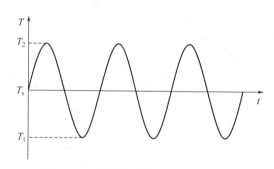

图 3-1-2 恒温槽的灵敏度曲线示意图

三、仪器和试剂

玻璃缸 1 个;加热器 1 支;搅拌器(连可调节变压器)1 套;感温元件 1 支;恒温控制器 1 套;水银温度计(0~100℃,分度值 0.1℃)1 支;精密温度计(分度值 0.01℃)或贝克曼温度计 1 支;停表 1 块。

蒸馏水。

四、实验步骤

1. 将蒸馏水注入浴槽至容积的三分之二至五分之四处。然后按图 3-1-1 接线安装:先安装加热器;再将加热器、感温元件分别与恒温控制器(继电器)连接;最后将搅拌器、温度计置于合适位置。

2. 打开电源,设置恒温温度(例如 30℃)。

3. 调节搅拌器转速。然后,加热恒温水浴至设定温度。

4. 恒温水浴灵敏度曲线的测定。当恒温水浴的温度在设定温度处上下波动时,每隔

2min 记录一次温度读数,测定约 60min。将数据整理列表。

5. 在时间允许的情况下,使恒温槽中水温升高 5℃,按同样方法测定恒温槽的灵敏度。

五、数据记录和处理

设定温度=_____℃

时间 t/min	
温度读数 T/℃	

1. 绘制恒温槽的灵敏度曲线,并从曲线中确定其灵敏度。
2. 根据测得的灵敏度曲线,对组装的恒温槽的性能进行评价。

六、注意事项

1. 组装恒温槽时,继电器必须与加热器和感温元件相连,才能起到控温作用。
2. 搅拌器的搅拌速率要适中。

七、思考题

1. 影响恒温槽灵敏度的因素主要有哪些?试作简要分析。
2. 加热器的功率太大或太小,对灵敏度曲线会有何影响?
3. 欲提高恒温浴槽控温精度(或灵敏度),应采取些什么措施?

实验二 燃烧热的测定

一、实验目的

1. 掌握有关热化学实验的知识和技术。
2. 掌握氧弹的构造及使用方法。
3. 用氧弹式量热计测定萘的燃烧热。

二、实验原理

1. 燃烧热与量热法

燃烧热是指在给定的温度和压力下，1mol 物质完全燃烧时所放出的热。在热化学中，完全氧化燃烧对指定产物有明确规定，如 C、H、S 等元素的指定燃烧产物分别为 $CO_2(g)$、$H_2O(l)$、$SO_2(g)$ 等。

在恒容条件下测得的燃烧热称为恒容燃烧热（Q_V），恒容燃烧热等于该过程的热力学能变（$\Delta_r U$）。在恒压条件下测得的燃烧热称为恒压燃烧热（Q_p），恒压燃烧热等于该过程的焓变（$\Delta_r H$）。它们存在如下关系：

$$\Delta_r H = \Delta_r U + \Delta(pV) \tag{3-2-1}$$

即
$$Q_p = Q_V + \Delta(pV) \tag{3-2-2}$$

若把反应前后的气体视为理想气体，则存在如下关系：

$$Q_p = Q_V + \Delta n RT \tag{3-2-3}$$

或
$$Q_{p,m} = Q_{V,m} + \sum_B \nu_B(g) \cdot RT \tag{3-2-4}$$

或
$$\Delta_r H_m = \Delta_r U_m + \sum_B \nu_B(g) \cdot RT \tag{3-2-5}$$

式(3-2-3)~式(3-2-5) 中，Δn 为产物与反应物中气体物质的量之差；$\nu_B(g)$ 为燃烧方程中各气体的化学计量系数，产物取正值，反应物取负值；$\sum_B \nu_B(g)$ 为燃烧方程中各气体的化学计量系数的代数和；R 为摩尔气体常数；T 为反应温度，K。

若测得某物质的恒容燃烧热 $Q_{V,m}$，就可根据上式计算其恒压燃烧热 $Q_{p,m}$，即 $\Delta_r H_m$，即得 $\Delta_c H_m$。注意，化学反应的热效应（包括燃烧热）通常是用恒压热效应来表示的。

量热计的种类很多。本实验采用氧弹式量热计测量萘的燃烧热。

2. 氧弹式量热计

氧弹式量热计是一种环境恒温式的量热计，其结构和安装如图 3-2-1 所示，其内部的氧弹是一个特制的不锈钢恒容容器（图 3-2-2），因此，所测物质的燃烧热是恒容燃烧热（Q_V）。

氧弹式量热计的测量原理是能量守恒定律。具体是将一定量待测样品置于密闭氧弹中，并借助燃烧丝完全燃烧，燃烧时放出的热量使氧弹式量热计本身及氧弹周围介质（本实验用水）的温度升高；然后，通过测定燃烧前后量热计（包括氧弹周围介质）温度的变化值 ΔT，就可以求算出该样品的恒容燃烧热。计算公式：

$$-\frac{m}{M} Q_{V,m} - m_{燃烧丝} Q_{燃烧丝} = C(T_2 - T_1) \tag{3-2-6}$$

式中，m 为样品的质量，g；M 为样品的摩尔质量，g·mol^{-1}；$Q_{V,m}$ 为样品的摩尔恒容燃烧热，J·mol^{-1}；$m_{燃烧丝}$ 为燃烧丝的质量，g；$Q_{燃烧丝}$ 为燃烧丝的质量燃烧热，J·g^{-1}；C 为系统（包括内水桶、氧弹本身、测温器件、搅拌器和水）的总热容，J·K^{-1} 或 J·℃$^{-1}$；T_1、T_2 分别为燃烧前、后的体系温度。

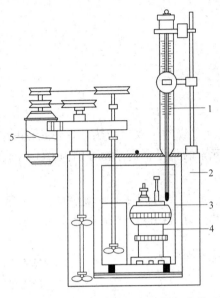 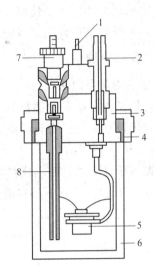

图 3-2-1　氧弹式量热计的结构和安装
1—贝克曼温度计；2—恒温夹套；
3—盛水桶；4—氧弹；5—搅拌器

图 3-2-2　氧弹构造剖面图
1,7—电极；2—排气孔；3—弹盖；4—螺帽；
5—燃烧皿；6—氧弹钢体；8—进气管

仪器热容 C 的求法是用已知燃烧热的物质（如本实验用苯甲酸），放在量热计中燃烧，测其始、末温度，按上式即可求出 C。其计算公式另写为：

$$-\frac{m'}{M'}Q'_{V,m} - m'_{燃烧丝}Q_{燃烧丝} = C(T'_2 - T'_1) \tag{3-2-7}$$

为保证样品完全燃烧，氧弹中应充以高压氧气（或者其它氧化剂）。因此要求氧弹密封、耐高压、抗腐蚀。还应使燃烧后放出的热尽可能全部传递给量热计本身和其中盛放的水，而几乎不与周围环境发生热交换。

三、仪器和试剂

数显氧弹式量热计 1 套；氧气钢瓶（带氧压表）1 个；充氧器 1 台；压片机 1 套；托盘天平 1 台；电子天平 1 台（0.0001g）；扳手 1 把；剪刀 1 把；棉线；万用表 1 个；引燃专用燃烧丝；贝克曼温度计 2 支；水银温度计（0～50℃，最小分度 0.1℃）1 支；容量瓶（2000mL、250mL）各 1 个；三角烧瓶（250mL）2 个；碱式滴定管 1 支。

苯甲酸（A.R.）；萘（A.R.）；标准 NaOH 溶液（0.1000mol·L^{-1}）；酚酞。

四、实验步骤

1. 苯甲酸燃烧热的测定

（1）称取苯甲酸约 0.8～1g，倒入压片机模具，徐徐旋转压片机螺杆，使内模将样品压紧成片状。取出苯甲酸片，用小毛刷刷去外壁沾附的样品屑，再在分析天平上准确称重后备用。

(2) 截取长度为 10cm 的燃烧丝,用分析天平准确称重,备用。

(3) 拧开氧弹盖并放在专用支架上,将弹内洗净,擦干,放入 10mL 蒸馏水。将已准确称重的样品片放入不锈钢燃烧皿内,再将已称重的燃烧丝两端分别缠紧在弹盖的两支电极上,并使燃烧丝的中部抵在样品片上,但不能与燃烧皿壁接触。用万用表检查两电极是否通路;若不通,说明燃烧丝接触不良,需检查缠紧。

(4) 小心地旋紧氧弹盖子,旋紧排气孔。将进气孔上的螺丝(接电线用)旋下,换接导气管的螺栓,导气管另一端与氧气瓶上的氧气减压阀连接(注意:导气管为耐高压无缝钢管,不可弯折)。打开氧气钢瓶上的阀门,旋转减压阀,使表上指针指到 1MPa 即可,氧气即充入弹内。关闭氧气钢瓶阀门及减压阀,拧下氧弹上的导气管螺栓,将原来的螺丝装好;再用万用表检查两电极是否为通路;若不通,则需放掉氧气,打开弹盖,重新缠紧燃烧丝;若是通路则可作燃烧用。

(5) 将充氧之后的氧弹放入量热计内筒中,用容量瓶准确量取较环境温度低 1.0℃ 的自来水 2300~3000mL,顺筒壁小心倒入内筒;水的量以内筒大小而定,应控制在将氧弹淹没,但不超过其顶部。然后检查氧弹是否漏气,如有气泡产生,则表示氧弹漏气,须将氧弹取出,将各部分旋紧,重新放入。

(6) 接上点火电极的导线,将已调好的贝克曼温度计放入内筒,盖好盖板,开动搅拌器(不得有摩擦声,否则需调整内筒位置)。

(7) 搅拌几分钟,使水温稳定上升(每分钟温度变化小于 0.002℃),然后开秒表作为实验开始时间,每 1min 读取贝克曼温度计一次,这样继续 10min。自开秒表到点火,称为前期,相当于图 3-2-3 中的 ab。

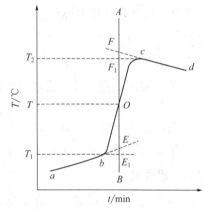

图 3-2-3 绝热稍差情况下的雷诺温度校正图

按下点火器开关,通电点火,若点火指示灯熄灭,则表示氧弹内已着火燃烧,立即关闭点火开关,此时体系温度迅速上升,进入反应期,相当于图 3-2-3 中的 bc。在反应期,温度变化十分迅速,因此从点火开始,每 30s 记录一次温度。如果点火后 2min 内温度变化很小,说明样品未燃烧,点火失败,必须一切从头开始。当温度升到最高点以后,温度变化缓慢,进入了末期,相当于图 3-2-3 中的 cd,读数仍改为 1min 一次,共继续 10min,方可停止实验。

(8) 关闭电源,小心取出贝克曼温度计,然后取出氧弹,旋开放气阀门,泄去废气,打开弹盖,观察弹内,如果有黑色残物或未燃尽的样品,说明燃烧不完全,实验失败。如果没有这种情况,则实验成功。将氧弹内的溶液倒出,用蒸馏水洗涤氧弹内壁三次,洗涤液和倾出液一并收集到 250mL 锥形瓶内,煮沸片刻,冷却后,以酚酞为指示剂,用 $0.1000 mol \cdot L^{-1}$ NaOH 溶液滴定标定。

(9) 称量剩余燃烧丝的重量。

(10) 将氧弹洗净,擦干,备用。将内筒自来水倒掉,擦干备用。

2. 萘燃烧热的测定

称取 0.6~0.8g 萘,用上述方法进行测定。

五、数据记录和处理

1. 将每次实验结果分别列表。

样品重：____ g；燃烧丝重：____ g；剩余燃烧丝重：____ g；
室温时的贝克曼温度计读数：____ ℃；V_{NaOH}：____ mL。

前期		反应期		后期	
时间 t/min	温度 T/℃	时间 t/min	温度 T/℃	时间 t/min	温度 T/℃

2. 利用表中的时间-温度关系，作雷诺校正曲线，并求出 ΔT。
3. 分别计算量热计的热容 C 和萘的燃烧焓 $\Delta_c H_m$。
4. 将实验结果与文献值进行比较。对本次实验进行误差分析，计算最大相对误差，并指出哪一个测量值的误差对实验结果影响最大。

文献值：

常温常压下，苯甲酸的（恒压）摩尔燃烧热为 $-3226.9 \text{kJ} \cdot \text{mol}^{-1}$；质量燃烧热为 $-26460 \text{J} \cdot \text{g}^{-1}$。

常温常压下，萘的（恒压）摩尔燃烧热为 $-5153.8 \text{kJ} \cdot \text{mol}^{-1}$；质量燃烧热为 $-40205 \text{J} \cdot \text{g}^{-1}$。

常温常压下，专用引燃铁丝燃烧丝的质量燃烧热为 $-6695 \text{J} \cdot \text{g}^{-1}$；单位长度燃烧丝的燃烧热为 $-2.9 \text{J} \cdot \text{cm}^{-1}$。

六、注意事项

1. 苯甲酸须事先干燥，受潮后难点燃且称重有较大误差。压片时不宜太紧或太松。
2. 不得将电极、燃烧丝与燃烧皿接触，以防短路。
3. 氧弹放入内筒中如有气泡，说明漏气，应设法排除。
4. 进行萘的燃烧实验时，需要重新调节水温和量取水的体积。

七、思考题

1. 加入内筒中水的温度为什么要选择比外筒水温低？低多少合适？为什么？
2. 燃烧热实验中，哪些是体系？哪些是环境？有无热交换？这些热交换对实验结果有何影响？
3. 燃烧热实验中，哪些因素容易造成实验误差？如何提高实验的准确度？
4. 使用氧气钢瓶和减压阀时应注意哪些事项？
5. 欲测定液体样品的燃烧热，你能想出测定方法吗？

八、实验延伸

1. 在精确测量中，燃烧丝的燃烧热以及氧气中所含氮气等杂质氧化产生的热效应均应从总热量中扣除。前者可将燃烧丝在实验前称重，燃烧后用稀盐酸浸洗，蒸馏水洗净，吹干，称重，求出燃烧过程中失重的量（燃烧丝的质量燃烧热值为 $-6695 \text{J} \cdot \text{g}^{-1}$）。对于后者，可预先在氧弹中加入 10mL 蒸馏水；燃烧后，将所生成的稀硝酸溶液倒出，再用少量蒸馏水洗涤氧弹内壁，一并收集到 250mL 锥形瓶内；煮沸片刻，冷却后，以酚酞为指示剂，用 $0.1000 \text{mol} \cdot \text{L}^{-1}$ NaOH 溶液滴定标定。每毫升碱液相当于 5.95J 的热量。
2. 用雷诺温度校正图确定实验中的 ΔT。

在实际测量中，量热计与周围环境的热交换无法完全避免，这可以是由于环境向量热计辐射进热量而使其温度升高，也可以是由于量热计向环境辐射热量而使量热计的温度降低。因此燃烧前后温度的变化值不能直接准确测量。可用雷诺（renolds）温度校正图进行校正。

校正过程如下：称取适量待测物质，估计其燃烧后可使水温上升 $1.5 \sim 2.0 ℃$。因此预先调节水温低于室温 $1.0℃$ 左右。将燃烧前后观察所得的一系列水温和时间关系作图，得一条曲线，如图 3-2-3 所示，连成 abcd 线。图中 b 点相当于开始燃烧，热传入介质；c 点为观测到的最高温度。由于量热计和外界的热量交换，曲线 ab 和 cd 常常发生倾斜。从相当于室温的 T 点作横坐标的平行线 TO，与折线 abcd 相交于 O 点，然后过 O 点作垂直线 AB，此线与 ab 线和 cd 线的延长线交于 E、F 两点，则 E 点和 F 点间表示的温差即为校正过的 ΔT。如图 3-2-3 所示，EE_1 表示环境辐射进来的热量所造成量热计温度的升高，这部分是必须扣除的；而 FF_1 表示量热计向环境辐射出热量而造成量热计温度的降低，因此这部分是必须加入的。经过这样校正后的温度差表示了由于样品燃烧使量热计温度升高的数值。

有时量热计的绝热情况良好，热量散失较少，而搅拌器的功率又比较大，这样往往不断引进少量热量，使得燃烧后的温度最高点不明显出现（如图 3-2-4），这种情况下 ΔT 仍然可以按照同法进行校正。

必须注意，应用这种作图法进行校正时，量热计的温度和外界环境的温度不宜相差太大（最好不超过 $2 \sim 3℃$），否则会引入误差。同时，在测量燃烧热过程中，对量热计温度测量的准确性直接影响到燃烧热测定的结果，所以本实验对温度测量的最佳手段是采用贝克曼温度计来测量量热计的温度变化值。

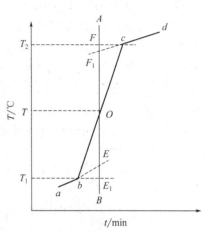

图 3-2-4　绝热良好情况下的雷诺温度校正图

对于绝热式氧弹量热计，其外筒中有温度控制系统，在实验过程中，内外筒温度相同或始终相差略低于 $0.3℃$，热量损失可以降到极小程度，可以直接测量出初始温度和最高温度。

实验三 二组分完全互溶双液系的气液平衡相图

一、实验目的

1. 绘制常压下环己烷-乙醇双液系的温度-组成（T-x）图，并找出恒沸点混合物的最低恒沸点及其组成。
2. 学会使用阿贝折光仪和沸点仪。

二、实验原理

在常温下，任意两种液体混合组成的体系称为双液系。若两液体能按任意比例相互溶解，则称为完全互溶双液体系；若只能部分互溶，则称为部分互溶双液体系。

液体的沸点是指液体的蒸气压与外界大气压相等时的温度。在一定的外压下，纯液体有确定的沸点。而双液系的沸点不仅与外压有关，还与双液系的组成有关。图 3-3-1(a) 是一种最简单的完全互溶双液系的 T-x 图。图中，纵轴是温度（沸点）T，横轴是液体 B 的摩尔分数 x_B（或质量百分组成 w_B），上面一条是气相线，下面一条是液相线，对应于同一沸点温度的二曲线上的两个点，就是互相成平衡的气相点和液相点，其相应的组成可从横轴上获得。因此，如果在恒压下将溶液蒸馏，测定气相馏出液和液相蒸馏液的组成，就能绘出 T-x 图。

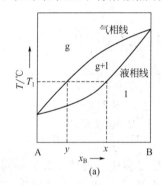 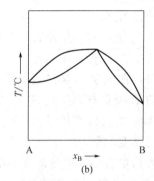 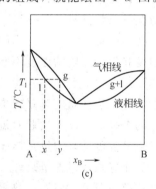

图 3-3-1 完全互溶双液系的 T-x 相图

(a) 理想或偏差不大的体系；(b) 具有最高恒沸点的体系；(c) 具有最低恒沸点的体系

如果 A、B 两液体与拉乌尔定律的偏差不大，在 T-x 图上溶液的沸点介于 A、B 两纯液体的沸点之间 [图 3-3-1(a)]。

如果 A、B 两液体与拉乌尔定律的偏差较大，在 T-x 图上会有最高或最低点出现，如图 3-3-1(b) 和 (c) 所示，这些点称为恒沸点，相应的溶液称为恒沸点混合物。恒沸点混合物蒸馏时，所得的气相与液相组成相同，单靠蒸馏无法改变其组成。如 HCl 与水的体系具有最高恒沸点，苯与乙醇、环己烷与乙醇的体系则具有最低恒沸点。

本实验是用回流冷凝法测定环己烷-乙醇双液系的温度-组成（T-x）图。其方法是用阿贝折光仪测定不同组成的体系，在沸点温度时气、液相的折射率，再从折射率-组成工作曲线上查得相应的组成，然后绘制温度-组成（T-x）图。

三、仪器和试剂

沸点仪 1 套；恒温槽 1 台；阿贝折光仪 1 台；刻度移液管（1mL、2mL、5mL、10mL、20mL）各 2 支；50mL 量筒 3 支；10mL 小试管 9 支；100mL 试剂瓶 9 个。

环己烷（A.R.）；无水乙醇（A.R.）。

四、实验步骤

1. 调节恒温槽的温度为 $(25\pm 0.1)℃$，通恒温水于阿贝折光仪中。
2. 测定折射率与环己烷组成之间的工作（标准）曲线（n-$w_环$）。

将 9 支小试管编号，依次移入 1.00mL、2.00mL、…、9.00mL 的环己烷，再依次移入 9.00mL、8.00mL、…、1.00mL 的乙醇，轻轻摇动，混合均匀，配成 9 份混合溶液。用阿贝折光仪测定每份溶液的折射率及纯环己烷和纯乙醇的折射率。根据纯样品的密度，计算出混合溶液浓度（换算成质量分数）。以折射率对浓度作图，绘制工作曲线。

3. 测定沸点与组成的关系。

按图 3-3-2 安装好沸点仪，连接好导线，接好冷凝水，打开电源开关。

(1) 方法一：间歇测定法

① 溶液的配制　配制体积百分数分别为 10％、20％、30％、40％、50％、60％、70％、80％、90％的环己烷溶液各 100mL。

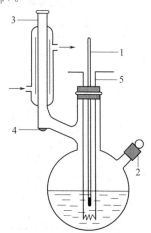

图 3-3-2　沸点仪
1—温度计；2—加样口；3—冷凝管；4—分馏液；5—电热丝

② 按由稀到浓的顺序依次进行测定。具体测定操作如下。

a. 把第一份溶液约 50mL 加入沸点仪中（体积以液面必须没过电热丝为准），加入几粒沸石，通电加热使沸点仪中溶液沸腾，待沸腾稳定后 1~2min，读取沸点温度 T，立即停止加热。用毛细滴管吸取少许气相冷凝液，把所取的样品迅速滴入折光仪中，测其折射率 n_g。再用另一支滴管吸取沸点仪中的溶液，测其折射率 n_1。

b. 取走沸点仪中的测定液。

c. 在沸点仪中再加入适量新的待测液，用同样方法依次测定。

d. 同法测定纯乙醇和纯环己烷的沸点。

实验完毕，将各个溶液分别倒入对应的回收瓶中。

(2) 方法二：连续测定法

连续测定法是以恒沸点为界，把相图分成左右两半，分两次来绘制相图的。具体操作如下。

① 左半分支　先加入 20mL 乙醇进行测定，然后依次加入环己烷 0.5mL、1.0mL、1.5mL、2.0mL、4.0mL、14.0mL、20.0mL 进行测定。

② 右半分支　先加入 50mL 环己烷进行测定，然后依次加入乙醇 0.2mL、0.4mL、0.6mL、0.8mL、1.0mL、2.0mL、14.0mL 进行测定。

五、数据记录和处理

1. 将实验中测得的环己烷-乙醇溶液的折射率数据列于表 3-3-1，并绘制工作曲线（n-$w_环$）。

表 3-3-1　环己烷-乙醇溶液的折射率数据

溶液 $V_环$/%	0	10	20	30	40	50	60	70	80	90	100
环己烷质量含量 $w_环$/%											
折射率 n											

2. 将实验中测得的沸点-折射率数据列表 3-3-2 和表 3-3-3,并从工作曲线上查得液相和气相冷凝液的组成,从而获得沸点与环己烷组成的关系。

表 3-3-2　间歇测定法环己烷-乙醇混合液的沸点-折射率数据

溶液 $V_{环}$/%	环己烷质量含量 $w_{环}$/%	沸点 T/℃	液相分析		气相冷凝液分析	
			n_l	w_l	n_g	w_g
10						
20						
30						
40						
50						
60						
70						
80						
90						
纯乙醇	/		/		/	
纯环己烷			/		/	

表 3-3-3　连续测定法环己烷-乙醇混合液的沸点-折射率数据

混合液编号	1	2	3	4	5	6	7	8	9	10	11	12	13	14	纯乙醇	纯环己烷
沸点 T/℃																
n_l																
n_g																

3. 绘制温度-组成图,并标明最低恒沸点和组成。

六、注意事项

1. 由于整个系统并非绝对恒温,气、液两相的温度会有少许差别,因此沸点仪中,如使用水银温度计则温度计水银球的位置应一半浸在溶液中,一半露在蒸气中。并随着溶液量的增加要不断调节水银球的位置。在精确测定中要对温度计的外露水银柱进行露茎校正。

2. 实验中应加入沸石,尽可能避免过热现象,注意通过调节加热功率来控制好液体的回流速度,不宜过快或过慢。

3. 加入一次样品后,只要待溶液沸腾,正常回流 1~2min 后,即可取样测定,不宜等待时间过长。

4. 整个实验过程中,通过阿贝折光仪的水温要恒定。

5. 在更换溶液时,务必用滴管取尽沸点仪中的测定液,以免带来误差。取样时毛细滴管一定要干燥,不能留有上次的残液,气相取样口的残液亦要擦干。

七、思考题

1. 在该实验中,测定工作曲线时折光仪的恒温温度与测定样品时折光仪的恒温温度是否需要保持一致?为什么?

2. 在连续测定法实验中,样品的加入量应十分精确吗?为什么?

3. 试分析哪些因素是本实验误差的主要来源?

实验四 Bi-Cd 二组分固液相图的绘制

一、实验目的

1. 了解固-液相图的基本特点。
2. 学会用热分析法测绘 Bi-Cd 二组分金属相图。
3. 了解热电偶测量温度和进行热电偶校正的方法。

二、实验原理

用几何图形来表示多相体系中各组分的状态、组成以及它们随温度、压力等变量变化之间关系的平面图形称为相图。二组分固-液相图是描述体系温度与二组分组成之间关系的图形。由于固液相变体系属凝聚态体系，一般视为不受压力影响，因此在绘制相图时不考虑压力因素。

测绘金属相图常用的实验方法是热分析法，其原理是将某种组成的金属样品加热至全部熔融后，使之均匀冷却，每隔一定时间记录一次温度，表示温度-时间关系的曲线叫步冷曲线（亦称冷却曲线），根据步冷曲线上的温度转折点获得该组成的相变点温度。当熔融体系在均匀冷却过程中无相变时，其温度将连续均匀下降得到一光滑的步冷曲线；当系统内发生相变时，由于体系产生的相变热与自然冷却时系统放出的热相抵偿，步冷曲线就会出现转折或水平线段，转折点所对应的温度即为该组成金属的相变温度。利用步冷曲线所得到的一系列组成和所对应的相变温度数据，以横轴表示混合物的组成，纵轴上标出开始出现相变的温度，把这些点连接起来，就可绘出相图。

二元简单低共熔体系的步冷曲线具有图 3-4-1 所示的形状。曲线 1 是纯物质 A 的冷却曲线，在冷却过程中，当系统温度到达物质 A 凝固点时开始析出固体，所释放的熔化热抵消了系统的散热，使冷却曲线上出现水平线段，水平线段的温度即为物质 A 的凝固点。纯物质 B 冷却曲线 5 的形状与此相似。曲线 2~4 是物质 A 中含有物质 B 的冷却曲线；由于含有物质 B 使得凝固点下降，在低于纯 A 凝固点的某一温度开始析出物质 A，但由于物质 A 析出后使得物质 B 的浓度升高，凝固点进一步下降，所以曲线产生了一个转折，直到当液态组成为低共熔点组成时，物质 A、B 共同析出，释放较多熔化热，使得曲线上又出现水平线段。如果液相中物质 B 组分含量比低共熔点处物质 B 的含量高，则冷却曲线形状与此相同，

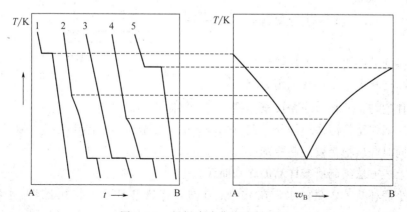

图 3-4-1 根据步冷曲线绘制相图

但是先析出纯物质B，如图中曲线4。曲线3是当样品组成等于低共熔点组成时的冷却曲线，形状与曲线1、5相同，但在水平线段处，物质A、B同时析出。

配制一系列不同组成的样品，得到一组冷却曲线，找出转折点温度及水平线段温度，将温度与组成关系绘制在温度-组成坐标系中，连接各转折点和水平线段对应温度，即得二组分固液相图。

用热分析法测绘相图时，被测系统必须时时处于或接近相平衡状态，因此必须保证冷却速度足够慢才能得到较好的效果。此外在冷却过程中一个新的固相出现以前，常常发生过冷现象，轻微过冷则有利于测量相变温度；但严重过冷，会使转折点发生起伏，使相变温度的确定产生困难，见图3-4-2。遇此情况，可延长 dc 线与 ab 线相交，交点 e 即为转折点。

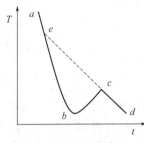

图 3-4-2 有过冷现象时的步冷曲线

三、仪器和试剂

立式加热炉1台；冷却保温炉1台；长图自动平衡记录仪1台；调压器1台；镍铬-镍硅热电偶1副；样品坩埚4个；玻璃套管4支；烧杯（250mL）2个；坩埚钳1把；玻璃棒1支；电子天平1台。

铋（A.R.，m.p.544.55K）；镉（A.R.，m.p.594.15K）；石蜡油；石墨粉。

四、实验步骤

1. 热电偶的制备

取60cm长的镍铬丝和镍硅丝各一段，将镍铬丝用小绝缘瓷管穿好，将其一端与镍硅丝的一端紧密地扭合在一起（扭合头为0.5cm），将扭合头稍稍加热立即蘸以硼砂粉，并用小火熔化，然后放在高温焰上小心烧结，直到扭头熔成一光滑的小珠，冷却后将硼砂玻璃层除去。

2. 样品配制

用天平分别称取计算量的纯镉、纯铋，分别配制含铋质量百分数为20%、40%、60%、80%的铋镉混合物各50g，分别置于坩埚中，在样品上方各覆盖一层石墨粉，防止样品高温下挥发氧化。

3. 绘制冷却曲线

（1）按图3-4-3，将热电偶及测量仪器连接好。

（2）将盛样品的坩埚放入加热炉内加热。待样品熔化后停止加热，用玻璃

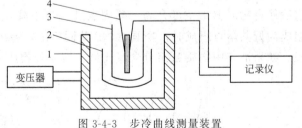

图 3-4-3 步冷曲线测量装置
1—加热炉；2—坩埚；3—玻璃套管；4—热电偶

棒将样品搅拌均匀，并将石墨粉拨至样品表面，以防止样品氧化。

（3）将坩埚移至保温炉中冷却，此时热电偶的尖端应置于样品中央，以便反映出系统的真实温度，同时开启记录仪绘制冷却曲线，直至水平线段以下为止。

（4）用上述方法绘制所有样品的冷却曲线。

（5）用小烧杯装一定量的水，在电炉上加热，将热电偶插入水中绘制出水沸腾时的水平线。

五、数据记录和处理

1. 用已知纯铋、纯镉的熔点及水的沸点作横坐标,以纯物冷却曲线中的平台温度为纵坐标作图,画出热电偶的工作曲线。

2. 找出各冷却曲线中转折点和水平线段对应的温度值,填入下表。

样品组成	转折点			水平线		
	时间 t/min	显示温度 T/K	校正温度 T/K	时间 t/min	显示温度 T/K	校正温度 T/K
100%Cd						
20%Bi+80%Cd						
40%Bi+60%Cd						
60%Bi+40%Cd						
80%Bi+20%Cd						
100%Bi						

3. 从热电偶的工作曲线上查出各转折点和水平线段温度,以温度为纵坐标,以组成为横坐标,绘出 Bi-Cd 合金相图。

六、注意事项

1. 用电炉加热样品时,注意温度要适当,温度过高样品易氧化变质;温度过低或加热时间不够则样品没有全部熔化,冷却曲线转折点测不出。加热熔化样品的最高温度比样品熔点高出 50℃ 为宜,以保证样品完全熔化。样品熔化后轻轻摇晃样品管以使样品保持均匀。

2. 热电偶热端应插到样品中心部位,在套管内注入少量的石蜡油,将热电偶浸入油中,以改善其导热情况。搅拌时要注意勿使热端离开样品,金属熔化后常使热电偶玻璃套管浮起,这些因素都会导致测温点变动,必须消除。

3. 加入石墨后长时间使用的样品难免氧化变质,此时需要重新配制。

4. 在测定一样品时,可将另一待测样品放入加热炉内预热以便节约时间,合金有两个转折点,必须待第二个转折点测完后方可停止实验,否则须重新测定。

七、思考题

1. 对于不同成分的混合物的冷却曲线,其水平段有什么不同?
2. 用相律分析冷却曲线每一部分。
3. 作相图还有哪些方法?

实验五 液体饱和蒸气压的测定

一、实验目的

1. 明确纯液体饱和蒸气压的定义和气液两相平衡概念。
2. 掌握液体饱和蒸气压与温度的关系——克劳修斯-克拉贝龙方程。
3. 掌握静态法测定纯液体饱和蒸气压的原理。
4. 学会用图解法求被测液体在实验温度范围内的平均摩尔蒸发焓与正常沸点。

二、实验原理

一定温度下,纯液体处于气液两相平衡时的蒸气压叫作该温度下的饱和蒸气压。这里的平衡状态是指动态平衡。蒸发 1mol 液体所需要吸收的热量,称为该温度下液体的摩尔蒸发焓。

一定温度下,于一密闭的真空容器中放入被测液体,液体分子从表面逃逸成蒸气,同时蒸气分子因碰撞而凝结成液相,当两者的速度相等时,就达到了动态平衡,此时气相中的蒸气密度不再改变,因而具有一定的饱和蒸气压。

纯液体的饱和蒸气压随温度的变化而改变,温度升高时,蒸气压增大;温度降低时,蒸气压降低;这主要与分子的动能有关。当纯液体的蒸气压等于外压时,液体沸腾,此时的温度称为沸点;外压不同时,沸点将相应改变;当外压为 $p^{\ominus}$(101.325kPa)时,液体的沸点称为正常沸点。

纯液体的饱和蒸气压与温度的关系可用克劳修斯-克拉贝龙(Clausius-Clapeyron)方程式来表示:

$$\frac{\mathrm{d}\ln p^*}{\mathrm{d}T}=\frac{\Delta_{\mathrm{vap}}H_{\mathrm{m}}}{RT^2} \tag{3-5-1}$$

式中,p^* 为纯液体在温度 T 时的饱和蒸气压,Pa;T 为热力学温度,K;$\Delta_{\mathrm{vap}}H_{\mathrm{m}}$ 为液体的摩尔蒸发焓,J·mol^{-1};R 为摩尔气体常数。当温度变化范围不大时,$\Delta_{\mathrm{vap}}H_{\mathrm{m}}$ 可视为常数(当作平均摩尔蒸发焓)。将上式积分得:

$$\ln p^* = -\frac{\Delta_{\mathrm{vap}}H_{\mathrm{m}}}{RT}+C \tag{3-5-2}$$

式中,C 为积分常数,此数与压力 p^* 的单位有关。由此式可知,在一定温度范围内,测定不同温度下的饱和蒸气压,以 $\ln p^*$ 对 $1/T$ 作图,可得一条直线,直线的斜率为 $-\frac{\Delta_{\mathrm{vap}}H_{\mathrm{m}}}{R}$,由斜率可求算液体的 $\Delta_{\mathrm{vap}}H_{\mathrm{m}}$。从图中还可求得其正常沸点。

测定饱和蒸气压常用的方法有三种:静态法、动态法、饱和气流法。

本实验采用静态法,即将待测液体放在一个密闭的体系中,在不同温度下直接测量其饱和蒸气压。此法适用于蒸气压比较大的液体。

三、仪器和试剂

饱和蒸气压测定装置 1 套;平衡管 1 支;玻璃恒温水浴 1 个;加热器 1 个;搅拌器 1 台;温度计(1 支测温,另 1 支做露茎校正,分度值 0.1℃)2 支;真空泵及附件;电吹风机 1 个;数字式气压计 1 个;数字式真空计 1 个。

乙醇（A.R）。

四、实验步骤

1. 仪器安装以及平衡管中无水乙醇的装入

按仪器装置图（图 3-5-1）连接测量线路，所有接口必须严密封闭。

平衡管（图 3-5-2）是由三个相连的小球 A、玻璃管 B 和玻璃管 C 组成。A 球中储存待测液体。B 和 C 管中也装有相同液体，在底部连通。当 A 球与 C 管的上部纯粹是待测液体的蒸气，而 B 管与 C 管中的液面在同一水平时，则表示在 C 管液面上的蒸气压与加在 B 管液面上的外压相等。此时液体的温度即为体系的气液平衡温度，亦即沸点。

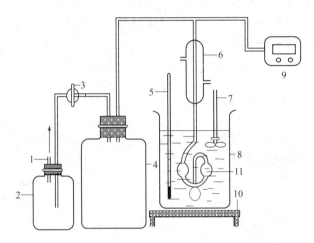
图 3-5-1 液体饱和蒸气压测定装置

1—接真空泵；2—安全瓶；3—三通活塞；4—缓冲瓶；5—温度计；
6—冷凝管；7—搅拌器；8—玻璃恒温水浴；9—数字式
低真空测压仪；10—加热器；11—平衡管

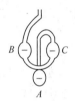
图 3-5-2 平衡管

平衡管中的乙醇可用如下方法装入：将平衡管洗净，烘干，先将乙醇放入平衡管 B、C 间的 U 型管中，用电吹风机的热风吹平衡管的小球 A，使球内空气受热膨胀而被赶出。然后使其迅速冷却（要使受热部分均匀冷却），此时因 A 球内的气体冷却收缩而使乙醇被吸入 A 球内。重复此操作 2~3 次，使 A 球内所盛装乙醇约占 A 球的 2/3，且 B、C 管保留适量乙醇作封闭液。

然后，将平衡管接到装置上。

平衡管与冷凝管借玻璃磨口相连，接口要严密，以防外部冷凝水渗入和漏气。

2. 系统检漏

缓慢旋转三通活塞，使系统通大气。开启冷却水，接通电源，使真空泵正常运转 4~5min 后，调节活塞使系统减压（注意！旋转活塞必须用力均匀，缓慢，同时注视真空计），至余压大约为 1×10^4 Pa 后关闭活塞，此时系统处于真空状态。如果在数分钟内真空计示数基本不变，表明系统不漏气。如果系统漏气，应仔细检查各部分装置，设法消除漏气。

3. 测定不同温度下液体的饱和蒸气压

转动三通活塞，使系统与大气相通。开动搅拌器，并将水浴加热。随着温度逐渐上升，平衡管内有气泡逸出。继续加热至正常沸点之上 5℃ 左右。保持此温度数分钟，将平衡管内的空气赶净。

（1）测定大气压力下的沸点

测定前须正确读取大气压数据。有关气压计的使用和校正方法见第二章中的"压力及流量的测量与控制"。

系统空气被赶净后，停止加热。让温度缓慢下降，C 管中的气泡将逐渐减少直至消失。C 管液面开始上升而 B 管液面下降。时刻注视两管液面，一旦两液面处于同一水平时，记下此时的温度。细心而快速转动三通活塞，使系统与泵略微连通。既要防止空气倒灌，也应避免系统减压太快。重复测定三次取平均。

（2）测定不同温度下液体的饱和蒸气压

在大气压力下测定沸点之后，旋转三通活塞，使系统慢慢减压。减至压差约为 4×10^3 Pa 时，平衡管内液体又明显汽化，不断有气泡逸出（注意不要使液体沸腾！）。随着温度下降，气泡再次减少直至消失。同样等 B、C 两管液面相平时，记下温度和真空计读数。再次转动三通活塞，缓慢减压。减压幅度同前，直至烧杯内水浴温度下降至 50℃ 左右。

停止实验，再次读取大气压力。将实验开始和结束时所读取的大气压取平均值。

五、数据记录和处理

室温：____℃；大气压（始）：____Pa；大气压（终）：____Pa；大气压（平均）：____Pa。

1. 自行设计实验数据记录表，正确记录全套原始数据。
2. 温度计作露茎校正。
3. 根据实验数据，绘制 $\ln p^*$ 对 $1/T$ 图。
4. 由直线斜率计算乙醇在实验温度范围内的平均摩尔蒸发焓 $\Delta_{vap}H_m$。
5. 由曲线求得样品的正常沸点，并与文献值比较。

六、注意事项

1. 调节 U 型管液面平衡时，不要将空气倒灌；否则，必须重新排净。
2. 抽气速度要合适，以防平衡管内液体剧烈沸腾，致使 U 型管内的液体被抽干。
3. 饱和蒸气压与温度有关，所以实验过程中要保持平衡管全部浸没在水浴中，并保持恒温波动范围控制在 ± 0.1℃。
4. 开启和关闭真空泵时，须先使其与大气相通，否则容易发生事故。

七、思考题

1. 为什么平衡管中的空气要排净？怎样操作？
2. 实验过程中为什么要防止空气倒灌？怎样防止倒灌？
3. 引起本实验误差的因素有哪些？如何校正水银温度计？

实验六 凝固点降低法测分子量

一、实验目的

1. 用凝固点降低法测定萘的摩尔质量。
2. 掌握溶液凝固点的测定技术。
3. 理解稀溶液的依数性。

二、实验原理

固体溶剂与溶液成平衡时的温度称为溶液的凝固点。当向纯溶剂中加入非挥发性溶质时，溶剂的凝固点就会下降。凝固点降低是稀溶液依数性的一种表现。当确定了溶剂的种类和数量后，溶剂凝固点降低值只取决于溶液中溶质分子的数目。

对于稀溶液，溶液的凝固点降低与溶液的组成符合范特霍夫凝固点降低公式：

$$\Delta T_f = T_f^* - T_f = K_f b_B \tag{3-6-1}$$

式中，T_f^* 为纯溶剂的凝固点；T_f 为溶液的凝固点；b_B 为溶液中溶质 B 的质量摩尔浓度，$mol \cdot kg^{-1}$；K_f 为溶剂的凝固点降低常数，它的数值仅与溶剂的性质有关。

若称取一定量溶质 $m_B(g)$ 和溶剂 $m_A(g)$，配成稀溶液，则此溶液的质量摩尔浓度 b_B 为：

$$b_B = \frac{n_B}{m_A} = \frac{m_B}{M_B m_A} \times 1000 \tag{3-6-2}$$

式中，M_B 为溶质的摩尔质量。将式(3-6-2)代入式(3-6-1)，整理得：

$$M_B = K_f \frac{m_B}{\Delta T_f \cdot m_A} \times 1000 \tag{3-6-3}$$

若已知某溶剂的凝固点降低常数 K_f 值，通过实验测定此溶液的凝固点降低值 ΔT_f，即可计算溶质的摩尔质量 M_B。

通常测凝固点的方法是对体系采取逐步冷却的方式。

对于溶剂，溶剂的凝固点是它的液相和固相共存的平衡温度。若将纯溶剂逐步冷却时，在未凝之前，温度随时间均匀下降；开始凝固后，由于放出凝固热补偿了热损失，温度不随时间改变，此时保持恒定；当其全部凝固后，温度再继续均匀下降〔图 3-6-1(a)〕。但在实际过程中常发生过冷现象，在过冷液开始析出固体时会放出凝固热，使体系的温度回升到平衡温度，待液体全部凝固后，溶剂的温度再逐渐下降〔图 3-6-1(b)〕，此时以温度回升后的恒定温度作为纯溶剂冰点。

对于溶液，溶液冷却时，其冷却曲线与纯溶剂不同，当有溶剂凝固析出时，剩下溶液的浓度逐渐增大，因而溶液的凝固点也逐渐下降〔图 3-6-1(c)〕。如果溶液的过冷程度不高，析出固体溶剂的量很少，对浓度影响不大，则以过冷回升的最高温度作为该溶液的凝固点〔图 3-6-1(d)〕。如过冷严重，则所测得的冰点偏低，影响分子量的测定结果。

因此，在测定过程中必须设法控制适当的过冷程度，一般可通过控制寒剂的温度、搅拌速度等方法来达到。

本实验主要测纯溶剂与溶液的凝固点，进而求算出溶质的摩尔质量。由于两者温度差值较小，所以需采用精密温度温差仪来测量。

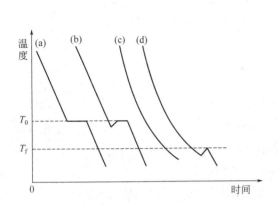

图 3-6-1 溶剂与溶液的冷却曲线

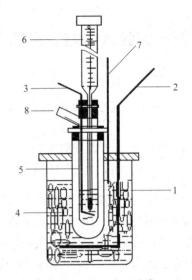

图 3-6-2 凝固点测定仪

1—容器；2,3—搅拌棒；4—寒剂；5—凝固点管；
6—精密温度温差仪；7—温度计；8—投料管

三、仪器和试剂

凝固点测定仪 1 套；SWC-ⅡD 型数字式精密温度温差仪 1 台；酒精温度计 1 支；移液管（25mL）2 支；空气套管 1 根；搅拌器 2 个；洗耳球 1 个；冰水浴缸（约2L，附木盖）1 个；凝固点管 1 根。

环己烷（A.R）；萘（A.R）；冰；水。

四、实验步骤

1. 按图 3-6-2 安装凝固点测定仪装置

注意：凝固点管、数字贝克曼温度计的探头以及搅拌棒均需清洁和干燥；防止搅拌时搅拌棒与管壁或温度计探头摩擦。

2. 调节寒剂的温度

调节冰水的量使冰水寒剂的温度为 3.5℃ 左右（寒剂温度以不低于所测溶液凝固点 3℃ 为宜）。实验过程中，不断地补充少量的碎冰或水，使寒剂温度基本保持不变。

3. 纯溶剂（环己烷）的近似凝固点的测定

用移液管准确移取 25mL 纯环己烷于干燥洁净的凝固点管中。将温度测量仪的测温探头插入液面下，注意不要与管底接触，同时注意加入的环己烷没过探头即可、无需太多且勿将环己烷溅在管壁上，塞紧软木塞，以免环己烷挥发。记下溶剂温度。

将盛有环己烷的凝固点管直接插入寒剂中（管内液面要高于管外水面，否则管壁上可能析出一层薄环己烷的晶体，这层晶体会造成下一步实验中得不到过冷现象），上下移动搅拌棒同时避免与温度计相摩擦，使溶剂逐渐冷却。当有晶体析出时，将凝固点管取出擦干，插入空气套管中后放入寒剂中。缓缓搅动环己烷（约每秒一次），观察精密温度测量仪的读数，直至温度稳定，取此温度为环己烷的"近似凝固点"。

4. 纯溶剂（环己烷）的精确凝固点的测定

把凝固点管取出，用手温热，并缓缓搅动环己烷，使晶体完全熔化。再将凝固点管直接插入寒剂中，并缓缓搅动环己烷，使溶剂较快地冷却。待温度降至高于"近似凝固点"0.5℃时，迅速取出凝固点管，擦干后插入空气套管，同空气套管一起放入寒剂中，缓慢搅拌使环己烷温度逐渐且均匀地降低。同时，每隔30s记录一次溶剂温度，当温度低于近似凝固点0.2～0.3℃左右时，急速搅拌促使大量微晶析出，连续记录温度直至稳定。作环己烷的步冷曲线，由曲线（过冷回升的最高温度）确定环己烷的精确凝固点。重复测定三次，取其平均值，要求溶剂凝固点的绝对平均误差在±0.003℃内。

5. 溶液凝固点的测定

取出凝固点管，使管中的环己烷溶解。从凝固点管的支管加入事先压成片状、并已精确称重的萘（加入的量约使溶液的凝固点降低0.5℃；约0.2～0.3g）。溶液凝固点的测定过程与纯溶剂相同：先测近似凝固点，再测定溶液的步冷曲线。由步冷曲线确定溶液的凝固点。同样，溶液凝固点重复测定三次，取其平均值，要求其绝对平均误差在±0.003℃内。

五、数据记录和处理

1. 利用 $\rho_t /\text{g}\cdot\text{cm}^{-3}=0.7971-0.8879\times10^{-3}t/℃$ 计算室温 t℃时环己烷的密度，算出25mL环己烷的质量 m_A。

2. 由测定的纯溶剂、溶液凝固点 T_f^*、T_f，计算萘的摩尔质量，并判断萘在环己烷中的存在形式。

六、注意事项

1. 凝固点管、搅拌棒、贝克曼温度计探头要干净、干燥，防止环己烷中混入水分。

2. 搅拌速度的控制是做好本实验的关键。每次测定应按要求的速度搅拌，并且测溶剂与溶液凝固点时搅拌条件要尽量一致。

3. 实验中的主要误差来源于过冷程度的控制。寒剂温度过高会导致冷却太慢，过低则测不出正确的凝固点，寒剂温度以不低于所测溶液凝固点3℃为宜。实验过程中要尽量控制过冷温度在低于凝固点0.2～0.3℃以内。

4. 实验选用环己烷，环己烷的 $K_f=20.0$，苯的 $K_f=5.12$，前后比后者大四倍，且前者毒性小。

5. 贝克曼温度计是贵重精密仪器，易损坏，使用过程中要注意保护。

七、思考题

1. 为什么冰水浴寒剂温度控制在3.5℃左右？太高或太低对实验有什么影响？

2. 为什么加入萘的质量要在0.2～0.3g，根据什么原则考虑加入溶质的量？太多或太少有什么不利？

3. 当溶质在溶液中有解离、缔合、溶剂化和形成配合物时，测定的结果有何意义？

4. 凝固点降低法可测什么样物质的分子量？

实验七 差热分析

一、实验目的

1. 掌握差热分析的原理。
2. 了解差热分析仪的构造，学会其操作技术。
3. 用差热分析仪对 $CuSO_4 \cdot 5H_2O$ 进行差热分析，并定性解释所得的差热图谱。

二、实验原理

物质在受热或冷却过程中，当达到某一温度时，往往会发生熔化、凝固、晶型转变、分解、化合、吸附、脱附等物理化学变化，并伴随有焓的改变，从而产生吸热和放热等热效应现象，其表现为物质与环境（样品与参比物）之间有温度差。差热分析（简称DTA）就是利用这一原理，通过测定样品与参比物的温度差对温度（或时间）的函数关系，鉴别物质或确定组成结构以及转化温度、热效应等物理化学性质的一种热分析方法。

差热分析仪的结构如图 3-7-1 所示。它由带有控温装置的加热炉、放置样品和参比物的坩埚、用以盛放坩埚并使其温度均匀的保持器、测温热电偶、差热信号放大器、信号接收系统（记录仪或计算机）等几个部分组成。

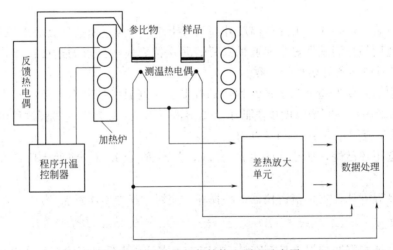

图 3-7-1　差热分析仪结构和原理示意图

将参比物（如 $\alpha\text{-}Al_2O_3$）和样品分别置于加热炉内的两个坩埚中，程序升温加热电炉。分别记录参比物的温度以及样品与参比物间的温差。以温差 ΔT 对温度 T 作图就可得到一条差热分析曲线，或称为差热图谱，如图 3-7-2 所示。

在程序升温过程中，若样品没有热效应，则样品与参比物间的温差 ΔT 为零，如图 3-7-2 中 ab、de、gh 段，是平直的基线；若样品有吸热（或放热）效应时，样品温度上升速度加快（或减慢），就产生温差 ΔT，如图 3-7-2 中 bcd、efg 所示。

可根据差热图上差热峰的数目、位置、方向、宽度、高度、对称性以及峰面积等信息分析差热图谱。峰的数目表示物质发生物理化学变化的次数。峰的位置表示物质发生变化的转化温度。峰的方向表示体系发生热效应的正负性（放热和吸热）。峰面积表示热效应的大小：在相同测定条件下，峰面积越大，热效应越大。

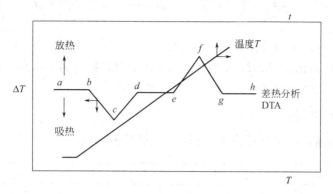

图 3-7-2 差热分析曲线

在相同的测定条件下，许多物质的热图谱具有特征性。因此，可通过与已知的热图谱的比较来鉴别样品的种类。所以，差热分析广泛应用于化学、化工、冶金、陶瓷、地质和金属材料等领域的科研和生产。理论上讲，可通过峰面积的测量对物质进行定量分析，但因影响差热分析的因素较多，定量难以准确。

在差热分析中，要获得平稳的基线，参比物的选择至关重要。参比物在加热或冷却过程中不发生任何变化，在整个升温过程中参比物的比热、导热系数、粒度尽可能与试样一致或相近。常用 $\alpha\text{-}Al_2O_3$、石英砂等对热稳定的物质作参比物。

在差热分析中，体系的变化为非平衡的动力学过程。得到的差热图除了受动力学因素影响外，还受实验条件的影响，主要有参比物的选择、升温速率、样品预处理及用量、气氛及压力的选择和走纸速度的选择等。详细情况请参阅第二章第六节"热分析测量技术及仪器"。

$CuSO_4 \cdot 5H_2O$ 是一种蓝色斜方晶体。本实验采用差热分析仪对 $CuSO_4 \cdot 5H_2O$ 进行差热分析。

三、仪器和试剂

差热分析仪（CDR-4p）1 套；交流稳压电源 1 台；镊子 1 把；铝坩埚 2 个；洗耳球 1 个；电吹风 1 个；计算机 1 台；打印机 1 台。

$CuSO_4 \cdot 5H_2O$（A.R.，200 目）；参比物 $\alpha\text{-}Al_2O_3$（A.R.，200 目）；Sn。

四、实验步骤

1. 用分析天平分别精确称取 4～5mg $CuSO_4 \cdot 5H_2O$ 和 $\alpha\text{-}Al_2O_3$ 置于两个坩埚中。

2. 打开电炉炉膛，将样品和参比物分别放在其支架上，盖好保温盖。

3. 开冷却水，并开启仪器开关预热 20min。

4. 进行零位调整和斜率调整，将"差动"、"差热"开关置于"差热"位置，微伏放大器量程开关置于 $\pm 100\mu V$ 处。

5. 启动计算机，打开 CDR-4p 应用软件进行参数设定，选择"直接采样"、"DTA"、量程为"$100\mu V$"、输入"起始温度"、输入"结束温度"、输入"升温速率 $10℃ \cdot min^{-1}$"、"样品名称"、"质量"、"空气气氛"、"操作者姓名"等，并确认。

6. 在仪器控制面板上输入参数，确定升温程序。

7. 在仪器控制面板上点击"run"，确认电压稳定后，开启电炉。

8. 开启电炉后，计算机会按设定升温速率记录升温曲线和差热曲线，待 $CuSO_4 \cdot 5H_2O$

的三个脱水峰记录完毕且基线变平一段后,存盘返回,命名文件并保存。然后点击 "stop",断开电炉电源。

9. 调出文件进行峰处理并保存,然后打印。

10. 打开炉盖,取出坩埚,待炉温降至50℃以下时,换上另一样品,按上述步骤操作。

11. 实验完毕,关闭计算机、仪器开关、冷却水。

五、数据记录和处理

1. 根据差热图谱,将所得 $CuSO_4 \cdot 5H_2O$ 实验数据列表。

样品			
峰号	1	2	3
外推起始脱水温度 T_e			
峰顶温度 T_p			

备注:$CuSO_4 \cdot 5H_2O \longrightarrow CuSO_4 \cdot 3H_2O \longrightarrow CuSO_4 \cdot H_2O \longrightarrow CuSO_4(s)$ 的外延起始脱水温度参考值分别为48℃、99℃、218℃。文献值不同,是与各自的实验条件不同所致。

2. 定性说明所得差热图谱的意义。

3. 按下式计算样品的相变热 ΔH。

$$\Delta H = \frac{K}{m}\int_b^d \Delta T \, dt$$

式中,ΔH 为反应热;m 为样品质量;b、d 分别为峰的起始、终止时刻;ΔT 为时间 t 内样品与参比物的温差;$\int_b^d \Delta T \, dt$ 为峰面积(S);K 为仪器常数,可用数学方法推导,但较麻烦,本实验用已知热效应的物质进行标定。已知纯锡的熔化热为 59.36×10^{-3} J·mg^{-1},可由锡的差热峰面积求得 K 值。

六、注意事项

1. 坩埚一定要清理干净,否则埚垢不仅影响导热,杂质在受热过程中也会发生物理化学变化,影响实验结果的准确性。

2. 样品和参比物都要均匀地平铺在坩埚底部,坩埚底部与支架应水平接触良好。

七、思考题

1. DTA实验中如何选择参比物?常用的参比物有哪些?

2. 讨论升温速率对差热分析曲线的影响?

3. 差热曲线的形状与哪些因素有关?影响差热分析结果的主要因素是什么?

4. DTA和简单热分析(步冷曲线法)有何异同?

第二节 电化学部分

实验八 原电池电动势的测定及应用

一、实验目的

1. 掌握可逆电池电动势的测量原理和电位差计的操作使用。
2. 学会几种电极和盐桥的制备方法。
3. 通过原电池电动势的测定求算有关热力学函数。

二、实验原理

凡是能使化学能转变为电能的装置都称之为电池（或原电池）。对于定温定压下的可逆电池，存在以下几个关系式：

$$(\Delta_r G_m)_{T,p} = -nFE \tag{3-8-1}$$

$$\Delta_r S_m = nF\left(\frac{\partial E}{\partial T}\right)_p \tag{3-8-2}$$

$$\Delta_r H_m = -nFE + nFT\left(\frac{\partial E}{\partial T}\right)_p \tag{3-8-3}$$

式中，F 为法拉第（Farady）常数；n 为电极反应式中电子的计量系数；E 为电池的电动势。

可逆电池应满足以下条件：

① 电池反应可逆，亦即电池电极反应可逆；
② 电池中不允许存在任何不可逆的液接界；
③ 电池必须在可逆条件下工作，即充放电过程必须在平衡态下进行，亦即允许通过电池的电流为无限小。

因此，在制备可逆电池、测定可逆电池的电动势时应符合上述条件，在精确度不高的测量中，常用正负离子迁移数比较接近的盐类构成"盐桥"来消除液接电位。用电位差计测量电动势也可满足通过电池电流为无限小的条件。

可逆电池的电动势可看作正、负两个电极的电势之差。设正极电势为 φ_+，负极电势为 φ_-，则 $E = \varphi_+ - \varphi_-$。

电极电势的绝对值无法测定，手册上所列的电极电势均为相对电极电势，即以标准氢电极作为负极（标准氢电极是氢气压力为 101.325kPa，溶液中 a_{H^+} 为 1），其电极电势规定为零，待测电极作为正极。将标准氢电极与待测电极组成一个电池，所测电池电动势就是待测电极的电极电势。由于氢电极使用不便，常用另外一些易制备、电极电势稳定的电极作为参比电极。常用的参比电极有甘汞电极、银-氯化银电极等。这些电极与标准氢电极比较而得的电势已精确测出，可参见附录或相关手册。

1. 求难溶盐 AgCl 的溶度积 K_{sp}

设计电池如下：

$(-)$Ag(s)-AgCl(s)|HCl(0.1000mol·kg^{-1}) ‖ AgNO$_3$(0.1000mol·kg^{-1})|Ag(s)$(+)$

银电极反应：$\quad Ag^+ + e^- \longrightarrow Ag$

银-氯化银电极反应：$\quad Ag + Cl^- \longrightarrow AgCl + e^-$

总的电池反应为：$\quad Ag^+ + Cl^- \longrightarrow AgCl$

$$E = E^{\ominus} - \frac{RT}{F} \ln \frac{1}{a_{Ag^+} a_{Cl^-}}$$

$$E^{\ominus} = E + \frac{RT}{F} \ln \frac{1}{a_{Ag^+} a_{Cl^-}} \tag{3-8-4}$$

又

$$\Delta_r G_m^{\ominus} = -nFE^{\ominus} = -RT \ln \frac{1}{K_{sp}} \tag{3-8-5}$$

式(3-8-5) 中 $n=1$，在纯水中 AgCl 溶解度极小，所以活度积就等于溶度积。所以：

$$-E^{\ominus} = \frac{RT}{F} \ln K_{sp} \tag{3-8-6}$$

式(3-8-6) 代入式(3-8-4) 化简得：

$$\ln K_{sp} = \ln a_{Ag^+} + \ln a_{Cl^-} - \frac{EF}{RT} \tag{3-8-7}$$

已知 a_{Ag^+} 及 a_{Cl^-}，测得电池动势 E，即可求 K_{sp}。

2. 求电池反应的 $\Delta_r G_m$、$\Delta_r S_m$、$\Delta_r H_m$、$\Delta_r G_m^{\ominus}$

分别测定上述"1"中电池在各个温度下的电动势，作 $E-T$ 图，从曲线斜率可求得任一温度下的 $\left(\frac{\partial E}{\partial T}\right)_p$，利用式(3-8-1)、式(3-8-2)、式(3-8-3)、式(3-8-5)，即可求得该电池反应的 $\Delta_r G_m$、$\Delta_r S_m$、$\Delta_r H_m$、$\Delta_r G_m^{\ominus}$。

3. 求铜电极（或银电极）的标准电极电势

① 对铜电极可设计电池如下：

$(-) Hg(l)\text{-}Hg_2Cl_2(s) | KCl(饱和) \parallel CuSO_4(0.1000 mol \cdot kg^{-1}) | Cu(s) (+)$

铜电极的反应为：$\quad Cu^{2+} + 2e^- \longrightarrow Cu$

甘汞电极的反应为：$\quad 2Hg + 2Cl^- \longrightarrow Hg_2Cl_2 + 2e^-$

电池电动势：

$$E = \varphi_+ - \varphi_- = \varphi_{Cu^{2+},Cu}^{\ominus} + \frac{RT}{2F} \ln a_{Cu^{2+}} - \varphi_{饱和甘汞}$$

所以

$$\varphi_{Cu^{2+},Cu}^{\ominus} = E - \frac{RT}{2F} \ln a_{Cu^{2+}} + \varphi_{饱和甘汞} \tag{3-8-8}$$

已知 $a_{Cu^{2+}}$ 及 $\varphi_{饱和甘汞}$，测得电动势 E，即可求得 $\varphi_{Cu^{2+},Cu}^{\ominus}$。

② 对银电极可设计电池如下：

$(-) Hg(l)\text{-}Hg_2Cl_2(s) | KCl(饱和) \parallel AgNO_3(0.1000 mol \cdot kg^{-1}) | Ag(s) (+)$

银电极的反应为：$\quad Ag^+ + e^- \longrightarrow Ag$

甘汞电极的反应为：$\quad 2Hg + 2Cl^- \longrightarrow Hg_2Cl_2 + 2e^-$

电池电动势：

$$E = \varphi_+ - \varphi_- = \varphi_{Ag^+,Ag}^{\ominus} + \frac{RT}{F} \ln a_{Ag^+} - \varphi_{饱和甘汞}$$

所以
$$\varphi^{\ominus}_{Ag^+,Ag} = E - \frac{RT}{F}\ln a_{Ag^+} + \varphi_{饱和甘汞} \tag{3-8-9}$$

4. 测定浓差电池的电动势

设计电池如下：

$(-)Cu(s)|CuSO_4(b_1=0.0100\,mol\cdot kg^{-1})\|CuSO_4(b_2=0.1000\,mol\cdot kg^{-1})|Cu(s)(+)$

电池的电动势：

$$E = \frac{RT}{2F}\ln\frac{a_{Cu^{2+}(2)}}{a_{Cu^{2+}(1)}} = \frac{RT}{2F}\ln\frac{\gamma_{\pm 2}\cdot b_2}{\gamma_{\pm 1}\cdot b_1} \tag{3-8-10}$$

5. 测定溶液的 pH 值

利用各种氢离子指示电极与参比电极组成电池，即可从电池电动势算出溶液的 pH 值，常用指示电极有氢电极、醌氢醌电极和玻璃电极。

(Q·QH$_2$)　　(Q)　　(QH$_2$)

现着重讨论醌氢醌（Q·QH$_2$）电极。

Q·QH$_2$ 为醌（Q）与氢醌（QH$_2$）等摩尔混合物，在水溶液中部分分解。将待测 pH 溶液用 Q·QH$_2$ 饱和后，再插入一支光亮 Pt 电极就构成了 Q·QH$_2$ 电极。可用它构成如下电池：

$(-)Hg(l)\text{-}Hg_2Cl_2(s)|$饱和 KCl 溶液$\|$由 Q·QH$_2$ 饱和的待测 pH 溶液$(H^+)|Pt(s)(+)$

Q·QH$_2$ 电极反应为：$Q + 2H^+ + 2e^- \longrightarrow QH_2$

Q·QH$_2$ 电极的作用相当于一个氢电极，因为它在水中溶解度很小，所以稀溶液中 $a_{H^+} = c_{H^+}$。

由此，Q·QH$_2$ 的电极电势为：

$$\varphi_{Q\cdot QH_2} = \varphi^{\ominus}_{Q\cdot QH_2} - \frac{RT}{zF}\ln\left(\frac{1}{a_{H^+}^2}\right) = \varphi^{\ominus}_{Q\cdot QH_2} - \frac{RT}{zF}\ln\left(\frac{1}{c_{H^+}^2}\right) = \varphi^{\ominus}_{Q\cdot QH_2} - \left(\frac{2.303RT}{F}\right)pH$$

则上述电池的电动势为：

$$E = \varphi_+ - \varphi_- = \varphi^{\ominus}_{Q\cdot QH_2} - \left(\frac{2.303RT}{F}\right)pH - \varphi_{饱和甘汞}$$

$$pH = \left[\varphi^{\ominus}_{Q\cdot QH_2} - E - \varphi_{饱和甘汞}\right] \div \left(\frac{2.303RT}{F}\right) \tag{3-8-11}$$

已知 $\varphi^{\ominus}_{Q\cdot QH_2}$ 及 $\varphi_{饱和甘汞}$，测得电动势 E，即可求 pH 值。

注意：由于 Q·QH$_2$ 易在碱性液中氧化，待测液的 pH 值不宜超过 8.5。

三、仪器和试剂

电位差计 1 台；直流复射式检流计 1 台；精密稳压电源（或蓄电池）1 台；标准电池 1 只；银电极 2 支；铜电极 2 支；铂电极 2 支；饱和甘汞电极 1 支；锌电极 1 支；恒温夹套烧杯 2 个；毫安表 1 块；盐桥数支；恒温槽 1 台；滑线电阻 1 支；导线。

HCl（$0.1000\,mol\cdot kg^{-1}$）；AgNO$_3$（$0.1000\,mol\cdot kg^{-1}$）；CuSO$_4$（$0.1000\,mol\cdot kg^{-1}$）；

$CuSO_4$（$0.0100 mol \cdot kg^{-1}$）；$ZnSO_4$（$0.100 mol \cdot kg^{-1}$）；镀银溶液；镀铜溶液；未知pH溶液；HCl（$1 mol \cdot L^{-1}$）；稀HNO_3溶液（1∶3）；稀H_2SO_4溶液；$Hg_2(NO_3)_2$饱和溶液；KNO_3饱和溶液；KCl饱和溶液；醌氢醌（固体）；琼脂（C. P.）。

四、实验步骤

1. 电极的制备

（1）银电极的制备

将欲镀之银电极两支用细砂纸轻轻打磨至露出新鲜的金属光泽，再用蒸馏水洗净。将欲用的两支Pt电极浸入稀硝酸溶液片刻，取出用蒸馏水洗净。将洗净的电极分别插入盛有镀银液（镀液成分：100mL水中加1.5g硝酸银和1.5g氰化钠）的小瓶中，按图3-8-1接好线路，并将两个小瓶串联，控制电流为0.3mA，镀1h，得白色紧密的镀银电极两支。

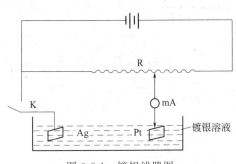

图 3-8-1 镀银线路图

（2）Ag-AgCl电极制备

将上面制成的一支银电极用蒸馏水洗净，作为正极，以Pt电极作负极，在约$1 mol \cdot L^{-1}$ HCl溶液中电镀，线路同图3-8-1。控制电流为2mA左右，镀30min，可得呈紫褐色的Ag-AgCl电极，该电极不用时应保存在KCl溶液中，贮藏于暗处。

（3）铜电极的制备

将铜电极在1∶3的稀HNO_3溶液中浸泡片刻，取出洗净，作为负极，以另一铜板作正极在镀铜液中电镀（镀铜液成分：每升中含125g $CuSO_4 \cdot 5H_2O$，25g H_2SO_4和50mL乙醇）。线路见图3-8-1。控制电流为20mA，电镀20min得表面呈红色的Cu电极，洗净后放入$0.1000 mol \cdot kg^{-1}$ $CuSO_4$中备用。

（4）锌电极的制备

将锌电极在稀硫酸溶液中浸泡片刻，取出洗净，浸入汞或饱和硝酸亚汞溶液中约10s，表面上即生成一层光亮的汞齐，用水冲洗晾干后，插入$0.1000 mol \cdot kg^{-1}$ $ZnSO_4$中待用。

2. 盐桥制备

（1）简易法

用滴管将饱和KNO_3（或NH_4NO_3）溶液注入U型管中，加满后用捻紧的滤纸塞紧U型管两端即可，管中不应有气泡。

（2）凝胶法

称取琼脂1g放入50mL饱和KNO_3溶液中，浸泡片刻，再缓慢加热至沸腾，待琼脂全部溶解后稍冷，将洗净之盐桥管插入琼脂溶液中，从管的上口将溶液吸满（管中不能有气泡），保持此充满状态冷却至室温，即凝固成冻胶固定在管内。取出擦净备用。

3. 电动势的测定

（1）按有关电位差计附录，接好测量电路（图3-8-2）（注意正、负极不要接错）。

（2）据有关标准电池的附录中提供的公式，计算室温下的标准电池的电动势。

（3）据有关电位差计附录提供的方法，标定电位差计的工作电流。

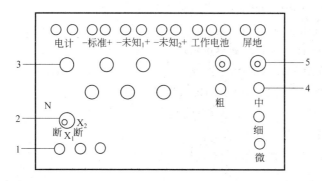

图 3-8-2 电位差计

1—电位差计按钮；2—转换开关；3—电势测量旋钮（共 6 个）；4—工作电流调节旋钮（共 4 个）；5—标准电池温度补偿旋钮

(4) 分别测定下列六个原电池的电动势。

① (－)Zn(s)|ZnSO$_4$(0.1000mol·kg^{-1})‖CuSO$_4$(0.1000mol·kg^{-1})|Cu(s)(＋)

② (－)Hg(l)-Hg$_2$Cl$_2$(s)|饱和 KCl 溶液‖CuSO$_4$(0.1000mol·kg^{-1})|Cu(s)(＋)

③ (－)Hg(l)-Hg$_2$Cl$_2$(s)|饱和 KCl 溶液‖AgNO$_3$(0.1000mol·kg^{-1})|Ag(s)(＋)

④ (－)浓差电池 Cu(s)|CuSO$_4$(0.0100mol·kg^{-1})‖CuSO$_4$(0.1000mol·kg^{-1})|Cu(s)(＋)

⑤ (－)Hg(l)-Hg$_2$Cl$_2$(s)|饱和 KCl 溶液‖饱和 Q·QH$_2$ 的 pH 未知液|Pt(s)(＋)

⑥ (－)Ag(s)-AgCl(s)|HCl(0.1000mol·kg^{-1})‖AgNO$_3$(0.1000mol·kg^{-1})|Ag(s)(＋)

原电池的构成如图 3-8-3 所示。

测量时应在夹套中通入 25℃ 恒温水。为了保证所测电池电动势的正确，必须严格遵守电位差计的正确使用方法。当数值稳定在 ±0.1mV 之内时即可认为电池已达到平衡。对第六个电池还应测定不同温度下的电动势，此时可调节恒温槽温度在 15～50℃ 之间，每隔 5～10℃ 测定一次电动势。方法同上，每改变一次温度，须等待热平衡后才能测定。

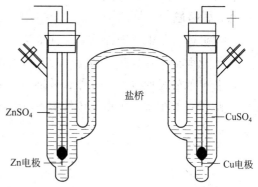

图 3-8-3 测量电池示意图

五、数据记录和处理

1. 计算时常用的电极电位公式（式中 t 单位为℃）如下：

$$\varphi_{饱和甘汞} = 0.24240 - 7.6 \times 10^{-4}(t-25)$$

$$\varphi^{\ominus}_{Q·QH_2} = 0.6994 - 7.4 \times 10^{-4}(t-25)$$

$$\varphi^{\ominus}_{AgCl} = 0.2224 - 6.45 \times 10^{-4}(t-25)$$

2. 计算时有关电解质的离子平均活度系数 $\gamma_{\pm}$（25℃）如下：

0.1000mol·kg^{-1} AgNO$_3$ $\gamma_{Ag^+} = \gamma_{\pm} = 0.734$

0.1000mol·kg^{-1} CuSO$_4$ $\gamma_{Cu^{2+}} = \gamma_{\pm} = 0.16$

0.0100mol·kg^{-1} CuSO$_4$ $\gamma_{Cu^{2+}} = \gamma_{\pm} = 0.40$

0.1000mol·kg^{-1} ZnSO$_4$ $\gamma_{Zn^{2+}} = \gamma_{\pm} = 0.15$

t℃时 0.1000mol·kg^{-1} HCl 的 $\gamma_\pm$ 可按下式计算：

$$-\lg\gamma_\pm = -\lg 0.8027 + 1.620\times 10^{-4} t + 3.13\times 10^{-7} t^2$$

3．由测得的六个原电池的电动势进行以下计算。

（1）由原电池①和④获得其电动势值。

（2）由原电池②和③计算铜电极和银电极的标准电极电势。

（3）由原电池⑤计算计算未知溶液的 pH 值。

（4）由原电池⑥计算 AgCl 的 K_{sp}。

（5）将所得第六个电池的电动势与热力学温度 T 作图，并由图上的曲线求取 20℃、25℃、30℃三个温度下的 E 和 $\left(\dfrac{\partial E}{\partial T}\right)_p$ 的值，再分别计算对应的 $\Delta_r G_m$、$\Delta_r S_m$、$\Delta_r H_m$ 和 $\Delta_r G_m^\ominus$。

4．将计算结果与文献值比较。

六、注意事项

1．标准电池在搬动和使用时，不要使其倾斜和倒置，应放置平稳。接线时正极接正极，负极接负极，两极不允许短路。

2．在使用"粗"、"细"两个按键开关时，要断断续续操作，不要长时间按下不放，以免电池发生极化影响测量结果。

3．实验完毕，首先关掉所有电源开关，将检流计量程旋钮调在"短路"处。撤除所有接线，清洗电极、电极管和烧杯，仪器归置整齐，台面擦拭干净。

七、思考题

1．标准电池、电位差计、检流计及工作电池各有什么作用？怎样保护和正确使用？

2．参比电极应具备什么条件？它有什么作用？

3．若电池的极性接反了有什么后果？

4．盐桥有何用途？用作盐桥的物质应遵循什么原则？

实验九 电导及其应用

一、实验目的

1. 了解溶液电导的基本概念。
2. 学会电导（率）仪的使用方法。
3. 掌握溶液电导的测定及其应用。

二、实验原理

1. 弱电解质电离常数的测定

AB 型弱电解质在溶液中达到电离平衡时，电离平衡常数 K_c 与原始浓度 c 和电离度 α 有以下关系：

$$K_c = \frac{c\alpha^2}{1-\alpha} \tag{3-9-1}$$

在一定温度下 K_c 是常数，因此可以通过测定 AB 型弱电解质在不同浓度时的 α 代入式 (3-9-1) 求出 K_c。

醋酸溶液的电离度可用电导法来测定。图 3-9-1 是用来测定溶液电导的电导池。

将电解质溶液放入电导池内，溶液电导（G）的大小与两电极之间的距离（l）成反比，与电极的面积（A）成正比：

$$G = \kappa \frac{A}{l} \tag{3-9-2}$$

式中，$\frac{l}{A}$ 为电导池常数，以 K_{cell} 表示；κ 为电导率，其物理意义是在两平行而相距 1m、面积均为 $1m^2$ 的两电极间，电解质溶液的电导称为该溶液的电导率，其单位为 $S \cdot m^{-1}$（C·G·S 制为 $S \cdot cm^{-1}$）。由于电极的 l 和 A 不易精确测量，因此在实验中是先用一种已知电导率值的溶液经测定电导后求出电导池常数 K_{cell}，然后把待测溶液放入该电导池测出其电导值，再根据式(3-9-2)求出其电导率。

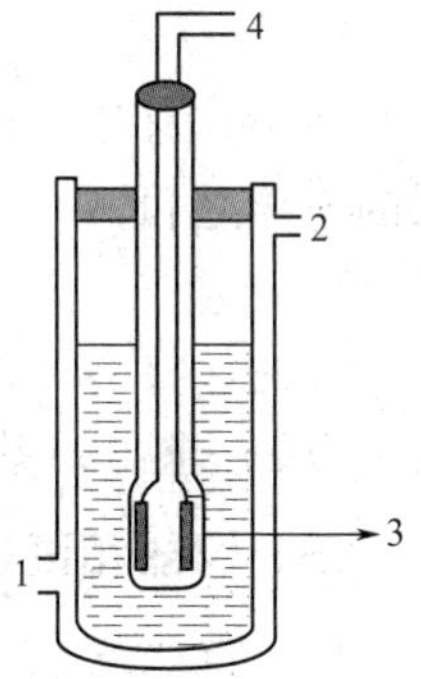

溶液的摩尔电导率指含有 1mol 电解质的溶液置于相距 1m 的两平行板电极之间的电导。以 Λ_m 表示，其单位为 $S \cdot m^2 \cdot mol^{-1}$（C·G·S 制为 $S \cdot cm^2 \cdot mol^{-1}$）。

摩尔电导率与电导率的关系：

$$\Lambda_m = \kappa / c \tag{3-9-3}$$

式中，c 为该溶液的浓度，$mol \cdot m^{-3}$。对于弱电解质溶液（如 HAc），可以认为：

$$\alpha = \Lambda_m / \Lambda_m^\infty \tag{3-9-4}$$

式中，Λ_m^∞ 是溶液在无限稀释时的摩尔电导率。

对于强电解质溶液（如 KCl、NaAc），其 Λ_m 和 c 的关系为 $\Lambda_m = \Lambda_m^\infty (1 - \beta \sqrt{c})$。

对于弱电解质（如 HAc 等），Λ_m 和 c 则不是线性关系，故它不能像强电解质溶液那样，从 Λ_m-$\sqrt{c}$ 的图外推至 $c=0$ 处求得 Λ_m^∞。但我们知道，在无限稀释的溶液中，每种离子对电解质的摩尔电导率都有特定的贡献，是独立移动的，不受其它离子的影响，对于电解质

图 3-9-1 电导池
1—进水口；2—出水口；
3—电导电极（双电极）；
4—导线

$M_{\nu_+}A_{\nu_-}$ 来说,即 $\Lambda_m^\infty = \nu_+ \lambda_{m,+}^\infty + \nu_- \lambda_{m,-}^\infty$。弱电解质 HAc 的 Λ_m^∞ 可由强电解质 HCl、NaAc 和 NaCl 的代数和求得 Λ_m^∞,即:

$$\Lambda_m^\infty(\text{HAc}) = \lambda_m^\infty(\text{H}^+) + \lambda_m^\infty(\text{Ac}^-) = \Lambda_m^\infty(\text{HCl}) + \Lambda_m^\infty(\text{NaAc}) - \Lambda_m^\infty(\text{NaCl})$$

把式(3-9-4)代入式(3-9-1)可得:

$$K_c = \frac{c\Lambda_m^2}{\Lambda_m^\infty(\Lambda_m^\infty - \Lambda_m)} \tag{3-9-5}$$

或

$$c\Lambda_m = (\Lambda_m^\infty)^2 K_c \frac{1}{\Lambda_m} - \Lambda_m^\infty K_c \tag{3-9-6}$$

以 $c\Lambda_m$ 对 $\dfrac{1}{\Lambda_m}$ 作图,其直线的斜率为 $(\Lambda_m^\infty)^2 K_c$,如知道 Λ_m^∞ 值,就可算出 K_c。

2. CaF$_2$(或 BaSO$_4$)饱和溶液溶度积(K_{sp})的测定

利用电导法能方便地求出微溶盐的溶解度,再利用溶解度得到其溶度积值。

CaF$_2$ 的溶解平衡可表示为:

$$\text{CaF}_2 \rightleftharpoons \text{Ca}^{2+} + 2\text{F}^-$$

$$K_{sp} = c(\text{Ca}^{2+}) \cdot [c(\text{F}^-)]^2 = 4c^3 \tag{3-9-7}$$

微溶盐的溶解度很小,饱和溶液的浓度很低,所以式(3-9-3)中 Λ_m 可以认为就是 Λ_m^∞(盐),c 为饱和溶液中微溶盐的溶解度。

$$\Lambda_m^\infty(\text{盐}) = \frac{\kappa(\text{盐})}{c} \tag{3-9-8}$$

式中,κ(盐)是纯微溶盐的电导率。注意在实验中所测定的饱和溶液的电导值为盐与水的电导之和:

$$G(\text{溶液}) = G(\text{H}_2\text{O}) + G(\text{盐}) \tag{3-9-9}$$

因此,整个实验可由测得的微溶盐饱和溶液的电导利用式(3-9-9)求出 G(盐),利用式(3-9-2)求出 κ(盐),再利用式(3-9-8)求出溶解度,最后用式(3-9-7)求出 K_{sp}。

三、仪器和试剂

电导仪(或电导率仪)1 台;恒温槽 1 套;电导池 1 只;电导电极 1 支;容量瓶(100mL)5 个;移液管(25mL、50mL)各 1 支;洗瓶 1 个;洗耳球 1 个。

10.00 mol·m^{-3} KCl 溶液;100.0 mol·m^{-3} HAc 溶液;CaF$_2$(或 BaSO$_4$)(A.R.)。

四、实验步骤

1. HAc 电离常数的测定

(1)在 100mL 容量瓶中配制浓度为原始醋酸(100.0 mol·m^{-3})浓度的 1/4、1/8、1/16、1/32、1/64 的溶液 5 份。

(2)将恒温槽温度调至(25.0±0.1)℃或(30.0±0.1)℃,按图 3-9-1 所示使恒温水流经电导池夹层。

(3)测定 K_{cell}。倾去电导池中蒸馏水(电导池不用时,应把两支铂黑电极浸在蒸馏水中,以免干燥致使表面发生改变)。将电导池和铂电极用少量的 10.00 mol·m^{-3} KCl 溶液洗涤 2~3 次后,装入 10.00 mol·m^{-3} KCl 溶液,恒温后,用电导仪测其电导,重复测定三次。

(4)测定电导水的电导(率)。倾去电导池中的 KCl 溶液,用电导水洗净电导池和铂电极,然后注入电导水,恒温后测其电导(率)值,重复测定三次。

(5)测定 HAc 溶液的电导(率)。倾去电导池中电导水,将电导池和铂电极用少量待测

HAc 溶液洗涤 2~3 次,最后注入待测 HAc 溶液。恒温后,用电导(率)仪测其电导(率),每种浓度重复测定三次。

按照浓度由小到大的顺序,测定各种不同浓度 HAc 溶液的电导(率)。

2. CaF_2(或 $BaSO_4$)饱和溶液溶度积 K_{sp} 的测定

取约 1g CaF_2(或 $BaSO_4$),加入约 80mL 电导水,煮沸 3~5min,静置片刻后倾掉上层清液。再加电导水、煮沸、再倾掉清液,连续进行五次,第四次和第五次的清液放入恒温筒中恒温,分别测其电导(率)。若两次测得的电导(率)值相等,则表明 CaF_2(或 $BaSO_4$)中的杂质已清除干净,清液即为饱和 CaF_2(或 $BaSO_4$)溶液。

实验完毕后,仍将电导电极浸在蒸馏水中。

五、数据记录和处理

大气压:_____ Pa;室温:_____ ℃;实验温度:_____ ℃。

1. 电导池常数 K_{cell}

25℃或(30℃)时,$10.00 mol \cdot m^{-3}$ KCl 溶液电导率:_____。

实验次数	G/S	$\overline{G}$/S	K_{cell}/m^{-1}
1			
2			
3			

2. 醋酸溶液的电离常数

HAc 原始浓度:_____。

$c/mol \cdot m^{-3}$	G/S	$\kappa/S \cdot m^{-1}$	Λ_m /S·m²·mol⁻¹	Λ_m^{-1} /S⁻¹·m⁻²·mol	$c\Lambda_m$ /S·m⁻¹	α	$K_c/mol \cdot m^{-3}$	$\overline{K}_c/mol \cdot m^{-3}$

3. 按式(3-9-6),以 $c\Lambda_m$ 对 $\dfrac{1}{\Lambda_m}$ 作图应得一条直线,直线的斜率为 $(\Lambda_m^\infty)^2 K_c$,由此求得 K_c,并与上述结果进行比较。

4. CaF_2(或 $BaSO_4$)的 K_{sp} 测定

G(电导水):_____;κ(电导水):_____。

G(溶液)/S	κ(溶液)/S·m⁻¹	G(盐)/S	κ(盐)/S·m⁻¹	$c/mol \cdot m^{-3}$	$K_{sp}/mol^3 \cdot m^{-9}$

六、注意事项

1. 实验中,温度要保持恒定,测量必须在同一温度下进行。恒温槽的温度要控制在 (25.0±0.1)℃或(30.0±0.1)℃。

2. 每次测定前,均必须将电导电极及电导池洗涤干净,以免影响测定结果。

七、思考题

1. 测定溶液时,电导率仪使用的是直流电源还是交流电源,为什么?

2. 电导池常数(即电极常数)是怎样确定的?本实验仍安排了 $10.00 mol \cdot m^{-3}$ KCl 溶液的测定,用意何在?

3. 将实验测定的 K_c 值与文献值比较,分析实验误差的主要来源。

第三节 动力学部分

实验十 电导法测定乙酸乙酯皂化反应的速率常数

一、实验目的

1. 了解二级反应的特点。
2. 用电导法测定乙酸乙酯皂化反应的速率常数。
3. 学会用图解法求二级反应的速率常数,并计算该反应的活化能。
4. 学会使用电导率仪和恒温水浴。

二、实验原理

乙酸乙酯皂化反应是一个典型的二级反应,其反应方程式:

$$CH_3COOC_2H_5 + Na^+ + OH^- \longrightarrow CH_3COO^- + Na^+ + C_2H_5OH$$

该反应的正反应速率很大,逆反应速率很小,逆反应可以忽略。

在一定温度下,若乙酸乙酯与氢氧化钠溶液的起始浓度相同,如均为 a;设在 t 时刻时生成物的浓度分别为 x,则反应速率方程表示为:

$$\frac{dx}{dt} = k(a-x)^2 \tag{3-10-1}$$

式中,k 为反应速率常数。将上式积分得:

$$\frac{1}{a-x} - \frac{1}{a} = kt \tag{3-10-2}$$

起始浓度 a 为已知,因此只要由实验测得不同时间 t 时的 x 值,以 $\frac{1}{a-x}$ 对 t 作图,应得一条直线,从直线的斜率便可求出 k 值。

乙酸乙酯皂化反应中,参加导电的离子有 OH^-、Na^+ 和 CH_3COO^-;由于反应体系是很稀的水溶液,可认为 CH_3COONa 全部电离;并且反应前后 Na^+ 浓度不变。因此,随着反应的进行,仅仅是导电能力很强的 OH^- 逐渐被导电能力弱的 CH_3COO^- 所取代,致使溶液的电导逐渐减小。

由于在稀溶液中强电解质的电导与浓度成正比,且溶液的电导等于组成溶液的各电解质电导之和,因此可以通过测量反应进程中溶液的电导随时间的变化,来跟踪反应物浓度随时间的变化。

又由于电导 G 与电导率 κ 的关系式为 $G = \kappa \dfrac{A}{l}$,且 $\dfrac{A}{l}$ 为定值,因此可用电导率仪测量反应进程中溶液电导率随时间的变化,来跟踪反应物浓度随时间变化的目的。

令 κ_0 为 $t=0$ 时溶液的电导率,κ_t 为时间 t 时混合溶液的电导率,κ_∞ 为 $t=\infty$(反应完毕)时溶液的电导率。由此可得:

$$t=0 时: \quad \kappa_0 = A_1 a \tag{3-10-3}$$

$$t=\infty 时: x \to a \quad \kappa_\infty = A_2 a \tag{3-10-4}$$

$t=t$ 时: $\quad\kappa_t = A_1(a-x) + A_2 x \quad$ (3-10-5)

式中，A_1、A_2 是与温度、溶剂、电解质性质等因素有关的比例常数。

将式(3-10-3)、式(3-10-4)代入式(3-10-5)整理，并将其代入式(3-10-2)后可得：

$$\kappa_t = \frac{1}{ak} \cdot \frac{\kappa_0 - \kappa_t}{t} + \kappa_\infty \quad (3\text{-}10\text{-}6)$$

因此，只要测定溶液的起始电导率 κ_0，以及不同时刻 t 时的电导率 κ_t，然后以 κ_t 对 $\frac{\kappa_0 - \kappa_t}{t}$ 作图应得一条直线，直线的斜率为 $\frac{1}{ak}$，由此便可求出某温度下的反应速率常数 k 值。

若测得了两个不同温度下的反应速率常数 $k(T_2)$ 和 $k(T_1)$，根据 Arrhenius 公式，可计算出该反应的活化能 E_a 和反应半衰期。

$$\ln \frac{k(T_2)}{k(T_1)} = \frac{E_a}{R} \left(\frac{1}{T_1} - \frac{1}{T_2} \right) \quad (3\text{-}10\text{-}7)$$

三、仪器和试剂

电导率仪（附 DJS-1 型铂黑电极）1 台；电导池 1 只；恒温水浴 1 套；停表 1 块；移液管（25mL）3 支；具有刻度的移液管（1mL）1 支；容量瓶（250mL）1 个；磨口三角瓶（100mL）5 个；烧杯 1 个。

NaOH 水溶液（0.0200mol·L^{-1}）；乙酸乙酯（A.R.）；电导水。

四、实验步骤

1. 配制溶液

配制与 NaOH 准确浓度（0.0200mol·L^{-1}）相等的乙酸乙酯溶液。方法是：找出室温下乙酸乙酯的密度，进而计算出配制 250mL 0.0200mol·L^{-1}（与 NaOH 准确浓度相同）乙酸乙酯水溶液所需的乙酸乙酯的毫升数 V，然后用 1mL 移液管吸取 V mL 乙酸乙酯注入 250mL 容量瓶中，稀释至刻度定容，即为 0.0200mol·L^{-1} 乙酸乙酯水溶液。

2. 调节恒温槽

将恒温槽的温度调至（25.0±0.1）℃或（30.0±0.1）℃。

恒温槽的使用见第二章第四节"温度的测量与控制"。

3. 调节电导率仪

打开电导率仪电源开关进行预热（10～30min），调节电导率仪的数字和实验温度。

电导率仪的使用见第二章第七节"电学测量技术及仪器"。

4. 溶液起始电导率 κ_0 的测定

在干燥的 100mL 磨口三角瓶中，用移液管加入 25mL 0.0200mol·L^{-1} NaOH 溶液和同数量的电导水，混合均匀后，倒出少量溶液洗涤电导池和电极，然后将剩余溶液倒入电导池（盖过电极上沿约 2cm），恒温约 15min，并轻轻摇动数次，然后将电极插入溶液，测定溶液电导率，直至不变为止，此数值即为 κ_0。

5. 反应时电导率 κ_t 的测定

用移液管移取 25mL 0.0200mol·L^{-1} $CH_3COOC_2H_5$，加入干燥的 100mL 磨口三角瓶中，用另一支移液管取 25mL 0.0200mol·L^{-1} NaOH，加入另一干燥的 100mL 磨口三角瓶中。将两个三角瓶置于恒温槽中恒温 15min，并摇动数次。同时，将电导池从恒温槽中取出，弃去上次溶液，用电导水洗净。将温好的 NaOH 溶液迅速倒入盛有 $CH_3COOC_2H_5$ 的三角瓶中，同时开动停表，作为反应的开始时间，迅速将溶液混合均匀，并用少量溶液洗涤电导池和电极，然后将溶液倒入电导池（溶液高度同前），测定溶液的电导率 κ_t，在 4min、6min、8min、10min、12min、15min、20min、25min、30min、35min、40min 各测电导率一次，记下 κ_t 和对应的时间 t。

6. 另一温度下 κ_0 和 κ_t 的测定

调节恒温槽温度为 (35.0±0.1)℃ 或 (40.0±0.1)℃，重复上述 4、5 步骤，测定另一温度下的 κ_0 和 κ_t。但在测定 κ_t 时，按反应进行 4min、6min、8min、10min、12min、15min、18min、21min、24min、27min、30min 测其电导率。实验结束后，关闭电源，取出电极，用电导水洗净并置于电导水中保存待用。

五、数据记录和处理

1. 将 κ_0，t，κ_t，$\dfrac{\kappa_0-\kappa_t}{t}$ 数据列表。

2. 以两个温度下的 κ_t 对 $\dfrac{\kappa_0-\kappa_t}{t}$ 作图，分别得一条直线。

3. 由直线的斜率计算各温度下的速率常数 k 和反应半衰期 $t_{1/2}$。

4. 由两温度下的速率常数，按 Arrhenius 公式，计算乙酸乙酯皂化反应的活化能。

六、注意事项

1. 本实验需用电导水，并避免接触空气及灰尘杂质落入。
2. 配好的 NaOH 溶液要防止空气中的 CO_2 气体进入。
3. 乙酸乙酯溶液和 NaOH 溶液浓度必须相同。
4. 乙酸乙酯溶液需临时配制，配制时动作要迅速，以减少挥发损失。
5. 测量前，先将电导率仪量程开关置于"校正"位置；在以下测 κ_t 的过程中电导率仪不能重新校正。

七、思考题

1. 为什么以 $0.0100\,mol\cdot L^{-1}$ NaOH 溶液的电导率认为是 κ_0？
2. 如果 NaOH 和 $CH_3COOC_2H_5$ 溶液为浓溶液时，能否用此法求 k 值，为什么？
3. k 与哪些因素有关？其它的酯能否用本方法测定皂化速率常数？

实验十一　旋光法测定蔗糖转化反应的速率常数

一、实验目的

1. 了解蔗糖转化反应体系中各物质浓度与旋光度之间的关系。
2. 测定蔗糖转化反应的速率常数和半衰期。
3. 了解旋光仪的基本原理，并掌握其使用方法。

二、实验原理

蔗糖在水中转化为葡萄糖和果糖，该水解反应为二级反应，其反应计量方程为：

$$C_{12}H_{22}O_{11} + H_2O \longrightarrow C_6H_{12}O_6 + C_6H_{12}O_6$$
$$\text{蔗糖(右)} \qquad\qquad \text{葡萄糖(右)} \quad \text{果糖(左)}$$

为使水解反应加速，常以 H^+ 为催化剂，故反应在酸性介质中进行。由于反应中水是大量的，故可认为整个反应过程中水的浓度基本保持恒定。而 H^+ 是催化剂，其浓度也是固定的。所以，此水解反应可视为假一级反应。其动力学方程为：

$$-\frac{dc}{dt} = kc \tag{3-11-1}$$

式中，k 为反应速率常数；c 为时间 t 时的反应物浓度。上式积分得：

$$\ln c = -kt + \ln c_0 \tag{3-11-2}$$

式中，c_0 为反应物的初始浓度。若以 $\ln c$ 对 t 作图，可得一直线，利用直线斜率可求出反应速率常数 k。

当 $c = \dfrac{1}{2}c_0$ 时，时间 t 可用 $t_{1/2}$ 表示，即为反应的半衰期。由式(3-11-2)可得：

$$t_{1/2} = \frac{\ln 2}{k} = \frac{0.693}{k} \tag{3-11-3}$$

蔗糖及水解产物均为旋光性物质，但它们的旋光能力不同，故可以利用体系在反应过程中旋光度的变化来衡量反应的进程。

溶液的旋光度与溶液中所含旋光物质的种类、浓度、溶剂的性质、液层厚度、光源波长及温度等因素有关。

为了比较各种物质的旋光能力，引入比旋光度的概念。比旋光度的表达式为：

$$[\alpha]_D^t = \frac{\alpha}{lc}$$

式中，t 为实验温度，℃；D 为光源波长；α 为旋光度；l 为液层厚度，m；c 为浓度，kg·m^{-3}。可见，当其它条件不变时，旋光度 α 与浓度 c 成正比，即 $\alpha = Kc$，其中，k 是一个与物质旋光能力、液层厚度、溶剂性质、光源波长、温度等因素有关的常数。

在蔗糖的水解反应中，反应物蔗糖是右旋性物质，其比旋光度 $[\alpha]_D^{20} = 66.6°$；产物中葡萄糖也是右旋性物质，其比旋光度 $[\alpha]_D^{20} = 52.5°$；而产物中的果糖则是左旋性物质，其比旋光度 $[\alpha]_D^{20} = -91.9°$。因此，随着水解反应的进行，右旋角不断减小，最后经过零点变成左旋。旋光度与浓度成正比，并且溶液的旋光度为各组成的旋光度之和。若反应时间为 0、t、∞ 时，溶液的旋光度分别用 α_0、α_t、α_∞ 表示，则：

$$\alpha_0 = K_1 \times c_0 \text{(表示蔗糖未转化)} \tag{3-11-4}$$

$$\alpha_\infty = K_2 \times c_0 \text{(表示蔗糖已完全转化)} \tag{3-11-5}$$

式(3-11-4)、式(3-11-5)中的 K_1 和 K_2 分别为对应反应物与产物之比例常数。

$$\alpha_t = K_1 \times c + K_2 \times (c_0 - c) \tag{3-11-6}$$

由式(3-11-4)、式(3-11-5)、式(3-11-6)三式联立可以解得：

$$c_0 = \frac{\alpha_0 - \alpha_\infty}{K_1 - K_2} = K' \times (\alpha_0 - \alpha_\infty) \tag{3-11-7}$$

$$c = \frac{\alpha_t - \alpha_\infty}{K_1 - K_2} = K' \times (\alpha_t - \alpha_\infty) \tag{3-11-8}$$

将式(3-11-7)、式(3-11-8)两式代入式(3-11-2)即得：

$$\ln(\alpha_t - \alpha_\infty) = -kt + \ln(\alpha_0 - \alpha_\infty) \tag{3-11-9}$$

由式(3-11-9)可见，只要测定 t、α_t 和 α_∞，以 $\ln(\alpha_t - \alpha_\infty)$ 对 t 作图可得一直线，由该直线的斜率即可求得反应速率常数 k，进而可求得半衰期 $t_{1/2}$。

三、仪器和试剂

旋光仪 1 台；恒温旋光管 1 支；恒温槽 1 套；天平 1 台；停表 1 块；烧杯（100mL）1 个；移液管（30mL）2 支；带塞三角瓶（100mL）2 个。

HCl 溶液（4mol·L^{-1}）；蔗糖（A.R.）；蒸馏水。

四、实验步骤

1. 将恒温槽调节到 (25.0±0.1)℃恒温，然后在恒温旋光管中接上恒温水。

2. 旋光仪零点的校正

洗净恒温旋光管，将管子下端的盖子旋紧防止漏水，从管上端向管内注入蒸馏水至管口处，把玻璃片盖好，小心地将玻璃片盖好使管内无气泡存在，再旋紧套盖勿使漏水。用吸水纸擦净旋光管，再用擦镜纸将管两端的玻璃片擦净。放入旋光仪中，盖上槽盖，打开光源，调节目镜使视野清晰，然后旋转检偏镜至观察到的三分视野暗度相等为止，记下检偏镜之旋转角，重复操作三次取其平均值，即为旋光仪的零点 $\alpha_零$。

3. 蔗糖水解过程中 α_t 的测定

用天平称取 10.0g 蔗糖放入 100mL 烧杯中，加入 50.00mL 蒸馏水配成澄清溶液（若溶液混浊则需过滤）。用移液管取 30.00mL 蔗糖溶液置于 100mL 带塞三角瓶中。移取 30.00mL 4mol·L^{-1} HCl 溶液于另一 100mL 带塞三角瓶中，放入恒温槽内恒温 10min。取出两个三角瓶，将 HCl 迅速倒入蔗糖中并来回倒三次使之充分混合。在加入 HCl 时开始计时，将混合液装满旋光管（操作同装蒸馏水相同）。装好擦净，立刻置于旋光仪中，盖上槽盖。测量不同时间 t 时溶液的旋光度 α_t。测定时要迅速准确，首先将三分视野暗度调节相同后，先记下时间，再读取旋光度。每隔一定时间读取一次旋光度，开始时每 3min 读一次，30min 后每 5min 读一次。共测定 1h。

4. α_∞ 的测定

将步骤 3 剩余的混合液置于近 60℃ 的水浴中，恒温 30min 以加速反应，然后冷却至实验温度，测定其旋光度，此值即可认为是 α_∞。

5. 将恒温槽调节到 (30.0±0.1)℃ 恒温，按实验步骤 3、4 测定 30.0℃ 时的 α_t 及 α_∞。

五、数据记录和处理

1. 将实验数据记录于表 3-11-1 和表 3-11-2。

α_0：_____

表 3-11-1　旋光度测定数据（25.0℃）　α_∞：_____

反应时间/min	3	6	9	12	15	18	21	24	27	30	35	40	45	50	55	60
α_t																
$\alpha_t - \alpha_\infty$																
$\ln(\alpha_t - \alpha_\infty)$																

表 3-11-2　旋光度测定数据（30.0℃）　α_∞：_____

反应时间/min	3	6	9	12	15	18	21	24	27	30	35	40	45	50	55	60
α_t																
$\alpha_t - \alpha_\infty$																
$\ln(\alpha_t - \alpha_\infty)$																

2. 以 $\ln(\alpha_t - \alpha_\infty)$ 对 t 作图，由所得直线的斜率求出反应速率常数 k。
3. 计算蔗糖转化反应的半衰期 $t_{1/2}$。
4. 由两个温度下测得的速率常数，计算反应的活化能。

六、注意事项

1. 在装样品时，应使旋光管中的液体形成凸液面；旋光管管盖旋至不漏液体即可，勿用力过猛，以免压碎玻璃片。
2. 在测定 α_∞ 时，通过加热使反应速度加快，但加热温度勿超过 60℃。
3. 由于酸对仪器有腐蚀，操作时应特别注意避免酸液滴漏到仪器上。实验结束后必须将旋光管洗净。
4. 旋光仪中的钠光灯勿沾水且勿长时间开启，测量间隔较长时应熄灭，以免损坏。

七、思考题

1. 实验中为什么用蒸馏水来校正旋光仪的零点？在蔗糖转化反应过程中所测的旋光度 α_t 是否需要零点校正？原因何在？
2. 蔗糖溶液为什么可粗略配制？
3. 试分析蔗糖的转化速率和哪些因素有关？

实验十二 过氧化氢分解反应速率常数的测定

一、实验目的

1. 熟悉一级反应的特点。
2. 了解反应物浓度、催化剂等因素对反应速率的影响。
3. 用量气法测过氧化氢催化分解反应的速率常数,并用图解法求解。

二、实验原理

化学反应速率取决于反应物浓度、温度、压力、催化剂、搅拌速度等多种因素。凡是反应速率与反应物浓度的一次方成正比的反应称为一级反应。实验证明过氧化氢的分解反应为一级反应。过氧化氢很不稳定,在无催化剂作用时也能分解,特别是在中性或碱性水溶液中,但分解速率很慢。当加入催化剂(MnO_2、Pt、Ag、$FeCl_3$ 和碘化物等)时,能促进过氧化氢快速分解。

在 KI 催化剂的催化作用下,H_2O_2 分解反应机理如下:

$$I^- + H_2O_2 \longrightarrow IO^- + H_2O \quad (慢)$$
$$IO^- + H_2O_2 \longrightarrow I^- + O_2 + H_2O \quad (快)$$
$$H_2O_2 \xrightarrow{KI} \frac{1}{2}O_2 + H_2O \quad (总反应)$$

由于第一步比第二步慢得多,所以整个反应的速率取决于第一步。即在介质和催化剂种类、浓度和质量固定时,反应为一级反应。如果用单位时间内 H_2O_2 浓度的减少来表示反应速率,则它与 KI 和 H_2O_2 的浓度成正比,速率方程可写为:

$$-\frac{dc_{H_2O_2}}{dt} = kc_{KI}c_{H_2O_2} = k'c_{H_2O_2} \tag{3-12-1}$$

其积分方程为:

$$\ln c = -k't + \ln c_0 \tag{3-12-2}$$

式中,c_0 为反应物过氧化氢在起始时刻的初始浓度,c 为反应物过氧化氢在 t 时刻的浓度。若以 $\ln c$ 对 t 作图,可得一直线,利用直线斜率可求出反应的表现速率常数 k'。

当 $c = \frac{1}{2}c_0$ 时,可进一步求出反应的半衰期 $t_{1/2}$。由式(3-12-2)得 $t_{1/2}$ 计算公式:

$$t_{1/2} = \frac{\ln 2}{k'} = \frac{0.693}{k'} \tag{3-12-3}$$

在过氧化氢催化分解反应过程中,不同 t 时刻时的浓度,可通过测量(恒压)在相应时间内分解放出的氧气的体积得出。

本实验以 KI 为催化剂,在室温下,测定过氧化氢分解反应的速率常数和半衰期。反应过程中,由于分解放出的氧气会逐渐压低量气管内的水面,因此,在反应过程中,应不断调整水准瓶内的水面,使其与量气管的水面相平(图 3-12-1),确保恒外压,同时记录时间和量气管的示值,即得每个时刻放出氧气的体积。

由于分解反应过程中放出 O_2 的体积,在恒温恒压下正比于分解了的 H_2O_2 的物质的量,若以 V_∞ 表示 H_2O_2 全部分解时放出 O_2 的体积,V_t 表示 H_2O_2 在 t 时刻分解放出 O_2

的体积，则
$$c_0 \propto V_\infty \qquad c \propto (V_\infty - V_t)$$
上式代入式（3-12-2）得：
$$\ln(V_\infty - V_t) = -k't + \ln V_\infty \qquad (3-12-4)$$

根据上式可知，只要测量一系列不同 t 时刻的 V_t 及 V_∞，以 $\ln(V_\infty - V_t)$ 对 t 作图，可得一直线，由直线斜率可求得反应的表观速率常数 k'。

根据 Arrhenius 方程，若测得 T_1、T_2 两个温度下的速率常数 k_1 和 k_2，即可求得反应的活化能 E_a：
$$E_a = \frac{RT_1T_2}{T_2 - T_1} \ln \frac{k_2}{k_1} \qquad (3-12-5)$$

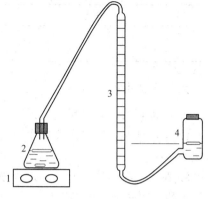

图 3-12-1　过氧化氢催化反应装置
1—磁力搅拌器；2—锥形瓶；
3—量气管；4—水准瓶

三、仪器和试剂

50mL 量气管 1 个；150mL 锥形瓶 1 个；水准瓶 1 个；电磁搅拌器 1 台；磁子；刻度移液管（1mL、10mL、50mL）各 1 支；量筒 1 支。

30% H_2O_2；KI 溶液（0.1mol·L^{-1}）；蒸馏水。

四、实验步骤

1. 将 30mL 蒸馏水和 10mL 0.1mol·L^{-1} KI 溶液加入锥形瓶中，加入磁子，塞紧橡胶塞。

2. 仪器安装与试漏

按图 3-12-1，安装好仪器。

打开橡胶塞通大气，举高水准瓶让水充满量气管。塞紧橡胶塞不通大气，把水准瓶放低至低于量气管的水面。如果量气管中水面在 2min 内保持不变即表示体系不漏气。如果漏气，查找原因，排除后再次试漏，至不漏为止。

3. 打开橡胶塞，举起水准瓶，使量气管内液面位于零刻度 0.00mL 处。启动电磁搅拌，把 0.50mL 30% H_2O_2 快速加入锥形瓶中，迅速塞紧橡胶塞。在塞紧胶塞的同时，记下反应起始时间。

4. 反应开始后，前 2min 内，每隔 0.5min 读取量气管读数一次；2min 后，每隔 2min 读取量气管读数一次；20min 后，每隔 5min 读取量气管读数一次；直到量气管读数约为 50.00mL 时，实验结束。

五、数据记录和处理

1. 记录反应时间 t、$1/t$ 和 V_t 的数据，填入表 3-12-1；以 V_t 对 $1/t$ 作图，直线段外推至与纵轴的交点，取截距得到 V_∞。

表 3-12-1　时间 t、$1/t$ 和 V_t 数据

时间 t/min	0.5	1	1.5	2	4	6	8	10	12	14	16	18	20	25	30	35	40
$(1/t)$/min^{-1}																	
V_t/mL																	

2. 列出 t、$V_\infty - V_t$ 和 $\ln(V_\infty - V_t)$ 数据表（表 3-12-2）；以 $\ln(V_\infty - V_t)$ 对 t 作图，由所得直线的斜率，求过氧化氢催化分解反应的表现速率常数 k' 和半衰期 $t_{1/2}$。

表 3-12-2　t、$V_\infty - V_t$ 和 $\ln(V_\infty - V_t)$ 数据

时间 t/min	0.5	1	1.5	2	4	6	8	10	12	14	16	18	20	25	30	35	40
$V_\infty - V_t$/mL																	
$\ln(V_\infty - V_t)$																	

六、注意事项

1. 在进行实验时，反应体系必须绝对与外界隔离，以避免氧气逸出。

2. 在试漏和量气测量步骤中，调节水准瓶高度时，注意勿让量气管中的液体倒流入锥形瓶中。

3. 在量气管内读数时，一定要使水准瓶和量气管内液面保持同一水平面，水准瓶移动不要太快，以免液面波动剧烈。

4. 每次测定应选择合适的搅拌速度，且测定过程中搅拌速度应恒定。

5. 对过氧化氢分解反应有催化作用的物质很多，所以过氧化氢应现用现配，而且最好是使用二次蒸馏水配制。

七、思考题

1. 反应中 KI 起催化作用，其浓度与实验测得的表观反应速率常数 k' 的关系如何？

2. 除外推法外，还有什么方法可以测定 V_∞？

3. 若在开始测定时，已经先放掉了一部分氧气，这样做对实验结果有没有影响？为什么？

实验十三　丙酮碘化

一、实验目的
1. 初步认识复杂反应的机理，了解复杂反应的表观速率常数的测定与求算方法。
2. 测定用酸作催化剂时丙酮碘化反应的速率常数及活化能。
3. 掌握紫外可见光分光光度计的使用方法。

二、实验原理
丙酮碘化反应的计量方程式如下：

$$CH_3COCH_3 + I_2 \xrightarrow{H^+} CH_3COCH_2I + H^+ + I^-$$

H^+（如盐酸）是反应的催化剂，由于反应又生成了 H^+，因此是一个自催化反应。
实验证明，丙酮催化反应是一个复杂反应，一般认为反应按照以下两个步骤进行：

$$\underset{A}{CH_3COCH_3} \underset{H^+}{\rightleftharpoons} \underset{B}{CH_3COHCH_2}（烯醇）（慢） \tag{3-13-1}$$

$$\underset{B}{CH_3COHCH_2} + I_2 \longrightarrow \underset{E}{CH_3COCH_2I} + H^+ + I^-（快，趋于到底）\tag{3-13-2}$$

反应式(3-13-1)是丙酮的烯醇化反应，它是一个慢的可逆反应。反应式(3-13-2)是烯醇的碘化反应，它是一个快速且趋于进行到底的反应。因此，丙酮碘化反应的总速率是由慢的丙酮烯醇化反应的速率决定。而丙酮的烯醇化反应速率取决于丙酮及催化剂氢离子的浓度，如果以碘化丙酮的生成速率表示丙酮碘化反应的速率，则该反应的动力学方程式可表示为：

$$\frac{dc_E}{dt} = kc_A c_{H^+} \tag{3-13-3}$$

式中，c_E 为碘化丙酮的浓度；t 为时间；c_A 为丙酮的浓度；c_{H^+} 为氢离子的浓度；k 表示丙酮碘化反应总的速率常数。

根据反应式(3-13-2)可知：

$$\frac{dc_E}{dt} = -\frac{dc_{I_2}}{dt} \tag{3-13-4}$$

因此，如果测得反应过程中各时刻碘的浓度，就可以求出 dc_E/dt。

由于碘在可见光区有一个比较宽的吸收带，在这个吸收带中，HCl、丙酮、碘化丙酮和 HI 溶液都没有明显的吸收，因此，可以使用可见分光光度法来测定丙酮碘化反应过程中碘浓度的变化，以求出反应的速率常数。

若在反应过程中，丙酮的浓度远大于碘的浓度且催化剂 H^+（如盐酸）的浓度也足够大时，则可把丙酮和酸的浓度看作不变。把式(3-13-3)代入式(3-13-4)得：$-\dfrac{dc_{I_2}}{dt} = kc_A c_{H^+}$，积分得：

$$c_{I_2} = -kc_A c_{H^+} t + B' \tag{3-13-5}$$

根据朗伯-比耳（Lambert-Beer）定律，则透光率 T 与碘的浓度之间的关系可表示为：

$$\lg T = -A = -\varepsilon d c_{I_2} \tag{3-13-6}$$

式中，d 为比色槽的光径长度（溶液厚度）；ε 是取以 10 为底的对数时的摩尔吸收系数。将式(3-13-5)代入式(3-13-6)得：

$$\lg T = k\varepsilon d c_A c_{H^+} t + B'' \tag{3-13-7}$$

由 $\lg T$ 对 t 作图，可得一直线，直线的斜率为 $k\varepsilon d c_A c_{H^+}$。式中，$\varepsilon d$ 可通过测定一已知浓度的碘溶液的透光率，由式(3-13-6)求得；c_A 与 c_{H^+} 浓度为已知；因此，只要测出不同时刻时，丙酮、酸和碘的混合液对指定波长的透光率，就可以利用式(3-13-7)求出反应的总速率常数 k。

由两个或两个以上温度的速率常数，就可以根据阿仑尼乌斯（Arrhenius）方程计算反应的活化能：

$$E_a = \frac{RT_1 T_2}{T_2 - T_1} \ln \frac{k_2}{k_1} \tag{3-13-8}$$

为了验证上述反应机理，可以进行反应级数的测定。根据总反应方程式，可建立如下关系式：

$$v = \frac{dc_E}{dt} = -\frac{dc_{I_2}}{dt} = k c_A^\alpha c_{H^+}^\beta c_{I_2}^\gamma \tag{3-13-9}$$

式中，v 为反应速率；α、β、γ 分别表示丙酮、氢离子和碘的反应级数。若保持氢离子和碘的起始浓度不变，只改变丙酮的起始浓度，分别测定在同一温度下的两个反应速率，则有

$$\frac{v_2}{v_1} = \left(\frac{c_{A,2}}{c_{A,1}}\right)^\alpha, \quad 即\ \alpha = \lg \frac{v_2}{v_1} \div \lg \frac{c_{A,2}}{c_{A,1}} \tag{3-13-10}$$

同理，可求出 β、γ：

$$\beta = \lg \frac{v_3}{v_1} \div \lg \frac{c_{H^+,2}}{c_{H^+,1}}; \quad \gamma = \lg \frac{v_4}{v_1} \div \lg \frac{c_{I_2,2}}{c_{I_2,1}} \tag{3-13-11}$$

三、仪器和试剂

紫外可见分光光度计 1 套；容量瓶（50mL）4 个；恒温槽 1 套；带有恒温夹层的比色皿 5 个；刻度移液管（1mL、2mL、5mL、10mL）各 1 支；秒表 1 块。

碘溶液（0.03mol·L^{-1}，含 4%KI）；标准盐酸溶液（1mol·L^{-1}）；丙酮溶液（2mol·L^{-1}）；蒸馏水。

四、实验步骤

1. 调整分光光度计

首先，打开分光光度计电源开关并预热 20min，将波长调到 565nm，选择模式为透光率（透射比）。然后，打开暗箱盖，按压"0%"按钮调节仪器示数为"0.0"。然后，将恒温比色皿装满蒸馏水，在 25.0℃时放入暗箱并使其处于光路中，关闭暗箱盖，按压"100%"按钮调节仪器示数为"100.0"。调节完毕，将此比色皿保留在暗箱中。

2. 求 εd 值

用移液管准确量取 0.03mol·L^{-1} 碘溶液 10.00mL，注入 50mL 容量瓶中，用蒸馏水稀释到刻度并振荡摇匀。取此碘溶液注入恒温比色皿，在 25.0℃时置于光路中，测其透光率，重复测定三次取平均值（表 3-13-1），计算出 εd 值。

3. 测定 25.0℃时丙酮碘化反应的速率常数（编号 1 号液的配制和测量）

取一个洗净的 50mL 容量瓶，注入约 50mL 蒸馏水，置于 25.0℃的恒温槽中恒温。在一个洗净的 50mL 容量瓶中，用移液管移入 2.5mL 2mol·L^{-1}丙酮溶液，加入少量二次蒸馏水，盖上瓶塞后，置于 25.0℃的恒温槽中恒温。另取一个洗净的 50mL 容量瓶，用移液管量取 2.5mL 0.03mol·L^{-1}碘溶液，再取 2.5mL 1mol·L^{-1}盐酸溶液注入该瓶中，盖上瓶塞，置于 25.0℃的恒温槽中恒温不少于 10min。

温度恒定后，将丙酮溶液迅速倒入盛有酸和碘混合液的容量瓶中，用 25.0℃的蒸馏水洗涤盛有丙酮的容量瓶 3～4 次。洗涤液均倒入盛有混合液的容量瓶中，用已恒温的 25.0℃蒸馏水稀释至刻度，振荡均匀，迅速倒入恒温比色皿（外保温套中已从恒温槽中通入恒温水流）少许，洗涤三次倾出。然后再倒满恒温比色皿，用擦镜纸擦去残液，置于暗箱光路中，测定透光率，并同时开始计时，作为反应起始时间。每隔 2min 读一次透光率数值，测定 30min 或直到透光率示数达到 100.0 为止，数据填入表 3-13-2。

4. 测定各反应物的反应级数

各反应物的用量如下表中（编号 2 号～编号 4 号）所示。

编号	2mol·L^{-1}丙酮溶液	1mol·L^{-1}盐酸溶液	0.03mol·L^{-1}碘溶液
1	2.5mL	2.5mL	2.5mL
2	5.0mL	2.5mL	2.5mL
3	2.5mL	5.0mL	2.5mL
4	2.5mL	2.5mL	1.25mL

测定方法同步骤 3，温度仍为 25.0℃。

5. 测定 35.0℃时丙酮碘化反应的速率常数

将恒温槽的温度升高到 35.0℃，重复上述操作，测定时间缩短为每间隔 1min 记录一次透光率数值（表 3-13-3）。

五、数据记录和处理

1. 把实验数据填入下表。

表 3-13-1 εd 值的计算

c_{I_2}	T_1	T_2	T_3	$T_{平均}$	$\lg T_{平均}$	εd

表 3-13-2 25.0℃测得的透光率数据

时间/min	2	4	6	8	10	12	14	16	18	20	22	24	26	28	30
T_1															
T_2															
T_3															
T_4															

表 3-13-3 35.0℃测得的透光率数据

时间/min	1	2	3	4	5	6	7	8	9	10	11	12	13	14	15	16	…
T_1																	
T_2																	
T_3																	
T_4																	

2. 将 lg$T$ 对时间 t 作图，得一直线，根据直线的斜率，求出反应的速率常数。

3. 利用 25.0℃ 及 35.0℃ 时测得的 k 值，求丙酮碘化反应的活化能。

4. 反应级数的测定

由实验步骤 3、4 中测得的数据，分别以 lg$T$ 对 t 作图，得到四条直线。求出各直线斜率即为不同起始浓度时的反应速率，代入式(3-13-10)、式(3-13-11)，可求出 α、β、γ。

六、注意事项

1. 温度影响反应速率常数，实验时体系始终要恒温。
2. 实验所需溶液均要准确配制。
3. 混合反应溶液及进行透光率测定时，操作必须迅速。
4. 比色皿在置入暗箱里的比色皿支架之前，应用擦镜纸擦拭干外表面，放入后要确保其光面在光路中。

七、思考题

1. 本实验中将丙酮溶液加到盐酸和碘的混合液中但没有立即计时，而是当混合物稀释摇匀倒入恒温比色皿测透光率时才开始计时，这样做是否影响实验结果？为什么？
2. 影响本实验结果的主要因素是什么？

第四节 胶体与表面化学部分

实验十四 电导法测定水溶性表面活性剂的临界胶束浓度

一、实验目的

1. 用电导法测定十二烷基硫酸钠的临界胶束浓度。
2. 掌握表面活性剂的特性及胶束形成原理。
3. 掌握电导率仪的使用方法。

二、实验原理

表面活性剂是能够显著降低表面张力的物质。其分子结构不对称,具有明显的"两亲"性,既含有亲油的足够长的(大于10个碳原子)疏水的烃基,又含有亲水的极性基团(通常是离子化的),如肥皂和各种合成洗涤剂等。表面活性剂分子都是由极性部分和非极性部分组成的,若按离子的类型分类,可分为三大类。

① 阴离子型表面活性剂　如羧酸盐(肥皂、$C_{17}H_{35}COONa$),烷基硫酸盐(十二烷基硫酸钠),烷基磺酸盐(十二烷基苯磺酸钠)等。

② 阳离子型表面活性剂　主要是铵盐,如十二烷基二甲基叔胺和十二烷基二甲基氯化铵等。

③ 非离子型表面活性剂　如聚氧乙烯,聚乙烯醇,聚乙二醇等。

表面活性剂进入水中,在低浓度时呈分子状态,且三三两两地把亲油基团靠拢而分散在水中。当溶液浓度加大到一定程度时,许多表面活性物质的分子立刻结合成很大的集团,形成"胶束"。以胶束形式存在于水中的表面活性物质是比较稳定的。表面活性物质在水中形成胶束所需的最低浓度称为临界胶束浓度,以 CMC (critical micelle concentration) 表示。在 CMC 点上,由于溶液的结构改变导致其物理及化学性质(如表面张力、电导、电导率、摩尔电导率、渗透压、浊度、光学性质等)同浓度的关系曲线出现明显的

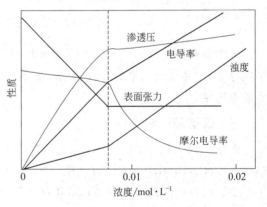

图 3-14-1　十二烷基硫酸钠水溶液的物理性质与浓度的关系图

转折,如图 3-14-1 所示。这个现象是测定 CMC 的实验依据,也是表面活性剂的一个重要特性。

这个特性可用生成分子聚集体或胶束来说明,如图 3-14-2 所示。当表面活性剂溶于水中后,不但定向地吸附在溶液表面,而且达到一定浓度时还会在溶液中发生定向排列而形成胶束。表面活性剂为了使自己成为溶液中的稳定分子,有可能采取两种途径:一是把亲水基留在水中,亲油基伸向油相或空气;二是让表面活性剂的亲油基团相互靠在一起,以减少亲油基与水的接触面积。前者就是表面活性剂分子吸附在界面上,其结果是降低界面张力,形

成定向排列的单分子膜；后者就形成了胶束。由于胶束的亲水基方向朝外，与水分子相互吸引，使表面活性剂能稳定溶于水中。

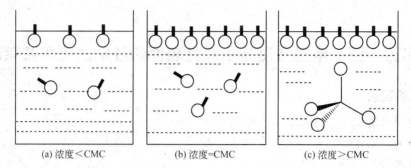

(a) 浓度<CMC　　　　(b) 浓度=CMC　　　　(c) 浓度>CMC

图 3-14-2　胶束形成过程示意

随着表面活性剂在溶液中浓度的增大，球形胶束还可能转变成棒形胶束，以至层状胶束，如图 3-14-3 所示。层状胶束可用来制作液晶，它具有各向异性的性质。

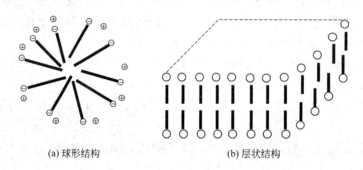

(a) 球形结构　　　　　　　　(b) 层状结构

图 3-14-3　胶束的球形结构和层状结构示意

本实验利用电导率仪测定不同浓度的十二烷基硫酸钠水溶液的电导率值（也可换算成摩尔电导率），并作电导率值（或摩尔电导率）与浓度的关系图，从图中的转折点即可求得临界胶束浓度。

三、仪器和试剂

电导率仪（附 DJS-1 型铂黑电导电极）1 台；电导池 1 只；恒温水浴 1 套；移液管（1mL，2mL，5mL）3 支；容量瓶（1000mL）1 个；容量瓶（100mL）12 个。

十二烷基硫酸钠（A.R.）；氯化钾（A.R.）；电导水或重蒸馏水。

四、实验步骤

1. 用电导水或重蒸馏水准确配制 $0.0100 mol \cdot L^{-1}$ KCl 标准溶液。

2. 取十二烷基硫酸钠在 80℃ 烘干 3h，用电导水或重蒸馏水准确配制 $0.2000 mol \cdot L^{-1}$ 十二烷基硫酸钠溶液 100mL，备用。

3. 选用合适的移液管移取一定量的 $0.2000 mol \cdot L^{-1}$ 十二烷基硫酸钠储备溶液，准确配制 $0.002 mol \cdot L^{-1}$、$0.004 mol \cdot L^{-1}$、$0.006 mol \cdot L^{-1}$、$0.007 mol \cdot L^{-1}$、$0.008 mol \cdot L^{-1}$、$0.009 mol \cdot L^{-1}$、$0.010 mol \cdot L^{-1}$、$0.012 mol \cdot L^{-1}$、$0.014 mol \cdot L^{-1}$、$0.018 mol \cdot L^{-1}$、$0.020 mol \cdot L^{-1}$ 十二烷基硫酸钠溶液各 100mL。

4. 调节恒温水浴温度至 25℃ 或其它合适温度。

5. 开通电导率仪电源，预热 20min。

6. 用 0.0100mol·L^{-1} KCl 标准溶液标定电导电极的电导池常数。

7. 用电导率仪从稀到浓依次测定上述各溶液的电导率值。用后一个溶液荡洗前一个溶液的电导池三次以上，各溶液测定时必须恒温 10min，每个溶液的电导读数三次，取平均值。

8. 列表记录各溶液对应的电导率（或摩尔电导率）。

9. 实验结束后，关闭电源，取出电极，用电导水洗净并置于电导水中保存待用。

五、数据记录和处理

作出电导率（或摩尔电导率）与浓度的关系图，从图中转折点处找出临界胶束浓度。

文献值：40℃，$C_{12}H_{25}SO_4Na$ 的 CMC 为 $8.7×10^{-3}$ mol·L^{-1}。

六、注意事项

1. 若电导池常数已知，步骤 1 和步骤 6 可略去。

2. 配制溶液时，必须用电导水或重蒸馏水。

3. 测定溶液电导率时，应从稀到浓依次测定。

4. 配置储备溶液时，要保证表面活性剂完全溶解。

5. CMC 有一定的范围。

6. 表面活性剂具有渗透、润湿、乳化、去污、分散、增溶和起泡作用等作用，广泛应用于石油、化工、煤炭、机械、冶金、材料和农业生产等领域。研究表面活性剂溶液的物理化学性质（吸附）和内部性质（胶束形成）具有重要价值。临界胶束浓度（CMC）可以作为表面活性剂的表面活性的一种量度。因为 CMC 越小，则表示这种表面活性剂形成胶束所需浓度越低，达到表面饱和吸附的浓度越低。因而改变表面性质起到润湿、乳化、增溶、起泡等作用所需的浓度越低。另外，临界胶束浓度又是表面活性剂溶液性质发生显著变化的一个"分水岭"。因此，表面活性剂的大量研究工作都与各种体系中的 CMC 测定有关。

测定 CMC 的方法很多，常用的有电导法、表面张力法、染料法、增溶作用法、光散射法等。这些方法原理上都是从溶液的物理化学性质随浓度变化关系出发求得。其中表面张力和电导法比较简便准确。表面张力法除了可求得 CMC 之外，还可以求出表面吸附等温线。此外还有一优点，就是无论对于高表面活性还是低表面活性的表面活性剂，其 CMC 的测定都具有相似的灵敏度，此法不受无机盐的干扰，也适合非离子表面活性剂。电导法是经典方法且简便可靠，但只限于离子性表面活性剂；此法对于有较高活性的表面活性剂准确性高，但过量无机盐会降低测定灵敏度，因此配制溶液应该用电导水或重蒸馏水。

七、思考题

1. 表面活性剂具有起泡作用，在准确配制溶液时应注意什么问题？

2. 为什么需要恒温？

3. 为什么测定溶液电导率时，要从稀到浓依次测定？

4. 配制溶液时，为什么用电导水或重蒸馏水？

5. 若要知道所测得的临界胶束浓度是否准确，可用什么实验方法验证？

6. 非离子型表面活性剂能否用本实验方法测定临界胶束浓度？若不能，则可用何种方法测定？

实验十五 溶液表面张力的测定

一、实验目的

1. 了解表面张力的性质，表面自由能的意义以及表面张力和吸附的关系。
2. 掌握最大泡压法测定溶液表面张力的原理和技术。
3. 测定不同浓度正丁醇水溶液的表面张力，计算表面吸附量和正丁醇分子横截面积。

二、实验原理

1. 表面张力和表面自由能

液体表面层的分子一方面受到液体内层的邻近分子的吸引，另一方面受到液面外部的邻近气体分子的吸引，由于前者的作用要比后者大，因此在液体表面层中，每个分子都受到垂直于液面并指向液体内部的非平衡力，这种吸引力使表面上的分子自发向内挤促成液体的最小面积，因此，液体表面缩小是一个自发过程。

在温度、压力、组成恒定时，每增加单位表面积，体系的吉布斯自由能的增值称为表面吉布斯自由能（$J \cdot m^{-2}$），用 σ 表示。也可以看作是垂直作用在单位长度相界面上的收缩力，即表面张力（$N \cdot m^{-1}$）。

欲使液体产生新的表面 ΔA，就需对其做表面功，其大小与 ΔA 成正比，系数即为表面张力 σ：

$$-W = \sigma \cdot \Delta A \tag{3-15-1}$$

正是由于表面张力的存在才产生了一系列表面吸附现象。

2. 溶液的表面吸附

在定温下，纯液体的表面张力为定值。当加入溶质形成溶液时，分子间的作用力发生变化，表面张力也发生变化，其变化的大小决定于溶质的性质和加入量的多少。水溶液表面张力与其组成的关系大致有以下三种情况。

① 随着溶质浓度的增加，表面张力逐渐增加；
② 随着溶质浓度的增加，表面张力逐渐降低，并在开始时降得快些；
③ 仅加少量溶质，表面张力就急剧下降，于某一浓度后表面张力几乎不再改变。

上述三种情况，溶质在表面层的浓度与体相中的浓度都不相同，这种现象称为溶液的表面吸附。根据能量最低原理，若溶质能降低溶剂的表面张力时，表面层中溶质的浓度比溶液内部大；反之，若溶质使溶剂的表面张力升高时，它在表面层中的浓度比在内部的浓度低。

在指定的温度和压力下，溶质的表层吸附量与溶液的表面张力及溶液的浓度之间的关系遵守吉布斯（Gibbs）吸附等温方程：

$$\Gamma = -\frac{c}{RT}\left(\frac{d\sigma}{dc}\right)_T \tag{3-15-2}$$

式中，Γ 为溶质在表层的吸附量（表面超量）；σ 为表面张力；c 为溶质浓度。

若 $\left(\frac{d\sigma}{dc}\right)_T < 0$，则 $\Gamma > 0$，此时表面层溶质浓度大于本体溶液，称为正吸附。

若 $\left(\frac{d\sigma}{dc}\right)_T > 0$，则 $\Gamma < 0$，此时表面层溶质浓度小于本体溶液，称为负吸附。

本实验测定正吸附情况。

有些溶质进入溶剂后,能使溶剂的表面张力显著下降,这种物质称为表面活性物质(表面活性剂)。表面活性物质具有结构不对称性,由亲油基和亲水基组成。被吸附的表面活性物质分子在界面层中的排列,决定于它在液层中的浓度;随着浓度的增加,它们逐渐占据所有表面,形成饱和吸附层。

通过实验测得表面张力 σ 与溶质浓度 c 的关系,可作出 $\sigma\text{-}c$ 曲线,并在此曲线上任取若干点作曲线的切线,这些切线的斜率就是与浓度相对应的 $\left(\dfrac{\partial \sigma}{\partial c}\right)_T$,将这些值代入式(3-15-2)便可求出系列浓度下的溶质吸附量 Γ。

3. 饱和吸附与溶质分子的横截面积

吸附剂对吸附质的吸附量 Γ 与吸附质浓度 c 之间的关系 $\Gamma = f(c)$,可用兰格缪尔(Langmuir)单分子层吸附等温式表示:

$$\Gamma = \Gamma_\infty \frac{kc}{1+kc} \tag{3-15-3}$$

式中,Γ_∞ 为饱和吸附量,单位 $\mathrm{mol \cdot m^{-2}}$,即表面被吸附物铺满一层分子时的吸附量;$k$ 为吸附常数。

上式整理得

$$\frac{c}{\Gamma} = \frac{1}{k\Gamma_\infty} + \frac{1}{\Gamma_\infty} c \tag{3-15-4}$$

以 c/Γ 对 c 作图,得一直线,该直线的斜率为 $1/\Gamma_\infty$,由此斜率可求 Γ_∞。

如果以 N 代表 $1\mathrm{m}^2$ 表面上溶质的分子数,则 $N = \Gamma_\infty L$。再结合所求得的 Γ_∞,可求得每个溶质分子的截面积 A_s:

$$A_s = \frac{1}{\Gamma_\infty L} \tag{3-15-5}$$

式中,L 为阿伏伽德罗常数。

若已知溶质的密度 ρ,分子量 M,就可计算出吸附层厚度 δ:

$$\delta = \frac{\Gamma_\infty M}{\rho} \tag{3-15-6}$$

4. 最大泡压法测表面张力的原理

测定溶液的表面张力有多种方法,较为常用的是最大泡压法,见图3-15-1。

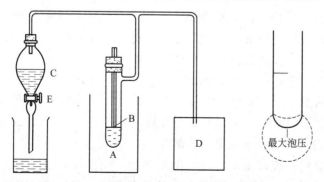

图 3-15-1　最大泡压法测液体表面张力装置与最大泡压示意图
A—试管;B—细玻璃管;C—抽气管;D—压力计;E—活塞

如图 3-15-1 所示，B 是管端为毛细管的玻璃管，与液面相切。毛细管中大气压为 p_0。试管 A 中气压为 p，当打开活塞 E 时，C 中的水流出，体系压力 p 逐渐减小，逐渐把毛细管液面压至管口，形成气泡。在形成气泡的过程中，液面半径经历：大→小→大，即中间有一极小值 $r_{\min}=r_毛$，此时，气泡的曲率半径最小，根据拉普拉斯公式，气泡承受的压力差最大：

$$\Delta p = p_0 - p = 2\sigma/r \tag{3-15-7}$$

此压力差可由压力计 D 读出，故待测液的表面张力为：

$$\sigma = r \times \Delta p/2 \tag{3-15-8}$$

若用同一支毛细管测两种不同液体，其表面张力分别为 σ_1、σ_2，压力计测得压力差分别为 Δp_1、Δp_2，则：

$$\sigma_1/\sigma_2 = \Delta p_1/\Delta p_2 \tag{3-15-9}$$

若其中一种液体的 σ_1 已知，例如水，则另一种液体的表面张力可由上式求得，即

$$\sigma_2 = (\sigma_1/\Delta p_1) \times \Delta p_2 = K \times \Delta p_2 \tag{3-15-10}$$

$$K = \sigma_1/\Delta p_1 \tag{3-15-11}$$

式中，K 称为仪器常数（或称毛细管常数，$K=r/2$），可用某种已知表面张力的液体（常用蒸馏水）测得。

三、仪器和试剂

最大泡压法表面张力仪 1 套；精密数字压力计 1 套；洗耳球 1 个；刻度移液管（25mL）1 支；刻度移液管（1mL）2 支；洗瓶 1 个；烧杯 2 个。

正丁醇（分析纯）；蒸馏水。

四、实验步骤

1. 仪器准备与检漏

(1) 将洁净的表面张力仪的各组成部分连接好（图 3-15-1）。

(2) 将自来水注入抽气管 C 中。

(3) 在试管 A 中注入准确量（如 50mL）蒸馏水，使毛细管 B 下端较深地浸入到水中；打开活塞 E，这时抽气管 C 中的水流出，使体系内的压力降低（注意：勿降低到使毛细管口冒泡），当压力计指示出若干压力差时，关闭活塞 E，停止抽气。若 2~3min 内，压力计指示压力差不变，则说明体系不漏气，可以进行下一步实验。

2. 仪器常数 K 的测量

调节毛细管或液面高度，使毛细管口与水面相切。打开活塞 E 抽气，调节抽气速度，使气泡由毛细管尖端成单泡逸出，且每个气泡形成的时间为 6~10s。若形成时间太短，则吸附平衡来不及在气泡表面建立起来，测得的表面张力也不能反映该浓度之真正的表面张力值。在形成气泡的过程中，液面半径经历：大→小→大，同时压力差计指示值的绝对值则经历：小→大→小的过程，记录下绝对值最大的压力差，共三次，取其平均值。再由附录九，查出实验温度时水的表面张力 σ_1，计算仪器常数。

3. 系列浓度正丁醇水溶液表面张力的测定

在上述体系中，用移液管移入 0.100mL 正丁醇，用洗耳球打气数次（注意打气时，务必使体系成为敞开体系），使溶液浓度均匀，然后调节液面与毛细管端相切，用测定仪器常数的方法测定压力计的压力差。然后依次加入 0.200mL、0.200mL、0.200mL、0.500mL、

0.500mL、1.00mL、1.00mL 正丁醇，每加一次测定一次压力差 $\Delta p_{\max}$。正丁醇的量一直加到饱和为止，这时压力计的 $\Delta p_{\max}$ 值几乎不再随正丁醇的加入而变化。

五、数据记录和处理

1. 将实验结果填入下表。

实验温度_____℃；大气压_____Pa；试管 A 中蒸馏水注入体积_____mL；
$\sigma_{水}=$_____$N \cdot m^{-1}$；毛细管常数 $K=$_____。

正丁醇增量 /mL	正丁醇量 /mL	$\Delta p_{\max}$/Pa				Γ/mol·m^{-2}
		1	2	3	平均值	
0.10						
0.20						
0.20						
0.20						
0.50						
0.50						
1.00						
1.00						

2. 查得实验温度下纯水的表面张力数据，按式(3-15-11)求出毛细管常数 K。
3. 分别计算各浓度正丁醇水溶液的 σ 值。
4. 以浓度 c 为横坐标，以 σ 为纵坐标作 σ-$f(c)$ 图，连成平滑曲线。
5. 在曲线上取 10 个点（不一定是原实验浓度），求出曲线上不同浓度 c 点处的斜率 $d\sigma/dc$。
6. 根据吉布斯方程求不同浓度 c 时的吸附量 Γ。
7. 列出 c、$(d\sigma/dc)_T$、Γ、c/Γ 的对应数据，以 c/Γ 对 c 作图，从直线的斜率求出 Γ_{∞}，并计算出正丁醇分子的截面积 A_s。

六、注意事项

1. 仪器系统不能漏气。
2. 所用毛细管必须干净、干燥，应保持垂直，测量时其管口刚好与液面相切。
3. 读取压力计的压差时，应取气泡单个逸出时的最大压力差。

七、思考题

1. 用最大泡压法测定表面张力时为什么要读最大压差？
2. 如果将毛细管末端插入到溶液内部进行测量行吗？为什么？
3. 表面张力仪（玻璃器皿）的清洁与否和温度的不恒定对测量数据有何影响？
4. 为什么要求从毛细管中逸出的气泡必须均匀而间断？如何控制出泡速度？若出泡速度太快对表面张力测定值有何影响？

实验十六 黏度法测定高聚物的分子量

一、实验目的

1. 测定聚乙烯醇（或聚乙二醇）的黏均分子量。
2. 掌握用乌贝路德（Ubbelohde）黏度计测定黏度的方法。

二、实验原理

分子量是物质的重要特征之一，对于高聚物而言，亦是如此。高聚物分子量是表征聚合物特征的基本参数之一，分子量不同，高聚物的性能亦不同。因此，测定高聚物的分子量对其实际生产和应用具有重要意义。高聚物分子量大小不一，参差不齐，一般在 $10^3 \sim 10^7$ 之间，因此，通常所测高聚物的分子量是平均分子量。

测定高聚物分子量的方法较多，对线型高聚物，各方法适用的分子量范围如下：

端基分析：$< 3 \times 10^4$

沸点升高，凝固点降低，等温蒸馏：$< 3 \times 10^4$

渗透压：$10^4 \sim 10^6$

光散射：$10^4 \sim 10^7$

起离心沉降及扩散：$10^4 \sim 10^7$

黏度法：$10^4 \sim 10^7$

其中，黏度法设备简单，操作方便，具有较高的实验精度。但黏度法不是测分子量的绝对方法，因为此法中所用的特性黏度与分子量的经验方程是要用其它方法来确定的，高聚物不同，溶剂不同，分子量范围不同，就要用不同的经验方程式。

高聚物在稀溶液中的黏度，主要反映了液体在流动时存在的内摩擦。在测高聚物溶液黏度求分子量时，常用到下面一些名词（表 3-16-1）。

表 3-16-1 不同黏度的定义

名词与符号	物理意义
纯溶剂黏度 η_0	溶剂分子与溶剂分子间的内摩擦表现出来的黏度
溶液黏度 η	溶剂分子与溶剂分子之间、高分子与高分子之间、高分子与溶剂分子之间，三者内摩擦的综合表现
相对黏度 η_r	$\eta_r = \eta/\eta_0$，溶液黏度对溶剂黏度的相对值
增比黏度 η_{sp}	$\eta_{sp} = (\eta - \eta_0)/\eta_0 = \eta/\eta_0 - 1 = \eta_r - 1$，高分子与高分子之间、高分子与纯溶剂之间的内摩擦效应
比浓黏度 η_{sp}/c	单位浓度下的增比黏度
比浓对数黏度 $\ln\eta_r/c$	单位浓度下相对黏度的对数
特性黏度 $[\eta]$	$[\eta] = \lim\limits_{c \to 0} \dfrac{\eta_{sp}}{c}$，反映高分子与溶剂分子之间的内摩擦

如果高聚物的分子量越大，则它与溶剂间的接触面也越大，摩擦就越大，表现出的特性黏度也大。特性黏度 $[\eta]$ 和分子量之间的关系可用 Mark-Houwink 方程式表示：

$$[\eta] = K\overline{M}^\alpha \tag{3-16-1}$$

式中，$\overline{M}$ 为黏均分子量；K 为比例常数；α 是与分子形状有关的经验参数。K 和 α 值与温度、聚合物、溶剂性质有关，也和分子量大小有关。K 值受温度的影响较明显，而 α 值主要取决于高分子线团在某温度下、某溶剂中舒展的程度，其数值介于 0.5～1 之间。K 与 α 的数值可通过其它绝对方法确定，例如渗透压法、光散射法等。从黏度法只能测定得 $[\eta]$。

在无限稀释条件下：

$$[\eta] = \lim_{c \to 0} \frac{\eta_{sp}}{c} = \lim_{c \to 0} \frac{\ln \eta_r}{c} \tag{3-16-2}$$

因此，我们获得 $[\eta]$ 的方法有两种：一种是以 η_{sp}/c 对 c 作图，外推到 $c \to 0$ 的截距值；另一种是以 $\ln \eta_r/c$ 对 c 作图，也外推到 $c \to 0$ 的截距值；如图 3-16-1 所示，两条线应会合于一点，这也可校核实验的可靠性。在高聚物的稀薄溶液中，这两条直线分别符合下述经验关系式：

$$\frac{\eta_{sp}}{c} = [\eta] + k'[\eta]^2 c$$

$$\frac{\ln \eta_r}{c} = [\eta] + \beta[\eta]^2 c \tag{3-16-3}$$

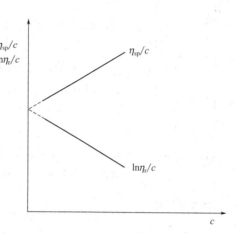

图 3-16-1 外推法求 $[\eta]$

式中，k' 和 β 分别称为 Huggins 常数和 Kramer 常数。

测定黏度的方法主要有毛细管流出法、转筒法和落球法。

在测定高聚物的特性黏度时，以毛细管流出法的黏度计最为方便。若液体在毛细管黏度计中，因重力作用流出时，可通过泊肃叶（Poiseuille）公式计算黏度。

$$\frac{\eta}{\rho} = \frac{\pi h g r^4 t}{8LV} - m \frac{V}{8\pi L t} \tag{3-16-4}$$

式中，η 为液体的黏度；ρ 为液体的密度；L 为毛细管的长度；r 为毛细管的半径；t 为流出的时间；h 为流过毛细管液体的平均液柱高度；V 为流经毛细管的液体体积；g 为重力加速度；m 为毛细管末端校正的参数（一般在 $r/L \ll 1$ 时，可以取 $m=1$）。

对于某一只指定的黏度计而言，式(3-16-4)可以写成下式：

$$\frac{\eta}{\rho} = At - \frac{B}{t} \tag{3-16-5}$$

式中，$B<1$；当流出的时间 t 在 2min 左右（大于 100s），等式右侧第二项（亦称动能校正项）可以忽略。又因通常测定是在稀溶液中进行（$c<1\times10^{-2}\,\text{g}\cdot\text{cm}^{-3}$），所以溶液的密度和溶剂的密度近似相等，因此可将 η_r 写成：

$$\eta_r = \frac{\eta}{\eta_0} = \frac{t}{t_0} \tag{3-16-6}$$

式中，t 为溶液的流出时间；t_0 为纯溶剂的流出时间。

所以，通过溶剂和溶液在毛细管中的流出时间，从式(3-16-6)求得 η_r，再由图 3-16-1 求得 $[\eta]$。最终利用式(3-16-1)即可求得高聚物的黏均分子量 $\overline{M}$。

三、仪器和试剂

恒温槽 1 套；乌贝路德黏度计 1 支；移液管（10mL，5mL，2mL，1mL）各 2 支；停

表1块;洗耳球1个;螺旋夹1个;橡皮管(约5cm长)2根;吹风机1个。
聚乙烯醇水溶液(5×10^{-3} g·mL^{-1}),或聚乙二醇水溶液;蒸馏水。

四、实验步骤

本实验用的乌贝路德黏度计,又称气承悬柱式黏度计。它的最大优点是可以在黏度计里逐渐稀释从而节省许多操作手续,其构造如图 3-16-2 所示。

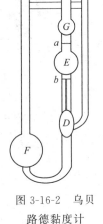

图 3-16-2　乌贝路德黏度计

先用洗液将黏度计洗净,再用自来水、蒸馏水分别冲洗几次,每次都要注意反复流洗毛细管部分,洗好后烘干备用。

调节恒温槽温度至 (25.0 ± 0.1)℃,在黏度计的 B 管和 C 管上都套上橡皮管,然后将其垂直放入恒温槽,使水面完全浸没 G 球。

1. 溶液流出时间的测定

用移液管准确移取已知浓度的聚乙烯醇水溶液 12mL,由 A 管注入黏度计,恒温 10min,进行测定。测定方法如下:将 C 管用夹子夹紧使之不通气,在 B 管用洗耳球将溶液从 F 球经 D 球、毛细管、E 球抽至 G 球 2/3 处,解去夹子,让 C 管通大气,此时 D 球内的溶液即回入 F 球,使毛细管以上的液体悬空。毛细管以上的液体下落,当液面流经 a 刻度时,立即按停表开始记时间,当液面降至 b 刻度时,再按停表,测得刻度 a、b 之间的液体流经毛细管所需时间。重复这一操作至少三次,它们之间相差不大于 0.3s,取三次的平均值为 t_1。

然后依次由 A 管用移液管加入 2mL、3mL、5mL、10mL 蒸馏水,将溶液稀释,使溶液浓度分别为 c_2、c_3、c_4、c_5,用同法测定每份溶液流经毛细管的时间 t_2、t_3、t_4、t_5。应注意每次加入蒸馏水后,要充分混合均匀,并抽洗黏度计的 E 球和 G 球,使黏度计内溶液各处的浓度相等。

2. 纯溶剂流出时间的测定

用蒸馏水洗净黏度计,尤其要反复流洗黏度计的毛细管部分。然后由 A 管加入 12mL 蒸馏水。用同法测定溶剂的流出时间 t_0。

实验完毕后,黏度计一定要用蒸馏水洗涤干净。

五、数据记录和处理

1. 将所测的实验数据及计算结果填入下表中。

原始溶液浓度 c_0 _____ g·mL^{-1};恒温温度 _____ ℃。

c/g·mL^{-1}	t_I/s	t_II/s	t_III/s	$t_{平均}$/s	η_r	$\ln\eta_\mathrm{r}$	η_sp	η_sp/c	$\ln\eta_\mathrm{r}/c$
c_1									
c_2									
c_3									
c_4									
c_5									

2. 作 η_sp/c-c 及 $\ln\eta_\mathrm{r}/c$-c 图,并外推到 $c\to 0$ 由截距求出 $[\eta]$。

3. 由式(3-16-1)计算聚乙烯醇的黏均分子量。

备注:K 和 α 参数数值如下。

聚乙烯醇水溶液在 25℃时，$K=0.02\text{mL}\cdot\text{g}^{-1}$，$\alpha=0.76$；在 30℃时，$K=0.0666\text{mL}\cdot\text{g}^{-1}$，$\alpha=0.64$。聚乙二醇水溶液在 25℃时，$K=0.1560\text{mL}\cdot\text{g}^{-1}$，$\alpha=0.50$；在 30℃时，$K=0.0125\text{mL}\cdot\text{g}^{-1}$，$\alpha=0.78$。

六、注意事项

1. 黏度计必须洁净，高聚物溶液中若有絮状物，不能将它移入黏度计中。
2. 本实验溶液的稀释是直接在黏度计中进行的，因此每加入一次溶剂进行稀释时必须混合均匀。
3. 实验过程中恒温槽的温度要恒定，溶液每次稀释恒温后才能测量。
4. 黏度计应垂直放置；实验过程中不要振动黏度计。

七、思考题

1. 乌贝路德黏度计中支管 C 有何作用？除去支管 C 是否可测定黏度？
2. 黏度计的毛细管太粗或太细有什么缺点？
3. 为什么用 $[\eta]$ 来求算高聚物的分子量？它和纯溶剂黏度有无区别？

实验十七　醋酸在活性炭上的吸附

一、实验目的

1. 用溶液吸附法测定活性炭的比表面积。
2. 了解溶液吸附法测定比表面积的基本原理。

二、实验原理

比表面积是指单位质量（或单位体积）的物质所具有的表面积，其数值与分散粒子的大小有关。测定固体比表面积的方法很多，如BET低温吸附法、电子显微镜法和气相色谱法，但这些方法均需要复杂的仪器设备或较长的实验时间。相比而言，溶液吸附法仪器简单，操作方便。此法虽然误差较大，但比较实用。

本实验用醋酸溶液吸附法测定活性炭的比表面积。

实验表明，在一定浓度范围内，活性炭对有机酸的吸附符合兰格缪尔（Langmuir）吸附等温方程：

$$\Gamma = \Gamma_\infty \frac{Kc}{1+Kc} \tag{3-17-1}$$

式中，Γ 表示吸附量，通常指单位质量吸附剂上吸附溶质的摩尔数；Γ_∞ 表示饱和吸附量；c 表示吸附平衡时溶液的浓度；K 为常数。

将（3-17-1）式整理可得如下形式：

$$\frac{c}{\Gamma} = \frac{1}{\Gamma_\infty K} + \frac{1}{\Gamma_\infty} c \tag{3-17-2}$$

作 c/Γ-c 图，得一直线，由此直线的斜率和截距可求常数 K 和 Γ_∞。

如果用醋酸作吸附质测定活性炭的比表面积时，按照 Langmuir 单分子层吸附理论模型，假定吸附质分子在吸附剂表面上是直立的，利用活性炭在醋酸溶液中的吸附作用可测定活性炭的比表面积（S_0）。可按下式计算：

$$S_0 = \Gamma_\infty \times 6.023 \times 10^{23} \times 2.43 \times 10^{-19} \tag{3-17-3}$$

式中，S_0 为比表面积，$m^2 \cdot kg^{-1}$；Γ_∞ 为饱和吸附量，$mol \cdot kg^{-1}$；6.023×10^{23} 为阿伏伽德罗常数；2.43×10^{-19} 为每个醋酸分子所占据的面积，m^2。

三、仪器和试剂

带塞三角瓶（250mL）5个；三角瓶（150mL）5个；滴定管1支；漏斗；移液管；电动振荡器1台；定性滤纸。

活性炭；HAc 溶液（0.4mol·L^{-1}）；标准 NaOH 溶液（0.1mol·L^{-1}）；酚酞指示剂。

四、实验步骤

1. 准备5个洗净干燥的带塞三角瓶，分别称取约1g（准确到0.001g）的活性炭，并将5个三角瓶标明号数，用滴定管分别按下列数量加入蒸馏水与醋酸溶液。

瓶号	1	2	3	4	5
$V_{蒸馏水}$/mL	50.00	70.00	80.00	90.00	95.00
$V_{醋酸溶液}$/mL	50.00	30.00	20.00	10.00	5.00

2. 将各瓶溶液配好以后，用磨口瓶塞塞好，并在塞上加橡皮圈以防塞子脱落，摇动三角瓶，使活性炭均匀悬浮于醋酸溶液中，然后将瓶放在振荡器上，盖好固定板，振荡 30min。

3. 振荡结束后，用干燥漏斗过滤，为了减少滤纸吸附影响，将开始过滤的约 5mL 滤液弃去，其余溶液滤于干燥三角瓶中。

4. 从 1、2 号瓶中各取 15.00mL，从 3、4、5 号瓶中各取 30.00mL 醋酸溶液，用标准 NaOH 溶液滴定，以酚酞为指示剂，每瓶滴三份，求出吸附平衡后醋酸的浓度。

5. 用移液管取 5.00mL 原始 HAc 溶液并标定其准确浓度。

五、数据记录和处理

1. 将实验数据列表。

瓶号	活性炭重 m/kg	起始浓度 c_0/mol·L^{-1}	平衡浓度 c/mol·L^{-1}	吸附量 Γ/mol·kg^{-1}	$c\Gamma^{-1}$/kg·dm^{-3}
1					
2					
3					
4					
5					

2. 计算各瓶中醋酸的起始浓度 c_0，平衡浓度 c 及吸附量 Γ（mol·kg^{-1}）。

$$\Gamma = \frac{c_0 - c}{m} V$$

式中，V 为溶液的总体积，L；m 为加入溶液中吸附剂质量，kg。

3. 以吸附量 Γ 对平衡浓度 c 作等温线。

4. 作 c/Γ-c 图，并求出常数 K 和 Γ_∞。

5. 由 Γ_∞ 计算活性炭的比表面积。

六、注意事项

1. 标准溶液的浓度要准确配制。

2. 活性炭颗粒要均匀。

3. 振荡时间要充足，以达到吸附饱和。

七、思考题

1. 比表面积的测定与温度、吸附质的浓度、吸附剂颗粒、吸附时间等有什么关系？

2. 实验中为什么必须用干过滤的方法过滤活性炭？

实验十八　电泳和电渗

一、实验目的

1. 了解ζ电势及双电层结构的产生原理。
2. 掌握电泳法和电渗法测定ζ电势的原理和方法。
3. 加深对电动现象的理解。

二、实验原理

溶胶的制备方法分为分散法和凝聚法。分散法是用适当方法把较大的物质颗粒变为胶体大小的微粒；凝聚法是先制成难溶物的分子（或离子）的过饱和溶液，再使之相互结合成胶体粒子而得到溶胶。$Fe(OH)_3$溶胶的制备就是采用化学法即通过化学反应使生成物呈过饱和状态，然后粒子再结合成溶胶。

制成的胶体体系中常含有其它杂质，过多杂质离子的存在会影响其稳定性，因此必须纯化。常用的纯化方法是半透膜渗析法。

在胶体分散体系中，分散在介质中的胶粒由于自身的电离或对某些离子的选择性吸附，使胶粒的表面带有一定的电荷，同时在胶粒附近的介质中必然分布有与胶粒表面电性相反而电荷数量相同的反离子，形成一个扩散双电层。

在外电场作用下，胶粒向异性电极方向移动，在带电胶粒相对运动的边界处溶液本体会产生一个电势差，称为电动电势，用符号ζ表示。ζ电势与胶粒的性质、介质成分及胶体的浓度有关。ζ电势随吸附层中离子浓度、电荷性质的变化而变化。ζ电势的大小影响着胶粒在电场中的移动速度。不仅如此，ζ电势还影响着胶体的稳定性，ζ绝对值越大，表明胶粒电荷越多，胶粒间斥力越大，胶体越稳定（不易沉降）；反之，ζ电势趋于零时，溶胶有聚沉现象。因此，无论制备或破坏胶体，都需要研究胶体的ζ电势。

电动现象是指溶胶粒子的运动与电性能的关系，包括电泳、电渗、流动电势和沉降电势。电动现象的实质是由于双电层结构的存在，其紧密层和扩散层中各具有相反的剩余电荷，在外电场或外压作用下，它们发生相对移动。

原则上，任何一种电动现象都可以用来测定ζ电势。其中最常用的是电泳法和电渗法。

1. 电泳原理

在外电场作用下，胶粒向异性电极定向泳动，这种胶粒向正极或负极定向移动的现象称为电泳。电泳法分两类：宏观法和微观法。宏观法原理是通过观察溶胶与另一种不含胶粒的导电液体的清晰界面在电场中移动速度来测定ζ电势。微观法则是直接测定单个胶粒在电场作用下的移动速度。对于高分散的溶胶，如$Fe(OH)_3$溶胶，不易观察单个粒子的移动，只能用宏观法。对于颜色很浅或浓度很稀的溶胶，则适宜用微观法。ζ电势可依照电泳公式计算得到。

当带电的胶粒在外电场作用下移动时，若胶粒的电荷为q，两极间的电位梯度为ω，则胶粒受到的静电力为：

$$F_1 = q\omega \tag{3-18-1}$$

球形胶粒在介质中运动受到的阻力按斯托克斯（Stokes）定律：

$$F_2 = 6\pi\eta r u \tag{3-18-2}$$

式中，η 为介质的黏度；r 为胶粒半径；u 为胶粒运动速度。若胶粒运动速度 u 达到恒定，则

$$q\omega = 6\pi\eta r u \tag{3-18-3}$$

$$u = \frac{q\omega}{6\pi\eta r} \tag{3-18-4}$$

胶体的 ζ 电势为：

$$\zeta = \frac{q}{\varepsilon r} \tag{3-18-5}$$

代入式(3-18-4) 得：

$$\zeta = \frac{6\pi\eta u}{\varepsilon\omega} \tag{3-18-6}$$

式(3-18-6) 适用于球形胶粒。对于棒状胶粒，电泳速度为：

$$u = \frac{\varepsilon\omega\zeta}{4\pi\eta} \tag{3-18-7}$$

或

$$\zeta = \frac{4\pi\eta u}{\varepsilon\omega} \tag{3-18-8}$$

因此，对于不同形状的胶粒，其 ζ 电势均可根据亥姆霍兹方程式(3-18-9) 计算：

$$\zeta = \frac{K\pi\eta u}{\varepsilon\omega} \tag{3-18-9}$$

式中，K 为与胶粒形状有关的常数（对于球形胶粒 $K=6$，棒形胶粒 $K=4$，在实验中均按棒形胶粒看待）；η 为介质的黏度；u 为电泳速度；ε 为介质的介电常数；ω 为电位梯度，即单位长度上的电位差（E/L）。

由式(3-18-9) 知，对于一定溶胶而言，若固定外电场在两极间的电位差 E 和两极间的距离 L，测得胶粒的电泳速度（$u=d/t$，d 为胶粒移动的距离，t 为通电时间），就可以求算出 ζ 电势。

用式(3-18-9) 计算 ζ 电势时，应注意式中各物理量的单位，用 SI 单位，计算所得 ζ 电势单位为伏特。

2. 电渗原理

在外加电场作用下，分散介质对分散相发生相对移动，称为电渗。

在电渗实验中，实际观察到的是分散介质通过固定的多孔膜或极细的毛细管的现象。

电渗的实验方法原则上是要设法使所要研究的分散相质点固定在静电场中（通以直流电），让能导电的分散介质向某一方向流经刻度毛细管，从而测量出其流量、在测量出（或查出）相同温度下分散介质的特性常数和通过的电流后，即可算出 ζ 电势。可根据式(3-18-10) 求出 ζ 电势：

$$\zeta = \frac{4\pi\eta\kappa v}{\varepsilon I} \tag{3-18-10}$$

由式(3-18-10) 知，欲求算 ζ 电势，只需测定电场作用下通过液体介质的电流强度 I 值、介质的电导率 κ 和单位时间内液体流过毛细管的流量 v，而 ε、η 值可从手册中查得。

用式(3-18-10) 计算 ζ 电势时，应注意式中各物理量的单位，用 SI 单位，计算所得 ζ 电势单位为伏特。

三、仪器和试剂

1. 电泳实验仪器和试剂

电泳管 1 支;直流稳压电源 1 台;直流电压表 1 台;铂电极 2 支;秒表 1 块;电导率仪 1 台;恒温槽 1 套;万用电炉 1 台;滴管 1 支;锥形瓶(250mL) 1 个;烧杯(800mL、250mL、100mL)各 1 个;容量瓶(100mL) 1 个。

火棉胶液;10% $FeCl_3$ 溶液;1% KCNS 溶液;1% $AgNO_3$ 溶液;稀 HCl 溶液;蒸馏水。

2. 电渗实验仪器和试剂

电渗管 1 支;直流电源(200~1000V)(也可用 B 电池串联代替) 1 台;直流毫安表 1 块;停表 1 块。

二氧化硅粉末或石英砂(80~100 目);蒸馏水。

四、实验步骤

(一) 电泳实验具体操作

1. $Fe(OH)_3$ 溶胶的制备及纯化

(1) 半透膜的制备

在一个内壁洁净、干燥的 250mL 锥形瓶中,加入约 10mL 火棉胶液,小心转动锥形瓶,使火棉胶液黏附在锥形瓶内壁上形成均匀薄层,倾出多余的火棉胶于回收瓶中。此时锥形瓶仍需倒置,并不断旋转,待剩余的火棉胶流尽,使瓶中的乙醚蒸发至已闻不出气味为止(此时用手轻触火棉胶膜,已不粘手)。然后再往瓶中注满水(若乙醚未蒸发完全,加水过早,则半透膜发白),浸泡 10min。倒出瓶中的水,小心用手分开膜与瓶壁之间隙。慢慢注水于夹层中,使膜脱离瓶壁,轻轻取出,在膜袋中注入水,观察有否漏洞,如有小漏洞,可将此洞周围擦干,用玻璃棒蘸取火棉胶补之。制好的半透膜不用时,要浸放在蒸馏水中。

(2) 用水解法制备 $Fe(OH)_3$ 溶胶

在 250mL 烧杯中,加入 100mL 蒸馏水,加热至沸,慢慢滴入 5mL 10% $FeCl_3$ 溶液,并不断搅拌,加完后继续保持沸腾 5min,即可得到红棕色的 $Fe(OH)_3$ 溶胶,其结构式可表示为 $\{m[Fe(OH)_3]nFeO^+(n-x)Cl^-\}^{x+} xCl^-$。在胶体体系中存在过量的 H^+、Cl^- 等离子需要除去。

(3) 用热渗析法纯化 $Fe(OH)_3$ 溶胶

将制得的 40mL $Fe(OH)_3$ 溶胶,注入半透膜内用线拴住袋口,置于 800mL 的清洁烧杯中,杯中加蒸馏水约 300mL,维持温度在 60℃左右,进行渗析。每 30min 换一次蒸馏水,2h 后取出 1mL 渗析水,分别用 1% $AgNO_3$ 及 1% KCNS 溶液检查是否存在 Cl^- 及 Fe^{3+},如果仍存在,应继续换水渗析,直到检查不出为止,将纯化过的 $Fe(OH)_3$ 溶胶移入一清洁干燥的 100mL 小烧杯中待用。

2. 配制 HCl 溶液

调节恒温槽温度为 (25.0±0.1)℃,用电导率仪测定 $Fe(OH)_3$ 溶胶在 25℃时的电导率,然后配制与之相同电导率的 HCl 溶液。方法是根据相关手册所给出的 25℃时 HCl 电导率与浓度关系,用内插法求算与该电导率对应的 HCl 浓度,并在 100mL 容量瓶中配制该浓度的 HCl 溶液。

3. 装置仪器和连接线路

用蒸馏水洗净电泳管后，再用少量溶胶洗一次，将渗析好的 Fe(OH)$_3$ 溶胶倒入电泳管中，使液面超过活塞 2、3。关闭这两个活塞，把电泳管倒置，将多余的溶胶倒净，并用蒸馏水洗净活塞 2、3 以上的管壁。打开活塞 1，用自己配制的 HCl 溶液冲洗一次后，再加入该溶液，并超过活塞 1 少许。插入铂电极按照装置图 3-18-1 连接好线路。

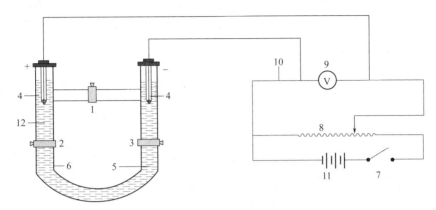

图 3-18-1 电泳仪器装置图

1，2，3—活塞；4—Pt 电极；5—Fe(OH)$_3$ 溶胶；6—电泳管；7—电键；8—滑线电阻；
9—直流电压表；10—电源线路；11—直流稳压电源；12—HCl 溶液

4. 测定溶胶电泳速度

同时打开活塞 2 和 3，关闭活塞 1，打开电键 7，经教师检查后，接通直流稳压电源 11，调节电压为 100V。接通电键 7，迅速调节电压为 100V，并同时计时和准确记下溶胶在电泳管中液面位置，约 1h 后断开电源，记下准确的通电时间 t 和溶胶面上升的距离 d，从伏特计上读取电压 E，并且量取两极之间的距离 L。

实验结束后，拆除线路。用自来水洗电泳管多次，最后用蒸馏水洗两次。

（二）电渗实验具体操作

1. 安装电渗仪

电渗仪的实验装置如图 3-18-2 所示。刻度毛细管通过连通管分别与铂丝电极相连（为使加于样品两端之电场均匀，最好用两个铂片电极）。A 管内装粉末样品，A 管两端为多孔薄瓷板，在毛细管的一端接有另一根毛细管 G，G 的上端装一段乳胶管，乳胶管只可用一弹簧夹夹紧。通过 G 管可将一个测量流速用的空气泡压入毛细管中。

2. 装入样品

将 80～100 目的 SiO$_2$ 粉与蒸馏水拌和的糊状物用滴管注入 A 管中，盖上瓶塞磨口塞。水分经多孔薄瓷板滤出，拔去两个铂电极，从电极管口注入蒸馏水，至铂丝电极能浸入水中为止。检查不漏水后，插上铂电极。用洗耳球从 G 管压入一小气泡至毛细管的一端，夹紧螺夹。将整个电渗仪浸入恒温槽（25±0.1）℃中，恒温 10min 以待测定。

3. 测定 u、I 和 κ 值

在电渗仪的两钼丝电极间接上 200～1000V 的直流电源，中间串一毫安表、耐高压的电源开关 K 和换向开关，如图 3-18-2 所示。调节电源电压，使电渗时电渗仪毛细管中的气泡从一端刻度至另一端刻度行程时间约 20s。然后准确测定此时间。利用换向开关，可使两电

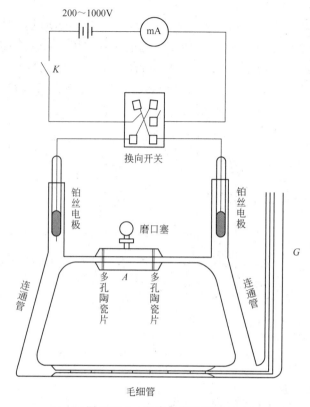

图 3-18-2 电渗仪实验装置

极的极性变换,而使电渗方向倒向。由于电源电压较高,操作时应先切断电源开关,然后改换换向开关,再接上耐高压的电源开关,反复测量正、反向电渗时流量 v 值各 5 次,同时由毫安表读下电流 I。

改变电源电压,使毛细管中气泡行程时间分别改为 15s、25s。按上述方法分别测量相应的流量 v 和电流 I。

最后,拆去电渗仪电源,用电导仪测定电渗仪中蒸馏水的电导率 κ。

注意:由于使用高压电源,操作时应注意安全。

五、数据记录和处理

(一) 电泳实验数据记录和处理

1. 将实验数据记录如下。

电泳时间=____ s;电压=____ V;两电极间距离=____ cm;界面移动距离=____ cm。

2. 将数据代入式(3-18-9)中计算 ζ 电势。

备注:不同温度时,水的介电常数按 $\varepsilon_T = 80 - 0.4 \times (T - 293)$($T$ 的单位为 K)计算。

(二) 电渗实验数据记录和处理

计算各次电渗测定的 v/I 值,并取平均值;将所测的电渗仪中蒸馏水的电导率 κ 和 v/I 平均值代入式(3-18-10),可求得二氧化硅对水的 ζ 电势。

六、注意事项

1. 电泳实验中,在制备半透膜时,一定要使整个锥形瓶的内壁上均匀地附着一层火棉胶液，在取出半透膜时，一定要借助水的浮力将膜托出。

2. 电泳实验中，制备 Fe(OH)$_3$ 溶胶时，FeCl$_3$ 一定要逐滴加入，并不断搅拌。

3. 电泳实验中，纯化 Fe(OH)$_3$ 溶胶时，换水后要渗析一段时间再检查 Fe^{3+} 及 Cl$^-$ 的存在。

4. 电泳实验中，量取两电极的距离时，要沿电泳管的中心线量取。

5. 电渗实验时，连续通电使溶液发热，所以最好在恒温条件下测定。

6. 电渗实验时，电渗仪应放置水平，水平与否对实验将产生较大影响，检验方法是观察在 2min 内气泡是否左右移动。

七、思考题

1. 讨论影响 ζ 电势测定的因素有哪些？

2. 电泳实验中，所用的稀盐酸溶液的电导率为什么必须和所测溶胶的电导率相等或尽量接近？

3. 电泳实验中，电泳的速度与哪些因素有关？

4. 电泳实验中，如不用辅助液体，把两电极直接插入溶胶中会发生什么现象？

5. 电渗实验时，为什么毛细管中气泡在单位时间内所移动过的体积就是单位时间内流过试样室 A 的液体量？

6. 电渗实验时，固体粉末样品颗粒太大，测定结果重现性差，可能的原因是什么？

第五节 结构化学、综合设计、研究创新和开放性等提升型实验部分

实验十九 纳米二氧化钛对甲基橙的光催化降解

一、实验目的

1. 掌握多相光催化降解污染物的原理和方法。
2. 测定甲基橙光催化降解反应的速率常数,并确定反应级数。
3. 了解可见光分光光度计的构造和工作原理,掌握分光光度计的使用方法。

二、实验原理

日本学者 Fujishima 和 Honda 于 1972 年在 Nature 杂志上报道了关于 TiO_2 单晶电极上光催化分解水持续产氢的研究,这标志着多相光催化新技术的开始。

光催化技术涉及到原子物理、凝聚态物理、胶体化学、化学反应动力学、催化材料、光化学和环境化学等多个学科,因此光催化技术是集这些学科于一体的新兴学科。

国内外大量研究表明,光催化法能有效地将烃类、卤代有机物、表面活性剂、染料、农药、酚类、芳烃类等有机污染物降解,最终无机化为 CO_2 和 H_2O。因此,光催化技术具有在常温常压下进行、彻底消除有机污染物、无二次污染等优点。

光催化以半导体如 TiO_2、ZnO、CdS、WO_3、SnO_2、ZnS、$SrTiO_3$ 等作催化剂。其中,TiO_2 具有价廉、无毒、化学和物理稳定性好、耐光腐蚀、催化活性高等优点,是目前广泛研究的一类光催化剂。

半导体之所以能作为催化剂,是由其自身的光电特性所决定的。半导体粒子含有能带结构,通常情况下是由一个充满电子的低能价带和一个空的高能导带构成,它们之前由禁带分开。研究证明,当 pH=1 时锐钛矿型 TiO_2 的禁带宽度为 3.2eV,半导体的光吸收阈值 λ_g 与禁带宽度 E_g 的关系为:

$$\lambda_g(nm) = 1240/E_g(eV)$$

当用能量等于或大于禁带宽度的光($\lambda < 387.5nm$ 的近紫外光)照射半导体光催化剂时,半导体价带上的电子吸收光能被激发到导带上,因而在导带上产生带负电的高活性光生电子(e^-),在价带上产生带正电的光生空穴(h^+),形成光生电子-空穴对(图 3-19-1)。光生电子具有强还原性;光生空穴则具有强氧化性。

当光生电子和空穴到达表面时,可发生两类反应。第一类是简单的复合,如果光生电子与空穴没有被利用,则会重新复合,使光能以热能的形式散发掉。

第二类是发生一系列光催化氧化还原反应,还原和氧化吸附在光催化剂表面上的物质。其原理具体如下:

$$TiO_2 + h\nu \longrightarrow e^- + h^+$$
$$OH^- + h^+ \longrightarrow \cdot OH$$
$$H_2O + h^+ \longrightarrow \cdot OH + H^+$$
$$A + h^+ \longrightarrow \cdot A$$

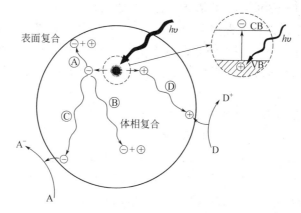

图 3-19-1 半导体光催化过程中的光物理和光化学过程

另一方面，光生电子可以和溶液中溶解的氧分子反应生成超氧自由基，它与 H^+ 离子结合形成 $\cdot OOH$ 自由基：

$$O_2 + e^- + H^+ \longrightarrow \cdot O_2^- + H^+ \rightarrow \cdot OOH$$

$$2HOO\cdot \longrightarrow O_2 + H_2O_2$$

$$H_2O_2 + \cdot O_2^- \longrightarrow \cdot OH + OH^- + O_2$$

$$\cdot O_2^- + 2H^+ \longrightarrow H_2O_2$$

此外，$\cdot OH$、$\cdot OOH$ 和 H_2O_2 之间可以相互转化：

$$H_2O_2 + \cdot OH \longrightarrow \cdot OOH + H_2O_2$$

利用高度活性的羟基自由基 $\cdot OH$ 无选择性地将氧化包括生物难以降解的各种有机物并使之完全矿化。有机物在光催化体系中的反应属于自由基反应。

甲基橙染料是一种常见的有机污染物，无挥发性，且具有相当高的抗直接光分解和氧化的能力；其浓度可采用分光光度法测定，方法简便，常被用作光催化反应的模型反应物。甲基橙的结构式为：

$$(CH_3)_2N-\!\!\!\!\bigcirc\!\!\!\!-N=N-\!\!\!\!\bigcirc\!\!\!\!-SO_3Na$$

从结构上看，它属于偶氮染料，偶氮染料是染料中最多的一种，约占全部染料的 50%。根据已有实验分析，甲基橙是较难降解的有机物，因而以它作为研究对象有一定的代表性。

基于此，本实验以纳米 TiO_2 为光催化剂，以甲基橙为模型有机污染物，利用可见分光光度法研究甲基橙光催化降解反应的动力学。

三、仪器和试剂

可见分光光度计（附玻璃比色皿）1 台；高压汞灯（100W）1 支；玻璃反应器（500mL）1 个；磁力搅拌器 1 台；磁子；恒温水浴 1 套；离心机 1 台；电子天平 1 台；秒表 1 块；移液管（1mL、2mL、10mL）各 2 支；500mL 量筒 1 支；容量瓶（10mL）10 个；洗耳球 1 个；离心管 8 支。

甲基橙贮备液 1L（20mg·L^{-1}）；纳米 TiO_2（P25）；蒸馏水。

四、实验步骤

1. 调整分光光度计

(1) 打开分光光度计电源，预热至稳定。

(2) 调节分光光度计的波长至甲基橙的最大吸收波长465nm。

(3) 打开比色槽盖，即在光路断开时，调节"0"旋钮，使透光率值为0%。取一个比色皿，加入参比溶液蒸馏水，擦干外表面（光学玻璃面应用擦镜纸擦拭），放入比色槽中，确保放蒸馏水的比色皿在光路上，将比色槽盖合上，即光路通时，调节"100"旋钮使透光率值为100%。

2. 甲基橙质量浓度与吸光度的关系

用移液管移取一定量20mg·L^{-1}甲基橙贮备液，分别准确配制成2mg·L^{-1}、4mg·L^{-1}、6mg·L^{-1}、8mg·L^{-1}、10mg·L^{-1}、12mg·L^{-1}、14mg·L^{-1}、16mg·L^{-1}、18mg·L^{-1}、20mg·L^{-1}溶液。在甲基橙的最大吸收波长下，测定甲基橙溶液浓度与其吸光度的线性关系，找出其线性浓度范围[在此低浓度范围内，溶液浓度与吸收呈极显著的正相关（相关系数达0.999以上）]。

3. 甲基橙光催化降解

首先，取500mL 20mg·L^{-1}甲基橙溶液置于玻璃反应器中，然后加入0.2g纳米TiO$_2$催化剂，磁力搅拌使之悬浮。避光搅拌30min，使甲基橙在催化剂的表面达到吸附/脱附平衡。移取4mL溶液于离心管内，离心机离心，取上层清液测其吸光度，记作A_0。

然后，开通冷却水，开启光源，进行光催化反应30min，每隔5min移取4mL反应液，经离心分离后，取上清液进行可见分光光度法分析，并记录吸光度数值A，通过测定反应进程中反应液的吸光度来监测甲基橙的光催化降解脱色效果。

实验完成后，关闭光源、搅拌器、冷却水、分光光度计等，并清洗比色皿。

五、数据记录和处理

1. 记录反应温度、A_0、A等实验数据。利用作图法找出甲基橙浓度与吸光度的线性关系，在此基础上补充完成下表。

反应温度=_____。

甲基橙初始的吸光度A_0=_____。甲基橙初始浓度c_0=_____。

反应时间t/min	0	5	10	15	20	25	30
吸光度A	A_0	A_1	A_2	A_3	A_4	A_5	A_6
甲基橙浓度c/mg·L^{-1}							
c_0-c							
c_0/c							
$\ln(c_0/c)$							
降解率η							

2. 根据实验数据，采用积分法中的作图法确定该催化反应的反应级数$n=$_____，甲基橙降解的速率常数$k(\text{TiO}_2)=$_____。

说明：一般表面催化反应更多的是表现为零级反应，但并非全部。TiO$_2$光催化降解甲基橙反应属于典型的表面催化反应，为确定其反应级数和求得其速率常数，可采用积分法中的作图法根据实验数据进行尝试。例如：

零级反应：$c_0-c=kt$

一级反应：$\ln(c_0/c) = kt$

......

其中，c_0 为光照前降解液浓度；c 为降解后的浓度；k 为某温度下速率常数。

3. 根据实验数据，请作出甲基橙降解率曲线图（$\eta\text{-}t$ 图），并简要分析。

说明：甲基橙降解率计算公式：

$$\eta = (c_0 - c)/c_0$$

由于在低浓度范围内，甲基橙溶液浓度和它的吸光度呈线性关系，所以降解脱色率又可以由吸光度计算，即

$$\eta = (A_0 - A)/A_0$$

式中，A_0 为光照前降解液吸光度；A 为降解后吸光度。

六、思考题

1. 用可见分光光度计测试甲基橙浓度的原理是什么？
2. 实验中，为什么用蒸馏水作参比溶液来调节分光光度计的透光率值为 100%？一般选择参比溶液的原则是什么？
3. 甲基橙溶液需要准确配制吗？
4. 离心效果好坏是否影响对吸光度的测定？
5. 甲基橙光催化降解速率与哪些因素有关？
6. 如何确定甲基橙的光催化降解反应级数？

实验二十　X射线粉末衍射法物相分析

一、实验目的

1. 了解 X 射线粉末衍射技术的基本原理。
2. 熟悉 X 射线粉末衍射仪的构造、使用方法以及粉末样品的制备方法。
3. 根据 X 射线粉末衍射图谱，分析鉴定多晶样品的物相。

二、基本原理

X 射线衍射（XRD）是多种物质，包括从流体、粉末到完整晶体，重要的无损分析工具。它是物质结构表征、以性能为导向研制与开发新材料、宏观表象转移至微观认识、建立新理论和质量控制不可缺少的方法，对物理学、化学、材料学、能源、环境、地质、生物、医药等领域具有重要意义。主要分析对象包括：物相分析（物相鉴定与定量相分析），晶体学（晶粒大小、指标化、点参测定、解结构等），薄膜分析（厚度、密度、表面与界面粗糙度与层序分析，高分辨衍射测定单晶外延膜结构特征），织构分析，残余应力分析等。

X 射线粉末衍射也称为多晶体衍射，是相对于单晶体衍射来命名的，在单晶体衍射中，被分析试样是一粒单晶体，而在多晶体衍射中被分析试样是一堆细小的单晶体（粉末）。每一种结晶物质都有各自独特的化学组成和晶体结构。当 X 射线被晶体衍射时，每一种结晶物质都有自己独特的衍射花样。利用 X 射线衍射仪实验测定待测结晶物质的衍射谱，并与已知标准物质的衍射谱比对，从而判定待测的化学组成和晶体结构，这就是 X 射线粉末衍射法物相定性分析方法。

1. 晶体与米勒指数

在晶体中，原子、分子、离子等在空间的排列是有规则的，一个理想的晶体是由许多呈周期性排列的单胞构成。晶体的结构可用三维点阵来表示。每个点阵点代表晶体中的一个基本单元，如原子、分子、离子等。空间点阵可以从各个方向予以划分而成为许多组平行的平面点阵。由图 3-20-1 可见，一个晶体可看成是一些相同的平面网按一定的距离 d_1 平行的平面排列而成的，也可以看作由另一些平面网按 d_2、d_3、d_4…等距离平面排列的。各种结晶物质的单胞大小，单胞的对称性，单胞中所含的分子、原子或离子的数目以及它们在单胞中所处的相对位置都不尽相同，因此，每一种晶体都必然存在着一系列特定的 d 值，可以用于表征该种晶体。

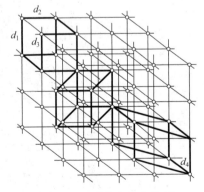

图 3-20-1　晶体空间点阵划分为平面点阵组

为了描述标记这些晶面和点阵平面，米勒（Miller）提出了一种方法。该法利用点阵平面在三个晶轴上截数的倒数的互质之比（hkl）来表示该晶面，称为晶面指标或 Miller 指数。选择一组能把点阵划分成为最简单合理的格子的平移矢量 a、b、c，并将它们的方向分别定为坐标轴 x、y、z，如图 3-20-2 中所示的点阵平面与三个轴分别相交于 ra、sb、tc，即它们在三个坐标轴上的截距分别为 r、s、t，三个截距

的倒数之比为 $\frac{1}{r} : \frac{1}{s} : \frac{1}{t}$，因 r、s、t 均为整数，可以化为互质的整数之比，即 $\frac{1}{r} : \frac{1}{s} : \frac{1}{t} = h : k : l$，其中 (hkl) 称为 Miller 指数，也就是该晶面的指标。图 3-20-2 中的 r、s、t 分别等于 2、2、1，则其晶面就可用 (112) 来表示。指数过高的晶面，其间距及组成晶面的点阵密度都较小，所以实际应用的 Miller 指数通常为 0、1、2 等数值。

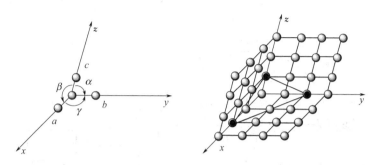

图 3-20-2　晶轴、夹角与 Miller 指数

2. 布拉格方程

当波长与晶面间距相近的 X 射线照射到晶体上，有的光子与电子发生非弹性碰撞，形成较长波长的不相干散射；而当光子与原子上束缚较紧的电子相作用时，其能量不损失，散射波的波长不变，并可以在一定的角度发生散射。

图 3-20-3 表示一组晶面间距为 $d_{(hkl)}$ 的面网对波长为 λ 的 X 射线产生衍射的情况。它们之间的关系可用布拉格 (Bragg) 方程表示：

$$2d_{(hkl)}\sin\theta = n\lambda \tag{3-20-1}$$

只有当入射角 θ 恰好使光程差 $(AB+BC)$ 等于波长的整数倍时，方能产生相互叠加而增强的衍射线。式中 n 称为衍射级次。在晶体结构分析中，通常把布拉格方程写成：

$$2\frac{d_{(hkl)}}{n}\sin\theta = \lambda \tag{3-20-2}$$

或者简化为：

$$2d\sin\theta = \lambda \tag{3-20-3}$$

式 (3-20-3) 将 n 隐含在晶面间距 d 中，而将所有的衍射看成一级衍射，这样可使计算简化和统一。

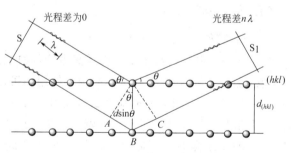

图 3-20-3　晶体衍射示意图——两相邻面网上反射线的光程差

在实际衍射测试过程中，若晶体结构完整，则衍射线的宽度仅是由晶块尺寸造成的，即仅有晶块尺寸大小、不均匀应变和堆积层错的影响，而且晶块尺寸是均匀的，则可由谢乐 (Scherrer) 方程计算颗粒的大小：

$$D = K\lambda / \beta\cos\theta \tag{3-20-4}$$

式中，K 为谢乐常数，其值为 0.89；D 为晶粒尺寸，nm；β 为积分半高宽度，在计算的过程中，需转化为弧度，rad；θ 为衍射角；λ 为 X 射线波长，为 0.154056nm，计算晶粒尺寸时，一般采用低角度的衍射线，若晶块尺寸较大，可用较高衍射角的衍射线来代替。此式适用于 1～100nm。

3. 实验原理

X射线衍射仪是一种采用衍射光子探测器和测角仪来记录衍射线位置和强度的大型精密仪器，主要由X射线发生器（X射线管）、测角仪、X射线探测器、计算机控制处理系统等组成（图3-20-4）。实验过程中，X射线管经发散狭缝发出特征X射线照射到样品上，衍射信息经防散射狭缝、接收狭缝而进入检测器上，经过数据采集、处理系统即可得到物质的X射线衍射信息。

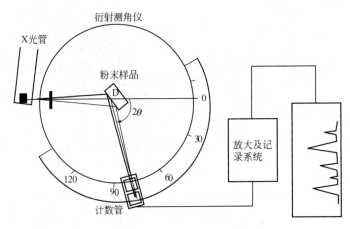

图 3-20-4　X射线衍射仪原理示意图

三、仪器和试剂

X射线衍射仪（TD3500）；玛瑙研钵；药匙；筛网；酒精脱脂棉；玻璃制样片。

氯化钠多晶粉末（分析纯）；二氧化钛粉末（Anatase 锐钛矿型、Rutile 金红石型或混晶型）。

四、实验步骤

1. 样品制备

X射线衍射分析的粉末试样必需满足这样两个条件：晶粒要细小、试样无择优取向（取向排列混乱）。所以，通常将试样研细后使用，可用玛瑙研钵研细。定性分析时粒度应小于 $44\mu m$（325目），定量分析时应将试样研细至 $10\mu m$ 左右。较方便地确定 $10\mu m$ 粒度的方法是，用拇指和中指捏住少量粉末并碾动，两手指间没有颗粒感觉的粒度大致为 $10\mu m$。

常用的粉末样品架为玻璃试样架，在玻璃板上蚀刻出试样填充区为 $20\times18mm^2$。玻璃样品架主要用于粉末试样较少时（约少于 $500mm^3$）使用。充填时，将试样粉末一点一点地放进试样填充区，重复这种操作，使粉末试样在试样架里均匀分布并用玻璃板压平实，要求试样面与玻璃表面齐平。如果试样的量少到不能充分填满试样填充区，可在玻璃试样架凹槽里先滴一薄层用醋酸戊酯稀释的火棉胶溶液，然后将粉末试样撒在上面，待干燥后测试。

2. 样品测试

（1）装样以及开机前的准备和检查

推开防护罩门，将制备好的试样水平插入衍射仪样品台凹槽；关闭防护罩门；检查直连循环冷却水的外挂空调机；检查循环冷却水水量以确认是否满水位；X光管窗口应关闭，管电流、管电压表指示应在最小位置；确认1~3通道的狭缝。

(2) 开机和测试操作

① 接通总电源；打开循环冷却水电源；打开衍射仪电源；等待水温升至（25±1）℃。

② 打开计算机上的 X 射线衍射仪应用软件"XRD2012"，进行以下操作：点击"控制"；点击"联机"；点击"关闭"。

③ 点击"采集"，出现新窗口，在此新窗口中设置以下衍射条件和参数。

扫描方式：连续扫描；驱动方式：双轴联动；波长：铜靶 K_α 辐射波长（1.54718Å）；起始角度：10°（常规测试一般不低于10°）；停止角度：60°；步宽（扫描速度）：0.2°/s；管电压：30kV；管电流：20mA；存储位置与文件名：自由命名。

④ 开始样品测试。

3. 停机操作

测量完毕，首先，点击 X 射线衍射仪应用软件"XRD2012"上的"关高压"；关闭 X 射线衍射仪应用软件"XRD2012"；关闭电脑。然后，取出试样。15min 后，关闭循环冷却水电源；关闭衍射仪电源；关闭与循环冷却水和衍射仪相连的线路总电源。

五、数据记录和处理

1. 测试完毕后，将原始数据存入磁盘调出。原始数据用 Origin 等将实验结果进行作图，粘贴到 Word 文档上，根据样品衍射谱图求取所做样品的特征峰分布。

2. 列出待分析试样衍射曲线的 2θ、强度 I、衍射峰宽等数据。对照 MDI Jade 5.0、7.0 卡片数据库和文献，进行晶体的物相定性分析。

3. 计算出相应的晶面间距 d 值。

样品名称	分析条件	2θ	I	$I/I_{max}/\%$	d 值

六、注意事项

1. 实验过程中需要注意安全：X 射线的波长很短、穿透能力极强，因此，需做好 X 射线的人体安全防护。未经允许，不得随意动用仪器。

2. 取用氯化钠晶体时操作应迅速，用后及时盖好试剂瓶。

3. 1～3 通道的狭缝：常规样品可选 1∶1∶0.2（30kV，20mA 条件）等，特殊样品可选 1/6∶1/6∶0.1（35kV，25mA 条件）等。

4. 若所分析的样品为块状样品，先将块状样品表面研磨抛光，大小不超过 20×18mm²，然后用橡皮泥将样品粘在样品支架上，要求样品表面与样品支架表面平齐。

七、思考题

1. X 射线是什么？怎么产生？有什么特征？
2. 为什么会发生 X 射线衍射，衍射与哪些因素有关？
3. 如何选择 X 射线管及管电压和管电流？
4. 简述 X 射线衍射仪的结构和工作原理。
5. 简述 X 射线衍射分析的特点和应用。

实验二十一 分光光度法测定蔗糖酶的米氏常数

一、实验目的

1. 用分光光度法测定蔗糖酶的米氏常数 K_M 和最大反应速率 v_{max}。
2. 了解底物浓度与酶反应速率之间的关系。
3. 掌握分光光度计的使用方法。

二、实验原理

酶是由生物体内产生的具有催化活性的一类蛋白质，它表现出特异的催化功能，因此被称为生物催化剂。酶具有高效性和高度选择性（专属性）。由于酶催化剂是一类蛋白质，因此酶催化反应一般在常温、常压和近中性的溶液条件下进行。

在酶催化反应中，底物浓度远远超过酶的浓度，在指定实验条件下，酶的浓度一定时，总的反应速率随底物浓度的增加而增大，直至底物过剩此时底物的浓度不再影响反应速率，反应速率达到最大。

Michaelis 应用酶反应过程中形成中间络合物的学说，应用动力学的稳态理论，导出了著名的米氏方程，给出了酶反应速率和底物浓度的关系：

$$v = \frac{v_{max} c_s}{K_M + c_s} \quad (3\text{-}21\text{-}1)$$

式中，v 为反应速率；K_M 为米氏常数；v_{max} 为最大反应速率；c_s 为底物浓度。

在指定条件下，对每一种酶反应都有它特定的 K_M 值，并与酶的浓度无关。测定 K_M 对研究酶的特性和酶催化动力学反应的性质具有重要意义。从米氏方程不难看出，K_M 为反应速率达到最大值一半时的底物浓度，其量纲与底物浓度的量纲一致。为了准确求得 K_M，可先通过实验测定不同底物浓度时的酶反应速率，再用双倒数作图法，将米氏方程线性化处理，可得直线方程：

$$\frac{1}{v} = \frac{K_M}{v_{max}} \cdot \frac{1}{c_s} + \frac{1}{v_{max}} \quad (3\text{-}21\text{-}2)$$

以 $\frac{1}{c_s}$ 为横坐标，$\frac{1}{v}$ 为纵坐标作图，所得直线的斜率是 $\frac{K_M}{v_{max}}$，截距是 $\frac{1}{v_{max}}$，直线与横坐标的交点为 $-\frac{1}{K_M}$。

本实验用的蔗糖酶是一种水解酶，它能使蔗糖水解成葡萄糖和果糖。该反应的速率可以用单位时间内葡萄糖浓度的增加（即蔗糖浓度的减小）来表示。葡萄糖是一种还原糖，它与3,5-二硝基水杨酸共热（约100℃）后被还原成棕红色的氨基化合物；在一定浓度范围内，葡萄糖的量和棕红色物质颜色深浅程度成一定比例关系；因此，可以用分光光度计来测定反应在单位时间内生成葡萄糖的量，从而计算出反应速率。所以测量不同底物（蔗糖）浓度 c_s 的相应反应速率 v，就可用作图法计算出米氏常数 K_M 值。

三、仪器和试剂

分光光度计1台；高速离心机1台；恒温水浴1套；沸水浴1套；小锥形瓶和小烧杯若干；秒表1块；10～20mL离心管4支；500mL容量瓶1个；100mL容量瓶1个；10mL容

量瓶 10 个；25mL 容量瓶（比色管）10 个；1mL 移液管 10 支；2mL 移液管 10 支；10mL 移液管 1 支；50mL 酸式滴定管 1 支；软木塞。

醋酸溶液（4mol·L^{-1}）；醋酸缓冲溶液（0.1mol·L^{-1}）；NaOH（2mol·L^{-1}）；3,5-二硝基水杨酸试剂（DNS）；蔗糖酶溶液（2～5 单位/毫升）；蔗糖（A.R.）；葡萄糖（A.R.）；醋酸钠（A.R.）；甲苯（A.R.）；蒸馏水。

四、实验步骤

1. 蔗糖酶的制取

在小锥形瓶中加入鲜酵母 3～4g，加入 0.8g 醋酸钠，加约 10mL 水搅拌使团块溶化；加入 1mL 甲苯，用软木塞将瓶口塞住，摇动 10min；放入 37℃ 的恒温箱中保温 50h。取出后加入 2mL 4mol·L^{-1} 醋酸（使 pH 值为 4.5 左右）和适量蒸馏水至约 20mL，混合物摇匀。混合物以每分钟 3000 转的离心机离心 30min，离心后混合物形成三层，将中层水层移出，注入干净小滴瓶容器中，即为粗制酶液。

根据粗制酶液的活性大小，实验前将粗制酶液稀释若干倍为反应酶液，置于 35℃ 水浴中预热备用。

2. 溶液的配制

（1）0.2% 葡萄糖标准液（2mg·mL^{-1}）

先在 90℃ 下将葡萄糖烘 1h，然后准确称取 1g 于 50mL 烧杯中，用少量蒸馏水溶解后，定量移至 500mL 容量瓶中，定容至刻度。

（2）3,5-二硝基水杨酸试剂（DNS）

将 6.3g DNS 和 262mL 2mol·L^{-1} NaOH 加到酒石酸钾钠的热溶液中（182g 酒石酸钾钠溶于 500mL 水中），再加 5g 重蒸酚和 5g 亚硫酸钠，微热搅拌溶解，冷却后加蒸馏水定容到 1000mL，贮于棕色瓶中，备用。

（3）0.1mol·L^{-1} 蔗糖标准溶液

准确称取 3.42g 蔗糖，用水溶解后定容至 100mL 容量瓶中。

3. 葡萄糖标准曲线的制作

按表 3-21-1 数据，取 9 个 10mL 的容量瓶，用酸式滴定管或移液管加入 0.2% 葡萄糖标准液并定容，得到一系列不同浓度的葡萄糖溶液。

表 3-21-1　不同浓度葡萄糖溶液的配制

No	$V_{0.2\%葡萄糖液}$/mL	V_{H_2O}/mL	葡萄糖液浓度/%，mg·mL^{-1}
1	1	9	0.2
2	2	8	0.4
3	3	7	0.6
4	4	6	0.8
5	5	5	1.0
6	6	4	1.2
7	7	3	1.4
8	8	2	1.6
9	9	1	1.8

分别吸取不同浓度的葡萄糖溶液 1.0mL 注入 9 支 25mL 容量瓶（比色管）中，另取一支容量瓶（比色管）加入 1.0mL 蒸馏水，然后在每个样品中加入 1.5mL DNS 试剂，混合均匀，在沸水浴中加热 5min 后，取出以冷水冷却至室温，再用蒸馏水定容，摇匀。

以蒸馏水为空白参比，在分光光度计上于 540nm 波长处分别测定其吸光度 A。

4. 蔗糖酶米氏常数 K_M 的测定

按表 3-21-2 数据，在 9 支 10mL 容量瓶中，分别用 $0.1mol \cdot L^{-1}$ 蔗糖液和 $0.1mol \cdot L^{-1}$ 醋酸缓冲溶液（pH 值为 4.6）配制反应底液，总体积达 2mL，于 35℃ 水浴中加热。

表 3-21-2　蔗糖反应底液的配制

No	0	1	2	3	4	5	6	7	8
V(蔗糖标准溶液)/mL	0	0.2	0.25	0.3	0.35	0.4	0.5	0.6	0.8
V(醋酸缓冲溶液)/mL	2	1.8	1.75	1.70	1.65	1.60	1.5	1.4	1.2

取预先在 35℃ 水浴中保温的反应酶液，依次向各反应底液中加入 2.0mL 反应酶液，摇匀并准确反应 5min（秒表计时）；再按次序迅速加入 0.5mL $2mol \cdot L^{-1}$ NaOH 溶液，快速摇匀令酶反应终止，并定容。

测定时，从每个样品中各吸取 1mL 酶反应终止液，分别加入到 25mL 容量瓶（比色管）中，再加入 1.5mL DNS 试剂，摇匀后同时在沸水浴中加热 5min，用冷水快速冷却至室温，用蒸馏水稀释至刻度，摇匀。以蒸馏水为空白参比，在分光光度计上于 540nm 波长处逐一测定其吸光度 A。

五、数据处理

1. 由葡萄糖标准溶液的吸光度测定结果，绘制葡萄糖标准曲线（A-c）。

2. 由各反应液测得的吸光度值，在葡萄糖标准曲线上查出对应的葡萄糖浓度，结合稀释倍数和反应时间，计算其对应的反应速率 v，并将对应的底物（蔗糖）浓度 c_s，一并用表格形式列出；将 $\dfrac{1}{v}$ 对 $\dfrac{1}{c_s}$ 作图，以直线斜率和截距求出 K_M 和 v_{max}。

六、注意事项

1. 可用 8 号蔗糖反应底液按实验步骤 4，初步测定其反应生成液的吸光度 A，以确定粗制酶液的稀释倍数。反应酶液的浓度不可过低，对应的 A 值位于标准曲线的高端。

2. 20℃ 时，蔗糖酶在质量分数为 2.5% 蔗糖溶液中 3min 内释放出 1mg 还原糖的酶量，定义为 1 个[活力]单位。粗制酶液经精制后可依此法测定，再稀释至所需浓度，即每次加入体系的量约为 5～10 个单位。

3. 单人实验中，一次最多可完成五个蔗糖反应底液的酶反应操作。

4. 本实验的操作全过程约需一天时间，短学时实验中，可将此实验分解为若干个实验依次进行，也可选取其中的一部分。

5. 蔗糖酶的米氏常数参考值 $K_M = 0.028 mol \cdot L^{-1}$。

七、思考题

1. 为什么测定酶的米氏常数要采用初始速率法？

2. 酶催化反应的米氏常数值的大小表明什么？

3. 试讨论本实验对米氏常数的测定结果与底物浓度、反应温度和酸度的关系。

实验二十二　色谱法测定无限稀溶液的活度系数

一、实验目的

1. 用气液色谱法测定环己烷和苯在邻苯二甲酸二壬酯中的无限稀释活度系数。
2. 通过实验掌握测定原理和操作方法；熟悉流量、温度和压力等基本测量方法。
3. 了解气相色谱仪的基本构造及原理。
4. 学会根据记录仪线条变化记录两峰最大值之间的时间。
5. 学会取样操作。

二、实验原理

采用气液色谱测定无限稀释溶液活度系数，样品用量少，测定速度快，仅将一般色谱仪稍加改装，即可使用。目前，这一方法已从只能测定易挥发溶质在难挥发溶剂中的无限稀释活度系数，扩展到可以测定易挥发溶质在挥发性溶剂中的无限稀释活度系数。因此，该法在溶液热力学性质研究、气液平衡数据的推算、萃取精馏溶剂评选和气体溶解度测定等方面的应用，日益显示出其重要作用。

色谱法的核心是样品的分离鉴定。在气液色谱中，固定相是液体，流动相是气体，而液体是涂渍在固体载体上的，涂渍过的载体填充在色谱柱中。当载气（H_2 或 N_2）将某一气体组分带进色谱柱时，由于气体组分与固定液的相互作用，经过一定时间而流出色谱柱。气相色谱仪的流程由六个部分组成，即气路系统、进样系统、色谱分离系统、控温系统、检测系统和数据处理系统。来自钢瓶的载气，依次流经减压阀、净化干燥器、稳定压阀、流量计和进样气化室后，进入色谱柱。流出色谱柱的载气夹带分离后的样品，经检测器的检测后放空。检测器信号则送入数据处理系统记录并处理。

在气液色谱为线性分配等温线、气相视为理想气体、载体对溶质的吸附作用可忽略等简化条件下，根据气体色谱分离原理和气液平衡关系，可推导出溶质 i 在固定液 j 上进行色谱分离时，溶质的校正保留体积与溶质在固定液中无限稀释活度系数之间的关系式。根据溶质的保留时间和固定液的质量，计算出保留体积，就可得到溶质在固定液中的无限稀释活度系数。

实验所用的色谱柱固定液为邻苯二甲酸二壬酯。样品环己烷或苯进样后气化，并与载气 H_2 混合后成为气相。

当载气 H_2 将某一气体组分带过色谱柱时，由于气体组分与固定液的相互作用，经过一定时间而流出色谱柱。通常进样浓度很小，在吸附等温线的线性范围内，流出曲线呈正态分布，如图 3-22-1 所示。

设样品的保留时间为 t_r（从进样到样品峰顶的时间），死时间为 t_d（从惰性气体空气进样到其峰顶的时间），则校正保留时间为：

$$t'_r = t_r - t_d \quad (3\text{-}22\text{-}1)$$

校正保留体积为：

$$V'_r = t'_r \overline{F_c} \quad (3\text{-}22\text{-}2)$$

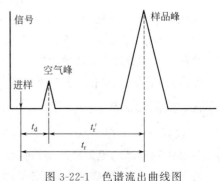

图 3-22-1　色谱流出曲线图

式中，$\overline{F_c}$ 为校正到柱温、柱压下的载气平均流量，$m^3 \cdot s^{-1}$。

校正保留体积与液相体积 V_l 关系为：

$$V'_r = K V_l \tag{3-22-3}$$

而

$$K = \frac{c_i^l}{c_i^g} \tag{3-22-4}$$

式中，V_l 为液相体积，m^3；K 为分配系数；c_i^l 为样品 i 在液相中的浓度，$mol \cdot m^{-3}$；c_i^g 为样品 i 在气相中的浓度，$mol \cdot m^{-3}$。

由式(3-22-3)、式(3-22-4) 可得：

$$\frac{c_i^l}{c_i^g} = \frac{V'_r}{V_l} \tag{3-22-5}$$

因气相视为理想气体，则

$$c_i^g = \frac{p_i}{RT_c} \tag{3-22-6}$$

而当溶液为无限稀释时，则

$$c_i^l = \frac{\rho_l x_i}{M_l} \tag{3-22-7}$$

式中，R 为摩尔气体常数；ρ_l 为纯液体的密度，$kg \cdot m^{-3}$；M_l 为固定液的分子量；x_i 为样品 i 的摩尔分数；p_i 为样品 i 的分压，Pa；T_c 为柱温，K。

气液平衡时，则

$$p_i = p_i^0 \gamma_i^0 x_i \tag{3-22-8}$$

式中，p_i^0 为样品 i 的饱和蒸气压，Pa；γ_i^0 为样品 i 的无限稀释活度系数。

将式(3-22-6)、式(3-22-7)、式(3-22-8) 代入式(3-22-5)，得：

$$V'_r = \frac{V_l \rho_l R T_c}{M_l p_i^0 \gamma_i^0} = \frac{W_l R T_c}{M_l p_i^0 \gamma_i^0} \tag{3-22-9}$$

式中，W_l 是固定液标准质量。

将式(3-22-2) 代入式(3-22-9)，则

$$\gamma_i^0 = \frac{W_l R T_c}{M_l p_i^0 t'_r \overline{F_c}} \tag{3-22-10}$$

式中，$\overline{F_c}$ 可用下式求得：

$$\overline{F_c} = \frac{3}{2} \left[\frac{(p_b/p_0)^2 - 1}{(p_b/p_0)^3 - 1} \right] \left[\frac{(p_0 - p_w)}{p_0} \frac{T_c}{T_a} F_c \right] \tag{3-22-11}$$

式中，p_b 为柱前压力，Pa；p_0 为柱后压力，Pa；p_w 为在 T_a 下的水蒸气压，Pa；T_a 为环境温度，K；T_c 为柱温，K；F_c 为载气在柱后的平均流量，$m^3 \cdot s^{-1}$。

这样，只要把准确称量的溶剂作为固定液涂渍在载体上装入色谱柱，用被测溶质作为进样，测得式(3-22-10) 右端各参数，即可计算溶质 i 在溶剂中的无限稀释活度系数 γ_i^0。

三、仪器和试剂

1. 仪器

色谱法测样品的无限稀释溶液的活度系数实验流程图见图 3-22-2。

SP-6800A 气相色谱仪 1 台；N2000 色谱数据工作站和计算机 1 台；U 型水银压力表 1

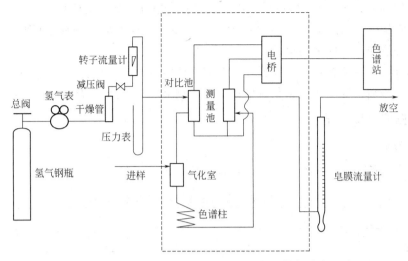

图 3-22-2 色谱法测样品的无限稀释活度系数实验流程图

支;气压计 1 支;皂膜流量计 1 支;氢气钢瓶及减压阀 1 套;停表 1 块;精密温度计 1 支;净化器 1 台;微量进样器(10μL)1 支;红外灯 1 台;真空泵 1 台等。

2. 试剂

固定液:异十三烷(角鲨烷)(色谱纯),邻苯二甲酸二壬酯(色谱纯);载体:101、102 或其它(80～100 目);乙醚(色谱纯);氢气(99.9%以上);变色硅胶;分子筛;环己烷、苯、丙酮、乙醇等分析纯试剂。

四、实验步骤

1. 色谱柱的制备

准确称取一定量的邻苯二甲酸二壬酯(固定液)于蒸发皿中,加适量丙酮以稀释固定液,按固定液与担体之比约为 20:100 来称取白色担体,倒入蒸发皿中浸泡,在红外灯下慢慢加热,使溶剂挥发。在整个过程中切忌温度太高,以免固定液和担体损失。

将涂好固定液的担体小心装入已洗净干燥的色谱柱中。柱的一端塞以少量玻璃棉,接上真空泵,用小漏斗由柱的另一端加入担体,同时不断振动柱管,填满后同样塞以少量玻璃棉,准确记录装入色谱柱内固定液的质量(为了在规定时间内完成实验内容,实验室应在实验前已准备好色谱柱)。

2. 检漏

打开 H_2 钢瓶,色谱仪中的气路通 H_2。调节两气路流速相同(20mL·min^{-1}左右),然后堵死柱的气体出口处,用肥皂水检查各接头处,直到不漏气为止。

3. 仪器操作

检漏后,开启色谱仪。色谱条件应接近下述条件:柱温 60℃,气化温度 120℃,桥电流 100mA。当色谱条件稳定后用皂膜流量计来测载气 H_2 在色谱柱后的平均流量,即气体通过肥皂水鼓泡,形成一个薄膜并随气体上移,用秒表来测流过 10mL 的体积,所用的时间,控制在 20mL·min^{-1} 左右,需测三次,取平均值。用标准压力表测量柱前压。

4. 样品测定

待色谱仪基线稳定后(使用色谱数据处理机来测),用 10μL 进样器准确取样品环己烷

0.2μL，再吸入 8μL 空气，然后进样。用秒表来测定空气峰最大值到环己烷峰最大值之间的时间。再分别取 0.4μL、0.6μL、0.8μL 环己烷，重复上述实验。每种进样量至少重复三次（数据误差不超过 1s），取平均值。

5. 用苯作溶质，重复第 4 项操作，对苯进行测定。
6. 实验完毕后，先关闭色谱仪的电源，待检测器的温度降到接近室温时再关闭气源。

五、数据记录和处理

1. 原始数据记录

将上述实验数据分别填入表 3-22-1 和表 3-22-2 中。

表 3-22-1 测定柱后载气流量记录表（载体种类：H_2）

序号	收集 10mL 气体所需时间 t/s
1	
2	
3	

注：气体在皂膜流量计的计时体积为 10mL。

表 3-22-2 溶质环己烷和苯的色谱分析实验操作参数记录表

仪器名称：

序号	环己烷			序号	苯		
	进样量/μL	柱前表压/MPa	校正保留时间 t'_r/s		进样量/μL	柱前表压/MPa	校正保留时间 t'_r/s
1	0.2	0.0335		1	0.2	0.0335	
	0.2	0.0335			0.2	0.0335	
	0.2	0.0335			0.2	0.0335	
2	0.4	0.0335		2	0.4	0.0335	
	0.4	0.0335			0.4	0.0335	
	0.4	0.0335			0.4	0.0335	
3	0.6	0.0335		3	0.6	0.0335	
	0.6	0.0335			0.6	0.0335	
	0.6	0.0335			0.6	0.0335	
4	0.8	0.0335		4	0.8	0.0335	
	0.8	0.0335			0.8	0.0335	
	0.8	0.0335			0.8	0.0335	

柱温 T_c：_____℃ 　　　固定液标准质量 W_1：_____g
汽化室温度：_____℃ 　　　环境温度 T_a：_____℃
检测器温度：_____℃ 　　　桥电流：_____mA
大气压（柱后压）：_____MPa

2. 数据处理及误差分析

① 由不同进样量时环己烷和苯的校正保留时间，用作图法作图（校正保留时间-溶质进

样量图），分别求出环己烷和苯进样量趋于零时的校正保留时间（表 3-22-3）。

表 3-22-3　实验数据计算整理表

溶质	进样量 /μL	校正保留时间（平均）/s	柱前压（平均）/MPa	柱后载气流量 ×10⁷/m³·s⁻¹	柱温柱压下的平均载气流量 ×10⁷/m³·s⁻¹	溶质的饱和蒸气压 /kPa	环境温度 /K	水蒸气压 /kPa	进样量趋于零时的校正保留时间 t_r'/s
环己烷	0.2								
	0.4								
	0.6								
	0.8								
苯	0.2								
	0.4								
	0.6								
	0.8								

② 根据该校正保留时间及相关物质的安东尼系数（表 3-22-4），由式（3-22-10）和式（3-22-11）分别计算环己烷和苯在邻苯二甲酸二壬酯中的无限稀释活度系数，并与文献值比较，求出相对误差（表 3-22-5）。

表 3-22-4　相关物质的安东尼系数表

物质名称	A	B	C
环己烷	5.963708	1201.863	−50.3522
苯	6.01907	1204.682	−53.072
水	7.074056	1657.459	−46.13

表 3-22-5　无限稀释溶液活度系数计算结果及误差

溶质	实验测得的活度系数	文献记载的活度系数	相对误差
环己烷		0.842	
苯		0.526	

六、思考题

1. 活度系数在化学化工计算中有什么应用？举例具体说明。
2. 如果溶剂也是易挥发性物质，本法是否适用？
3. 环己烷和苯分别与邻苯二甲酸二壬酯所组成的溶液，对拉乌尔定律是正偏差还是负偏差？它们中哪一个活度系数较小？为什么？
4. 影响实验结果准确度的因素有哪些？

实验二十三 液相反应平衡常数

Ⅰ. 络合反应平衡常数的测定

一、实验目的

1. 利用分光光度计测定低浓度下铁离子与硫氰酸根离子生成硫氰合铁络离子液相反应的平衡常数。
2. 通过实验了解热力学平衡常数与反应物的起始浓度无关。

二、实验原理

Fe^{3+} 与 SCN^- 在溶液中可生成一系列的络离子，并共存于同一个平衡体系中。当 SCN^- 的浓度增加时，Fe^{3+} 与 SCN^- 生成的络合物的组成发生如下的改变：

$$Fe^{3+} + SCN^- \longrightarrow [Fe(SCN)]^{2+} \longrightarrow [Fe(SCN)_2]^+ \longrightarrow [Fe(SCN)_3] \longrightarrow [Fe(SCN)_4]^- \longrightarrow [Fe(SCN)_5]^{2-}$$

而这些不同的络离子的溶液颜色也不同。

当 Fe^{3+} 与浓度很低的 SCN^-（一般应小于 5×10^{-3} mol·L^{-1}）时，只进行如下反应：

$$Fe^{3+} + SCN^- \rightleftharpoons [Fe(SCN)]^{2+}$$

即反应被控制在仅仅生成最简单的 $[Fe(SCN)]^{2+}$。其平衡常数表示为：

$$K_c = \frac{[Fe(SCN)^{2+}]}{[Fe^{3+}][SCN^-]}$$

由于 Fe^{3+} 在水溶液中，存在水解平衡，所以 Fe^{3+} 与 SCN^- 的实际反应很复杂，且平衡常数受氢离子的影响，因此，本实验只能在同一 pH 值下进行。

又由于本实验为离子平衡反应，离子强度必然对平衡常数有很大影响，因此各被测溶液的离子强度也应保持一致。

由于 Fe^{3+} 可与多种阴离子发生络合，所以应考虑到对 Fe^{3+} 试剂的选择。当溶液中有 Cl^-、PO_4^{3-} 等阴离子存在时，会明显降低 $[Fe(SCN)]^{2+}$ 配离子的浓度，从而溶液的颜色减弱，甚至完全消失，故实验中要避免这些阴离子的存在。

根据朗伯-比耳（Lambert-Beer）定律可知，一定波长下，在一定浓度范围内，吸光度与溶液浓度成正比，所以可以借助分光光度计测定其吸光度，从而计算出平衡时 $[Fe(SCN)]^{2+}$ 络离子的浓度以及 Fe^{3+} 与 SCN^- 的浓度，进而求出该反应的平衡常数 K_c。

通过测量两个温度下的平衡常数，可计算出 ΔH，即

$$\Delta H = \frac{RT_2 T_1}{T_2 - T_1} \ln \frac{K_{c2}}{K_{c1}}$$

式中，K_{c1}、K_{c2} 为温度 T_1、T_2 时的平衡常数。

三、仪器和试剂

分光光度计 1 台；恒温槽 1 套；50mL 容量瓶 8 个；100mL 烧杯（或锥瓶）4 个；刻度移液管 10mL（2 支）、5mL（1 支）；25mL 移液管 1 支；50mL 酸式滴定管 1 支；洗耳球、洗瓶等。

1×10^{-3} mol·L^{-1} NH_4SCN（由 A.R 级 NH_4SCN 配成，用 $AgNO_3$ 容量法准确标定）；

$0.1 mol\cdot L^{-1}$ $Fe(NH_4)(SO_4)_2$ [由 A.R 级 $Fe(NH_4)(SO_4)_2\cdot 12H_2O$ 配成，并加入 HNO_3 使溶液中的 H^+ 浓度达到 $0.1 mol\cdot L^{-1}$，Fe^{3+} 的浓度用 EDTA 容量法准确标定]；$1 mol\cdot L^{-1}$ HNO_3 (A.R)；$1 mol\cdot L^{-1}$ KNO_3 (A.R)。

四、实验步骤

1. 将恒温槽的温度调到 25℃。

2. 取四个 50mL 容量瓶，编成 1，2，3，4 号。配制离子强度为 0.7，H^+ 浓度为 $0.15 mol\cdot L^{-1}$，SCN^- 浓度为 $2\times 10^{-4} mol\cdot L^{-1}$，$Fe^{3+}$ 浓度分别为 $5\times 10^{-2} mol\cdot L^{-1}$、$1\times 10^{-2} mol\cdot L^{-1}$、$5\times 10^{-3} mol\cdot L^{-1}$、$2\times 10^{-3} mol\cdot L^{-1}$ 的四种溶液，先计算出所需的标准溶液量，填写下表：

容量瓶编号	$V_{NH_4SCN液}/mL$	$V_{FeNH_4(SO_4)_2液}/mL$	$V_{HNO_3液}/mL$	$V_{KNO_3液}/mL$
1				
2				
3				
4				

根据计算结果，配制四种溶液，置于恒温槽中恒温。

3. 调整分光光度计，将波长调到 460nm 处。然后取少量恒温的 1 号溶液洗比色皿二次。把溶液注入比色皿，置于夹套中恒温。然后准确测量溶液的吸光度。更换溶液测定三次，取其平均值。用同样的方法测量 2，3，4 号溶液的吸光度。

4. 在 35℃下，重复上述操作。

五、数据记录和处理

将测得的数据填于下表，并计算出平衡常数 K_c 值。

容量瓶编号	$[Fe^{3+}]_{始}$	$[SCN^-]_{始}$	吸光度	吸光度比	$[Fe(SCN)^{2+}]_{平}$	$[Fe^{3+}]_{平}$	$[SCN^-]_{平}$	K_c
1								
2								
3								
4								

表中数据按下列方法计算。

对 1 号容量瓶 Fe^{3+} 与 SCN^- 反应达平衡时，可认为 SCN^- 全部消耗，此平衡时硫氰合铁离子的浓度即为开始时硫氰酸根离子的浓度。即

$$[Fe(SCN)^{2+}]_{平(1)}=[SCN^-]_{始}$$

以 1 号溶液的吸光度为基准，则对应于 2，3，4 号溶液的吸光度可求出各吸光度比，而 2，3，4 号各溶液中 $[Fe(SCN)^{2+}]_{平}$、$[Fe^{3+}]_{平}$、$[SCN^-]_{平}$ 可分别按下式求得：

$$[Fe(SCN)^{2+}]_{平}=吸光度比\times [Fe(SCN)^{2+}]_{平(1)}=吸光度比\times [SCN^-]_{始}$$

$$[Fe^{3+}]_{平}=[Fe^{3+}]_{始}-[Fe(SCN)^{2+}]_{平}$$

$$[SCN^-]_{平}=[SCN^-]_{始}-[Fe(SCN)^{2+}]_{平}$$

六、注意事项

1. 使用分光光度计时，先接通电源，预热 20min。为了延长光电管的寿命，在不测定

数值时，应打开暗盒盖。

2. 使用比色皿时，应注意溶液不要装得太满，溶液约为 80% 即可。注意比色皿上白色箭头的方向，指向光路方向。

3. 温度影响反应平衡常数，实验时体系应始终保持恒温。

4. 实验用水最好是二次蒸馏水。

七、思考题

1. 如 Fe^{3+}、SCN^- 浓度较大时则不能按公式

$$K_c = \frac{[Fe(SCN)^{2+}]}{[Fe^{3+}][SCN^-]}$$

计算 K_c 值，为什么？

2. 为什么可用 $[Fe(SCN)^{2+}]_平 = $ 吸光度比 $\times [SCN^-]_始$ 来计算 $[Fe(SCN)^{2+}]_平$ 呢？

3. 测定溶液吸光度时，为什么需要空的比色皿，如何选择空白液？

Ⅱ. 甲基红电离常数的测定

一、实验目的

1. 掌握一种测定弱电解质电离常数的方法。
2. 掌握分光光度计的测试原理和使用方法。
3. 掌握 pH 计的原理和使用。

二、实验原理

根据 Lambert-Beer 定律，在一定浓度范围内，溶液对单色光的吸收，遵守下列关系式：

$$A = -\lg \frac{I}{I_0} = klc \tag{3-23-1}$$

式中，A 为吸光度；I/I_0 为透光率（透射比）；k 为摩尔吸光系数，它是溶液的特性常数；l 为被测溶液的厚度；c 为溶液浓度。

在分光光度分析中，将每一种单色光，分别、依次地通过某一溶液，测定溶液对每一种光波的吸光度，以吸光度 A 对波长 λ 作图，就可以得到该物质的分光光度曲线，或吸收光谱曲线，如图 3-23-1 所示。由图可以看出，对应于某一波长有一个最大的吸收峰，用这一波长的入射光通过该溶液就有着最佳的灵敏度。

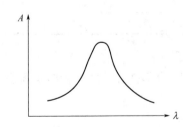

图 3-23-1 分光光度曲线

从式(3-23-1) 可以看出，对于固定长度吸收槽，在对应最大吸收峰的波长（λ）下测定不同浓度 c 的吸光度，就可作出线性的 A-c 线，这就是光度法的定量分析的基础。

以上讨论是针对单组分溶液的情况，对含有两种（或两种以上）组分的溶液，情况就要复杂一些，主要有以下四种情况。

① 若两种被测定组分的吸收曲线彼此不相重合，这种情况较简单，就等于分别测定两种单组分溶液。

② 若两种被测定组分的吸收曲线相重合，且遵守 Lambert-Beer 定律，则可在两波长 λ_1 及 λ_2 时（λ_1、λ_2 是两种组分单独存在时吸收曲线最大吸收峰波长）测定其总吸光度，然后换算成被测定物质的浓度。

根据 Lambert-Beer 定律，假定吸收槽的长度一定，则

$$\left.\begin{array}{l} \text{对于单组分 A}: A_\lambda^A = K_\lambda^A c^A \\ \text{对于单组分 B}: A_\lambda^B = K_\lambda^B c^B \end{array}\right\} \tag{3-23-2}$$

设 $A_{\lambda_1}^{A+B}$，$A_{\lambda_2}^{A+B}$ 分别代表在 λ_1 及 λ_2 时混合溶液的总吸光度，则

$$A_{\lambda_1}^{A+B} = A_{\lambda_1}^A + A_{\lambda_1}^B = K_{\lambda_1}^A c^A + K_{\lambda_1}^B c^B \tag{3-23-3}$$

$$A_{\lambda_2}^{A+B} = A_{\lambda_2}^A + A_{\lambda_2}^B = K_{\lambda_2}^A c^A + K_{\lambda_2}^B c^B \tag{3-23-4}$$

式中，$A_{\lambda_1}^A$、$A_{\lambda_2}^A$、$A_{\lambda_1}^B$、$A_{\lambda_2}^B$ 分别代表在 λ_1 及 λ_2 时组分 A 和 B 的吸光度。

由式(3-23-3) 可得：

$$c^B = \frac{A_{\lambda_1}^{A+B} - K_{\lambda_1}^A c^A}{K_{\lambda_1}^B} \tag{3-23-5}$$

将式(3-23-5) 代入式(3-23-4)，得：

$$c^A = \frac{K_{\lambda_1}^B A_{\lambda_2}^{A+B} - K_{\lambda_2}^B A_{\lambda_1}^{A+B}}{K_{\lambda_2}^A K_{\lambda_1}^B - K_{\lambda_2}^B K_{\lambda_1}^A} \tag{3-23-6}$$

这些不同的 K 值均可由纯物质求得，也就是说，在纯物质的最大吸收峰的波长 λ 时，测定吸光度 A 和浓度 c 的关系。如果在该波长处符合 Lambert-Beer 定律，那么 $A\text{-}c$ 为直线，直线的斜率为 K 值；$A_{\lambda_1}^{A+B}$、$A_{\lambda_2}^{A+B}$ 是混合溶液在 λ_1、λ_2 时测得的总吸光度。因此，根据式(3-23-5)、式(3-23-6) 即可计算混合溶液中组分 A 和组分 B 的浓度。

③ 若两种被测组分的吸收曲线相互重合，而又不遵守 Lambert-Beer 定律。

④ 混合溶液中含有未知组分的吸收曲线。

对于③与④两种情况，由于计算及处理比较复杂，此处不讨论。

本实验是用分光光度法测定弱电解质（甲基红）的电离常数，由于甲基红本身带有颜色，而且在有机溶剂中电离度很小，所以用一般的化学分析法或其它物理化学方法进行测定均有困难，但用分光光度法可不必将其分离，且能同时测定两组分的浓度。

甲基红在溶剂中形成下列平衡：

$$(CH_3)_2-N-\!\!\!\left\langle\!\!\!\!\begin{array}{c}\end{array}\!\!\!\!\right\rangle\!\!\!-N=N\!\!-\!\!\!\!\!\!\overset{\overset{\displaystyle CO_2^\ominus}{|}}{\underset{H}{\overset{\oplus}{N}}}\!\!\!\!\!\!-\!\!\!\left\langle\!\!\!\!\begin{array}{c}\end{array}\!\!\!\!\right\rangle \longleftrightarrow (CH_3)_2-\overset{\oplus}{N}=\!\!\!\left\langle\!\!\!\!\begin{array}{c}\end{array}\!\!\!\!\right\rangle\!\!\!=N-\underset{H}{\overset{\overset{\displaystyle CO_2^\ominus}{|}}{N}}\!\!\!-\!\!\!\left\langle\!\!\!\!\begin{array}{c}\end{array}\!\!\!\!\right\rangle$$

酸式红色

$$\text{A} \atop OH^\ominus \updownarrow H^\oplus \atop \text{B}$$

$$(CH_3)_2-N-\!\!\!\left\langle\!\!\!\!\begin{array}{c}\end{array}\!\!\!\!\right\rangle\!\!\!-N=N-\!\!\!\left\langle\!\!\!\!\begin{array}{c}\end{array}\!\!\!\!\right\rangle\!\!\!-CO_2^\ominus$$

碱式黄色

上式可简写为：

$$\underset{\substack{\text{甲基红的酸形式}\\\text{A}}}{HMR} \rightleftharpoons \underset{\substack{\text{甲基红的碱形式}\\\text{B}}}{H^+ + MR^-}$$

甲基红的电离平衡常数 K_c：

$$K_c = \frac{[H^+][c^B]}{[c^A]}$$

或
$$pK_c = pH - \lg \frac{[c^B]}{[c^A]} \tag{3-23-7}$$

由式(3-23-7)可知，只要测定溶液中[B]与[A]二浓度及溶液的pH值。由于本体系的吸收曲线属于上述讨论中的第二种类型，因此可用分光光度法通过式(3-23-5)、式(3-23-6)两式求出[B]与[A]的浓度，即可求得甲基红的电离平衡常数K_c。

三、仪器和试剂

紫外-可见分光光度计（Unico2000）1台；pHS-3c型酸度计1台；容量瓶（100mL）7个；量筒（100mL）1个；烧杯（100mL）4个；移液管（25mL）2支；刻度移液管（10mL）2支；洗耳球1个。

酒精（95%，化学纯）；盐酸（0.1mol·L^{-1}）；盐酸（0.01mol·L^{-1}）；醋酸钠（0.01mol·L^{-1}）；醋酸钠（0.04mol·L^{-1}）；醋酸（0.02mol·L^{-1}）；甲基红（固体）。

四、实验步骤

1. 溶液制备

(1) 甲基红贮备液　将0.5g晶体甲基红加300mL 95%酒精，用蒸馏水稀释到500mL（已配制，公用）。

(2) 甲基红标准溶液　取10mL上述配好的溶液加50mL 95%酒精，用蒸馏水稀释到100mL。

(3) 溶液A　将10mL标准溶液加10mL 0.1mol·L^{-1} HCl，用蒸馏水稀释至100mL。

(4) 溶液B　将10mL标准溶液加25mL 0.04mol·L^{-1} NaAc，用蒸馏水稀释至100mL。

溶液A的pH值约为2，甲基红以酸式存在。溶液B的pH值约为8，甲基红以碱式存在。把溶液A、溶液B和空白溶液（蒸馏水）分别放入三个洁净的比色槽内，接下来测定溶液A、溶液B的吸收光谱曲线。

2. 测定吸收光谱曲线

(1) 用分光光度计测定溶液A和溶液B的吸收光谱曲线求出最大吸收峰的波长

波长从380nm开始，每隔20nm测定一次（每改变一次波长均要先用空白溶液校正零点），直至620nm为止。由所得的吸光度A与λ，绘制A-λ曲线，从而求得溶液A和溶液B的最大吸收峰波长λ_1和λ_2。

(2) 求$K_{\lambda_1}^A$、$K_{\lambda_2}^A$、$K_{\lambda_1}^B$、$K_{\lambda_2}^B$

将A溶液用0.01mol·L^{-1} HCl稀释至初始浓度的0.8倍（取20mL A溶液用0.01mol·L^{-1} HCl稀释至25mL），0.50倍（取12.5mL A溶液用0.01mol·L^{-1} HCl稀释至25mL），0.3倍（取7.5mL A溶液用0.01mol·L^{-1} HCl稀释至25mL）。

将B溶液用0.01mol·L^{-1} NaAc稀释至初始浓度的0.8倍（取20mL B溶液用0.01mol·L^{-1} NaAc稀释至25mL），0.50倍（取12.5mL B溶液用0.01mol·L^{-1} NaAc稀释至25mL），0.3倍（取7.5mL B溶液用0.01mol·L^{-1} NaAc稀释至25mL）。

然后，在溶液A，溶液B的最大吸收峰波长λ_1和λ_2处测定上述相对浓度为0.3、0.5、0.8、1.0的各溶液的吸光度。如果在λ_1、λ_2处上述溶液符合Lambert-Beer定律，则可得到四条A-c直线，由此可求出$K_{\lambda_1}^A$、$K_{\lambda_2}^A$、$K_{\lambda_1}^B$、$K_{\lambda_2}^B$。

3. 测定混合溶液的总吸光度及其 pH 值

（1）配制四个混合液

① 10mL 标准液＋25mL 0.04mol·L^{-1} NaAc＋50mL 0.02mol·L^{-1} HAc 加蒸馏水稀释至 100mL。

② 10mL 标准液＋25mL 0.04mol·L^{-1} NaAc＋25mL 0.02mol·L^{-1} HAc 加蒸馏水稀释至 100mL。

③ 10mL 标准液＋25mL 0.04mol·L^{-1} NaAc＋10mL 0.02mol·L^{-1} HAc 加蒸馏水稀释至 100mL。

④ 10mL 标准液＋25mL 0.04mol·L^{-1} NaAc＋5mL 0.02mol·L^{-1} HAc 加蒸馏水稀释至 100mL。

（2）用 λ_1、λ_2 的波长测定上述四个溶液的总吸光度。

（3）测定上述四个溶液的 pH 值。

五、数据记录和处理

1. 画出溶液 A、溶液 B 的吸收光谱曲线，并由曲线上求出最大吸收峰的波长 λ_1、λ_2。

2. 将 λ_1、λ_2 时溶液 A，溶液 B 分别测得的浓度与吸光度值作图，得四条 A-c 直线。求出四个摩尔吸光系数 $K_{\lambda_1}^A$、$K_{\lambda_2}^A$、$K_{\lambda_1}^B$、$K_{\lambda_2}^B$。

3. 由混合溶液的总吸光度，根据式（3-23-5）和式（3-23-6），求出混合溶液中 A，B 的浓度。

4. 求出各混合溶液中甲基红的电离平衡常数 K_c。

六、注意事项

1. 使用分光光度计时，为了延长光电管的寿命，在不进行测定时，应将暗室盖子打开。仪器连续使用时间不应超过 2h，如使用时间长，则中途需间歇 0.5h 再使用。

2. 比色槽经过校正后，不能随意与另一套比色槽个别的交换，需经过校正后才能更换，否则将引入误差。

3. pH 计应在接通电源 20～30min 后进行测定。

4. 本实验 pH 计使用的复合电极，在使用前复合电极需在 3mol·L^{-1} KCl 溶液中浸泡一昼夜。复合电极的玻璃电极玻璃很薄，容易破碎，切不可与任何硬物相碰。

七、思考题

1. 制备溶液时，所用的 HCl，HAc，NaAc 溶液各起什么作用？

2. 用分光光度法进行测定时，为什么每个波长要用空白溶液校正零点？理论上应该用什么溶液校正？在本实验中用的什么溶液？为什么？

实验二十四　三组分体系等温相图

一、实验目的

1. 熟悉相律及其公式。
2. 掌握用溶解度法绘制相图的基本原理。
3. 掌握用三角形坐标表示三组分体系相图。
4. 用溶解度法作出具有一对共轭溶液的苯-醋酸-水体系的相图（溶解度曲线及联结线）。

二、实验原理

相律公式：$f = C - \Phi + 2$（只受温度和压力两个外界因素影响）。式中，f 为自由度；C 为（独立）组分数；Φ 为体系的相数。

对于三组分体系，当处于恒温恒压条件时，根据相律，其条件自由度 f^* 为：

$$f^* = 3 - \Phi$$

可见，体系最大条件自由度 $f^*_{\max} = 3 - 1 = 2$，因此，浓度变量最多只有两个，可用平面图表示体系状态和组成之间的关系，通常是用等边三角形坐标表示，称之为三元相图。如图 3-24-1 所示。

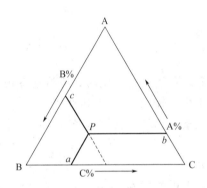
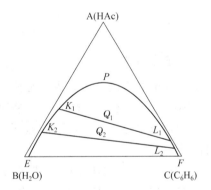

图 3-24-1　等边三角形法表示三元相图　　图 3-24-2　共轭溶液的三元相图

等边三角形的三个顶点分别表示纯物 A、B、C，三条边 AB、BC、CA 分别表示 A 和 B、B 和 C、C 和 A 所组成的二组分体系的组成，三角形内任何一点都表示三组分体系的组成。图 3-24-1 中，P 点的组成表示如下。

经 P 点作平行于三角形三边的直线，并交三边于 a、b、c 三点。若将三边均分成 100 等份，则 P 点的 A、B、C 组成分别为：A% = Pa = Cb，B% = Pb = Ac，C% = Pc = Ba。

苯-醋酸-水是属于具有一对共轭溶液的三液体体系，即三组分中两对液体 A 和 B，A 和 C 完全互溶，而另一对液体 B 和 C 只能有限度的混溶，其相图如图 3-24-2 所示。

图 3-24-2 中，E、K_2、K_1、P、L_1、L_2、F 点构成溶解度曲线，K_1L_1 和 K_2L_2 是联结线。溶解度曲线内是两相区，即一层是苯在水中的饱和溶液，另一层是水在苯中的饱和溶液；曲线外是单相区。因此，利用体系在相变化时出现的清浊现象，可以判断体系中各组分间互溶度的大小。一般来说，溶液由清变浑时，肉眼较易分辨。所以本实验是用向均相的苯-醋酸体系中滴加水使之变成二相混合物的方法，确定二相间的相互溶解度。

三、仪器和试剂

具塞锥形瓶（100mL，2个；25mL，4个）；酸式滴定管（50mL）1支；碱式滴定管（50mL）1支；移液管（1mL，1支；2mL，1支）；刻度移液管（10mL，1支；20mL，1支）；锥形瓶（150mL）2个。

冰醋酸（A.R.）；苯（A.R.）；标准 NaOH 溶液（0.2000mol·L^{-1}）；酚酞指示剂。

四、实验步骤

1. 测定互溶度曲线

在洁净的酸式滴定管内装入蒸馏水。

用移液管移取 10.00mL 苯及 4.00mL 醋酸，置于干燥的 100mL 具塞锥形瓶中，然后在不停地摇动下慢慢地滴加水，至溶液由清变浑时，即为终点，记下水的体积。再向此瓶中再加入 5.00mL 醋酸，使体系成为均相，继续用水滴定至终点。然后用同样方法加入 8.00mL 醋酸，用水滴定；再加入 8.00mL 醋酸，再用水滴至终点，记录每次各组分的用量。最后再加入 10.00mL 苯和 20.00mL 水，加塞摇动，并每间隔 5min 摇动一次，30min 后用此溶液测联结线。

另取一个干燥的 100mL 具塞锥形瓶，用移液管移入 1.00mL 苯及 2.00mL 醋酸，用水滴至终点。之后依次加入 1.00mL、1.00mL、1.00mL、1.00mL、2.00mL、10.00mL 醋酸，分别用水滴定至终点，并记录每次各组分的用量。最后再加入 15.00mL 苯和 20.00mL 水，加塞摇动，每隔 5min 摇一次，30min 后用于测定另一条联结线。

2. 联结线的测定

上面所得的两份溶液，经半小时后，待二层液分清，用干燥的移液管（或滴管）分别吸取上层液约 5mL，下层液约 1mL 于已称重的 4 个 25mL 具塞锥形瓶中，再称其质量，然后用水洗入 150mL 锥形瓶中，以酚酞为指示剂，用 0.2000mol·L^{-1} 标准氢氧化钠溶液滴定各层溶液中醋酸的含量。

五、数据记录和处理

1. 溶解度曲线的绘制

从手册中查出实验温度时苯、醋酸和水的密度（表 3-24-1）。

根据实验数据及实验温度时苯、醋酸和水的密度，算出各组分的质量百分含量，一并列入表 3-24-2。

表 3-24-1　实验温度时苯、醋酸和水的密度

室温/℃	大气压/mmHg	密度/g·mL^{-1}		
		醋酸	苯	水

表 3-24-2　实验过程中各组分的质量百分含量

No.	醋酸		苯		水		总质量/g	质量百分数/%		
	体积V/mL	质量m/g	体积V/mL	质量m/g	体积V/mL	质量m/g		醋酸	苯	水
1	4.00		10.00							
2	9.00		10.00							
3	17.00		10.00							

续表

No.	醋酸 体积 V/mL	质量 m/g	苯 体积 V/mL	质量 m/g	水 体积 V/mL	质量 m/g	总质量/g	质量百分数/% 醋酸	苯	水
4	25.00		10.00							
5	2.00		1.00							
6	3.00		1.00							
7	4.00		1.00							
8	5.00		1.00							
9	6.00		1.00							
10	8.00		1.00							
11	18.00		1.00							
12										
13										
Q_1										
Q_2										

表 3-24-2 中 12，13 为图 3-24-2 中 E、F 两点，数据如下：

体系 A	体系 B	溶解度 w_A/% 10℃	20℃	25℃	30℃	40℃
C_6H_6	H_2O	0.163	0.175	0.180	0.190	0.206
H_2O	C_6H_6	0.036	0.050	0.060	0.072	0.102

将以上组成数据在三角形坐标纸上作图，即得溶解度曲线。

2. 联结线的绘制

$c_{NaOH}=$ _____ mol·L^{-1}。

溶液		质量/g	V_{NaOH}/mL	醋酸含量 w/%
I	上层			
	下层			
II	上层			
	下层			

（1）计算二瓶中最后醋酸、苯、水的质量百分数，标在三角形坐标纸上，即得相应的物系点 Q_1 和 Q_2。

（2）将标出的各相醋酸含量点画在溶解度曲线上，上层醋酸含量画在含苯较多的一边，下层画在含水较多的一边，即可作出 K_1L_1 和 K_2L_2 两条联结线，它们应分别通过物系点 Q_1 和 Q_2。

六、注意事项

1. 由于所测体系含有水的成分，故玻璃器皿均需干燥。

2. 在滴加水的过程中须一滴一滴地加入，且需不停地摇动锥形瓶，由于分散的"油珠"颗粒能散射光线，所以体系出现浑浊，如在 2～3min 内仍不消失，即到终点。当体系醋酸含量少时要特别注意慢滴，含量多时开始可快些，接近终点时仍然要逐滴加入。

3. 实验过程中，注意防止或尽可能减少苯和醋酸的挥发，测定联结线时取样要迅速。
4. 用水滴定如超过终点，可加入 1.00mL 醋酸，使体系由浑变清，再用水继续滴定。

七、思考题

1. 为什么根据体系由清变浑的现象即可测定相界？
2. 若联结线不通过物系点，其原因可能是什么？
3. 本实验中根据什么原理求出苯-醋酸-水体系的联结线？

实验二十五　纳米材料的制备与表征

一、实验目的

1. 了解纳米材料的基本特征。
2. 学会用共沉淀法制备纳米四氧化三铁粒子的原理和方法。
3. 熟悉纳米四氧化三铁粒子的磁性和超顺磁性。
4. 熟悉纳米材料的几个基本表征分析方法。

二、实验原理

纳米材料因具有表面效应、小尺寸效应、量子尺寸效应和隧道效应等独特性质，在化学、生物、医药、能源和环境等诸多领域受到广泛关注。

近年来，有关磁性纳米粒子的制备及其性能研究备受瞩目，这不仅因为磁性纳米粒子在基础研究方面意义重大，而且在实际应用中前景广阔。四氧化三铁（Fe_3O_4）是一种重要的尖晶石类铁氧体，是应用最为广泛的软磁性材料之一，常用作记录材料、颜料、磁流体材料、催化剂、磁性高分子微球和电子材料等，在生物技术领域和医学领域亦有着很好的应用前景。

在磁记录材料方面，磁性纳米粒子可望取代传统的微米级磁粉。在颜料方面，Fe_3O_4 超细粉体由于化学稳定性好、原料易得、价格低廉，已成为无机颜料中较重要的一种，被广泛应用于涂料、油墨等领域。在电子工业中，超细 Fe_3O_4 是磁记录材料，用于高密度磁记录材料的制备；另外，它也是气敏、湿敏材料的重要组成部分。超细 Fe_3O_4 粉体还可作为微波吸收材料及催化剂。利用超细 Fe_3O_4 粉体还可制成磁流体。

Fe_3O_4 纳米粒子的制备方法很多，大体分为两类：一是物理方法，如高能机械球磨法；二是化学方法，如化学沉淀法、溶胶-凝胶法、水热合成法、热分解法及微乳液法等。各种方法各有利弊。物理方法无法进一步获得超细而且粒径分布窄的磁粉，并且还会带来研磨介质的污染问题。溶胶凝胶法、热分解法多采用有机物为原料，成本较高，并且存在一定的毒害作用。水热合成法虽容易获得纯相纳米粉体，但是反应过程中温度的高低、升温速度、搅拌速度以及反应时间的长短等因素均会对粒径大小和粉末的磁性能产生影响。沉淀法尽管存在一定的颗粒不均匀性和团聚现象，但可通过改变反应介质、加入有机分散剂或络合剂等措施加以改进或克服，因此，沉淀法仍然是目前使用和研究最多的一种方法。

本实验是采用共沉淀法制备纳米 Fe_3O_4 颗粒。该法具有原料易得、价格低廉、设备简单、反应条件温和等优点。采用共沉淀法制备纳米 Fe_3O_4 是将二价铁盐和三价铁盐溶液按一定比例混合，将碱性沉淀剂加入至上述铁盐混溶液中，搅拌、反应一段时间即可得纳米磁性 Fe_3O_4 粒子。其反应方程式为：

$$Fe^{2+} + 2Fe^{3+} + 8OH^- \rightleftharpoons Fe_3O_4 \downarrow + 4H_2O$$

三、仪器和试剂

电子天平 1 台；具塞三角瓶（100mL、150mL）各 1 个；量筒（50mL）1 个；电磁搅拌器 1 台；磁子 1 个；磁铁 1 块；瓷坩埚 1 个；真空干燥箱 1 台；X 射线衍射仪 1 台；透射电子显微镜 1 台；振动样品磁强计 1 台。

氯化亚铁（A.R.）；三氯化铁（A.R.）；氢氧化钠（A.R.）；柠檬酸三钠（A.R.）；无水乙醇（A.R.）；蒸馏水。

四、实验步骤

1. 称取 2g NaOH，量取 50mL H_2O，配制 50mL 1mol·L^{-1} NaOH 溶液。

2. 称取 0.9925g $FeCl_3$ 和 1.194g $FeCl_2$·$4H_2O$（反应当量比为 1∶1）溶于 30mL 蒸馏水中。

3. 将反应溶液加热至 60℃，恒温下磁力搅拌（转速约为 800～1000rpm）。

4. 15min 后缓慢滴加配制的 NaOH 溶液，待溶液完全变黑后，仍继续滴加 NaOH 溶液直至 pH 值约为 11。

5. 加入 0.25g 柠檬酸三钠。

6. 升温至 80℃恒温搅拌 1h，然后冷却至接近室温。

7. 借助磁铁倾去上清液。

8. 用少量蒸馏水和乙醇反复洗涤 3 次，以洗去粒子表面未反应的杂质离子。

9. 将样品置于真空干燥箱于 60℃干燥 5h。

五、数据记录和处理

1. 用电子天平称重样品，并计算产率。

2. 将少量样品分散到 50mL 蒸馏水中形成水分散液；然后，借助磁铁吸附分离，观察样品的磁性分离情况。

3. 利用 X 射线衍射仪鉴定样品的物相结构。

4. 利用透射电子显微镜测量样品的粒径和粒径分布。

5. 利用振动样品磁强计测定其磁性。

六、思考题

1. 为什么 Fe^{2+} 和 Fe^{3+} 的反应当量比是 1∶1，而不是反应式中的 1∶2？

2. 反应中加入柠檬酸三钠起到什么作用？

附　录

附录一　国际原子量表

原子序数	名称	符号	原子量	原子序数	名称	符号	原子量
1	氢	H	1.0079	38	锶	Sr	87.62
2	氦	He	4.00260	39	钇	Y	88.9059
3	锂	Li	6.941	40	锆	Zr	91.22
4	铍	Be	9.01218	41	铌	Nb	92.9064
5	硼	B	10.81	42	钼	Mo	95.94
6	碳	C	12.011	43	锝	Tc	[97][99]
7	氮	N	14.0067	44	钌	Ru	101.07
8	氧	O	15.9994	45	铑	Rh	102.9055
9	氟	F	18.99840	46	钯	Pd	106.4
10	氖	Ne	20.179	47	银	Ag	107.868
11	钠	Na	22.98977	48	镉	Cd	112.41
12	镁	Mg	24.305	49	铟	In	114.82
13	铝	Al	26.98154	50	锡	Sn	118.69
14	硅	Si	28.0855	51	锑	Sb	121.75
15	磷	P	30.97376	52	碲	Te	127.60
16	硫	S	32.06	53	碘	I	126.9045
17	氯	Cl	35.453	54	氙	Xe	131.30
18	氩	Ar	39.948	55	铯	Cs	132.9054
19	钾	K	39.098	56	钡	Ba	137.33
20	钙	Ca	40.08	57	镧	La	138.9055
21	钪	Sc	44.9559	58	铈	Ce	140.12
22	钛	Ti	47.90	59	镨	Pr	140.9077
23	钒	V	50.9415	60	钕	Nd	144.24
24	铬	Cr	51.996	61	钷	Pm	[145]
25	锰	Mn	54.9380	62	钐	Sm	150.4
26	铁	Fe	55.847	63	铕	Eu	151.96
27	钴	Co	58.9332	64	钆	Gd	157.25
28	镍	Ni	58.70	65	铽	Tb	158.9254
29	铜	Cu	63.546	66	镝	Dy	162.50
30	锌	Zn	65.38	67	钬	Ho	164.9304
31	镓	Ga	69.72	68	铒	Er	167.26
32	锗	Ge	72.59	69	铥	Tm	168.9342
33	砷	As	74.9216	70	镱	Yb	173.04
34	硒	Se	78.96	71	镥	Lu	174.967
35	溴	Br	79.904	72	铪	Hf	178.49
36	氪	Kr	83.80	73	钽	Ta	180.9479
37	铷	Rb	85.4678	74	钨	W	183.85

续表

原子序数	名称	符号	原子量	原子序数	名称	符号	原子量
75	铼	Re	186.207	91	镤	Pa	231.0359
76	锇	Os	190.2	92	铀	U	238.029
77	铱	Ir	192.22	93	镎	Np	237.0482
78	铂	Pt	195.09	94	钚	Pu	[239][244]
79	金	Au	196.9665	95	镅	Am	[243]
80	汞	Hg	200.59	96	锔	Cm	[247]
81	铊	Tl	204.37	97	锫	Bk	[247]
82	铅	Pb	207.2	98	锎	Cf	[251]
83	铋	Bi	208.9804	99	锿	Es	[254]
84	钋	Po	[210][209]	100	镄	Fm	[257]
85	砹	At	[210]	101	钔	Md	[258]
86	氡	Rn	[222]	102	锘	No	[259]
87	钫	Fr	[223]	103	铹	Lr	[260]
88	镭	Ra	226.0254	104		Unq	[261]
89	锕	Ac	227.0278	105		Unp	[262]
90	钍	Th	232.0381	106		Unh	[263]
				107			[261]

附录二 国际单位制（SI）的基本单位

量	单位名称	单位符号
长度	米	m
质量	千克（公斤）	kg
时间	秒	s
电流	安[培]	A
热力学温度	开[尔文]	K
物质的量	摩[尔]	mol
光强度	坎[德拉]	cd

附录三 国际单位制（SI）中具有专门名称和符号的导出单位

量的名称	单位名称	单位符号	其它表示示例
频率	赫[兹]	Hz	s^{-1}
力	牛[顿]	N	$kg \cdot m \cdot s^{-2}$
压力、应力	帕[斯卡]	Pa	$N \cdot m^{-2}$
能、功、热量	焦[耳]	J	$N \cdot m$
电量、电荷	库[仑]	C	$A \cdot s$
功率	瓦[特]	W	$J \cdot s^{-1}$
电位、电压、电动势	伏[特]	V	$W \cdot A^{-1}$
电容	法[拉]	F	$C \cdot V^{-1}$
电阻	欧[姆]	Ω	$V \cdot A^{-1}$
电导	西[门子]	S	$A \cdot V^{-1}$
磁通量	韦[伯]	Wb	$V \cdot s$
磁感应强度	特[斯拉]	T	$Wb \cdot m^{-2}$
电感	亨[利]	H	$Wb \cdot A^{-1}$
摄氏温度	摄氏度	℃	

附录四　用于构成十进倍数和分数单位的词头

倍数	词头名称	词头符号	分数	词头名称	词头符号
10^{18}	艾[可萨](exa)	E	10^{-1}	分(deci)	d
10^{15}	拍[它](peta)	P	10^{-2}	厘(centi)	c
10^{12}	太[拉](tera)	T	10^{-3}	毫(milli)	m
10^{9}	吉[咖](giga)	G	10^{-6}	微(micro)	μ
10^{6}	兆(mega)	M	10^{-9}	纳[诺](nano)	n
10^{3}	千(kilo)	k	10^{-12}	皮[可](pico)	p
10^{2}	百(hecto)	h	10^{-15}	飞[母托](femto)	f
10^{1}	十(deca)	da	10^{-18}	阿[托](atto)	a

附录五　力单位换算

牛顿(N)	千克力(kgf)	达因(dyn)
1	0.102	10^{5}
9.80665	1	9.80665×10^{5}
10^{-5}	1.02×10^{-6}	1

附录六　压力单位换算

帕斯卡(Pa)	工程大气压($kgf \cdot cm^{-2}$)	毫米水柱(mmH_2O)	标准大气压(atm)	毫米汞柱(mmHg)
1	1.02×10^{-5}	0.102	0.99×10^{-5}	0.0075
98067	1	10^{4}	0.9678	735.6
9.807	0.0001	1	0.9678×10^{-4}	0.0736
101325	1.033	10332	1	760
133.32	0.00036	13.6	0.00132	1

注: 1. $1Pa = 1N \cdot m^{-2}$，1 工程大气压 $= 1kgf \cdot cm^{-2}$。

2. 1mmHg = 1Torr，标准大气压即物理大气压。

3. $1bar = 10^{5}N \cdot m^{-2}$。

附录七　能量单位换算

尔格(erg)	焦耳(J)	千克力米($kgf \cdot m$)	千瓦小时($kW \cdot h$)	千卡[kcal(国际蒸气表卡)]	升大气压($L \cdot atm$)
1	10^{-7}	0.102×10^{-7}	27.78×10^{-15}	23.9×10^{-12}	9.869×10^{-10}
10^{7}	1	0.102	277.8×10^{-9}	239×10^{-6}	9.869×10^{-3}
9.807×10^{7}	9.807	1	2.724×10^{-6}	2.342×10^{-3}	9.679×10^{-2}
36×10^{12}	3.6×10^{6}	367.1×10^{3}	1	859.845	3.553×10^{4}
41.87×10^{9}	4186.8	426.935	1.163×10^{-3}	1	41.29
1.013×10^{9}	101.3	10.33	2.814×10^{-5}	0.024218	1

注: 1. $1erg = 1dyn \cdot cm$，$1J = 1N \cdot m = 1W \cdot s$，$1eV = 1.602 \times 10^{-19} J$。

2. 1 国际蒸气表卡 = 1.00067 热化学卡。

附录八 不同温度下水的饱和蒸气压[①]

$t/℃$	0.0	0.2	0.4	0.6	0.8
0	0.6105	0.6195	0.6286	0.6379	0.6473
1	0.6567	0.6663	0.6759	0.6858	0.6958
2	0.7058	0.7159	0.7262	0.7366	0.7473
3	0.7579	0.7687	0.7797	0.7907	0.8019
4	0.8134	0.8249	0.8365	0.8483	0.8603
5	0.8723	0.8846	0.8970	0.9095	0.9222
6	0.9350	0.9481	0.9611	0.9745	0.9880
7	1.0017	1.0155	1.0295	1.0436	1.0580
8	1.0726	1.0872	1.1022	1.1172	1.1324
9	1.1478	1.1635	1.1792	1.1952	1.2114
10	1.2278	1.2443	1.2610	1.2779	1.2951
11	1.3124	1.3300	1.3478	1.3658	1.3839
12	1.4023	1.4210	1.4397	1.4527	1.4779
13	1.4973	1.5171	1.5370	1.5572	1.5776
14	1.5981	1.6191	1.6401	1.6615	1.6831
15	1.7049	1.7269	1.7493	1.7718	1.7946
16	1.8177	1.8410	1.8648	1.8886	1.9128
17	1.9372	1.9618	1.9869	2.0121	2.0377
18	2.0634	2.0896	2.1160	2.1426	2.1694
19	2.1967	2.2245	2.2523	2.2805	2.3090
20	2.3378	2.3669	2.3963	2.4261	2.4561
21	2.4865	2.5171	2.5482	2.5796	2.6114
22	2.6434	2.6758	2.7068	2.7418	2.7751
23	2.8088	2.8430	2.8775	2.9124	2.9478
24	2.9833	3.0195	3.0560	3.0928	3.1299
25	3.1672	3.2049	3.2432	3.2820	3.3213
26	3.3609	3.4009	3.4413	3.4820	3.5232
27	3.5649	3.6070	3.6496	3.6925	3.7358
28	3.7795	3.8237	3.8683	3.9135	3.9593
29	4.0054	4.0519	4.0990	4.1466	4.1944
30	4.2428	4.2918	4.3411	4.3908	4.4412
31	4.4923	4.5439	4.5957	4.6481	4.7011
32	4.7547	4.8087	4.8632	4.9184	4.9740
33	5.0301	5.0869	5.1441	5.2020	5.2605
34	5.3193	5.3787	5.4390	5.4997	5.5609
35	5.6229	5.6854	5.7484	5.8122	5.8766
36	5.9412	6.0087	6.0727	6.1395	6.2069
37	6.2751	6.3437	6.4130	6.4830	6.5537
38	6.6250	6.6969	6.7693	6.8425	6.9166
39	6.9917	7.0673	7.1434	7.2202	7.2976
40	7.3759	7.451	7.534	7.614	7.695

[①] 压力单位为:kPa。

附录九　不同温度下水的表面张力

$t/℃$	$\sigma/10^{-3}\text{N}\cdot\text{m}^{-1}$	$t/℃$	$\sigma/10^{-3}\text{N}\cdot\text{m}^{-1}$
0	75.64	21	72.59
5	74.92	22	72.44
10	74.22	23	72.28
11	74.07	24	72.13
12	73.93	25	71.97
13	73.78	26	71.82
14	73.64	27	71.66
15	73.49	28	71.50
16	73.34	29	71.35
17	73.19	30	71.18
18	73.05	35	70.38
19	72.90	40	69.56
20	72.75	45	68.74

附录十　水在不同温度下的折射率、黏度[①]和介电常数

温度/℃	折射率 n_D	黏度 $\eta/10^{-3}\text{kg}\cdot\text{m}^{-1}\cdot\text{s}^{-1}$	介电常数 ε
0	1.33395	1.7702	87.74
5	1.33388	1.5108	85.76
10	1.33369	1.3039	83.83
15	1.33339	1.1374	81.95
20	1.33300	1.0019	80.10
21	1.33290	0.9764	79.73
22	1.33280	0.9532	79.38
23	1.33271	0.9310	79.02
24	1.33261	0.9100	78.65
25	1.33250	0.8903	78.30
26	1.33240	0.8703	77.94
27	1.33229	0.8512	77.60
28	1.33217	0.8328	77.24
29	1.33206	0.8145	76.90
30	1.33194	0.7973	76.55
35	1.33131	0.7190	74.83
40	1.33061	0.6526	73.15
45	1.32985	0.5972	71.51
50	1.32904	0.5468	69.91

① 黏度单位：每平方米秒牛顿，即 $\text{N}\cdot\text{s}\cdot\text{m}^{-2}$ 或 $\text{kg}\cdot\text{m}^{-1}\cdot\text{s}^{-1}$ 或 $\text{Pa}\cdot\text{s}$（帕·秒），1厘泊 $= 10^{-3}\text{N}\cdot\text{s}\cdot\text{m}^{-2}$。

数据摘自：John A Dean. Lange's Handbook of Chemistry. 1985：10~99。

附录十一 部分液体物质的饱和蒸气压与温度的关系

化合物	25℃时蒸气压	温度范围/℃	A	B	C
丙酮 C_3H_6O	230.05		7.02447	1161.0	224
苯 C_6H_6	95.18		6.90565	1211.033	220.790
溴 Br_2	226.32		6.83298	1133.0	228.0
甲醇 CH_4O	126.40	−20～140	7.87863	1473.11	230.0
甲苯 C_7H_8	28.45		6.95464	1344.80	219.482
醋酸 $C_2H_4O_2$	15.59	0～36	7.80307	1651.2	225
		36～170	7.18807	1416.7	211
氯仿 $CHCl_3$	227.72	−30～150	6.90328	1163.03	227.4
四氯化碳 CCl_4	115.25		6.93390	1242.43	230.0
乙酸乙酯 $C_4H_8O_2$	94.29	−20～150	7.09808	1238.71	217.0
乙醇 C_2H_6O	56.31		8.04494	1554.3	222.65
乙醚 $C_4H_{10}O$	534.31		6.78574	994.195	220.0
乙酸甲酯 $C_3H_6O_2$	213.43		7.20211	1232.83	228.0
环己烷 C_6H_{12}		−20～142	6.84498	1203.526	222.86

附录十二 甘汞电极的电极电势与温度的关系

甘汞电极的种类	φ/V
饱和甘汞电极	$0.2412 - 6.61 \times 10^{-4}(t-25) - 1.75 \times 10^{-6}(t-25)^2 - 9 \times 10^{-10}(t-25)^3$
标准甘汞电极	$0.2801 - 2.75 \times 10^{-4}(t-25) - 2.50 \times 10^{-6}(t-25)^2 - 4 \times 10^{-9}(t-25)^3$
甘汞电极 $0.1 mol \cdot L^{-1}$	$0.3337 - 8.75 \times 10^{-5}(t-25) - 3 \times 10^{-6}(t-25)^2$

附录十三 不同温度下氯化钾在水中的溶解热[①]

$t/℃$	$\Delta_{sol}H_m/kJ$	$t/℃$	$\Delta_{sol}H_m/kJ$
10	19.895	20	18.297
11	19.795	21	18.146
12	19.623	22	17.995
13	19.598	23	17.682
14	19.276	24	17.703
15	19.100	25	17.556
16	18.933	26	17.414
17	18.765	27	17.272
18	18.602	28	17.138
19	18.443	29	17.004

① 此溶解热是指 1mol KCl 溶于 200mol 的水中放出的热量。

附录十四　氯化钾溶液的电导率

单位：$S \cdot cm^{-1}$

$t/℃$	$c/mol \cdot L^{-1}$			
	1.000	0.1000	0.0200	0.0100
0	0.06541	0.00715	0.001521	0.000776
5	0.07414	0.00822	0.001752	0.000896
10	0.08319	0.00933	0.001994	0.001020
15	0.09252	0.01048	0.002243	0.001147
16	0.09441	0.01072	0.002294	0.001173
17	0.09631	0.01095	0.002345	0.001199
18	0.09822	0.01119	0.002397	0.001225
19	0.10014	0.01143	0.002449	0.001251
20	0.10207	0.01167	0.002501	0.001278
21	0.10400	0.01191	0.002553	0.001305
22	0.10594	0.01215	0.002606	0.001332
23	0.10789	0.01239	0.002659	0.001359
24	0.10984	0.01264	0.002712	0.001386
25	0.11180	0.01288	0.002765	0.001413
26	0.11377	0.01313	0.002819	0.001441

附录十五　一些电解质水溶液的摩尔电导率（25℃）

单位：$S \cdot cm^2 \cdot mol^{-1}$

$c/mol \cdot L^{-1}$	无限稀	0.0005	0.001	0.005	0.01	0.02	0.05	0.1
NaCl	126.39	124.44	123.68	120.59	118.45	115.70	111.01	106.69
KCl	149.79	147.74	146.88	143.48	141.20	138.27	133.30	128.90
HCl	425.95	422.53	421.15	415.59	411.80	407.04	398.89	391.13
NaAc	91.0	89.2	88.5	85.68	83.72	81.20	76.88	72.76
$1/2H_2SO_4$	429.6	413.1	399.5	369.4	336.4	—	272.6	250.8
HAc	390.7	67.7	49.2	22.9	16.3	7.4	—	—
$AgNO_3$	133.29	131.29	130.45	127.14	124.70	121.35	115.18	109.09

附录十六　醋酸的标准电离平衡常数

$T/℃$	$K_a^\ominus / \times 10^{-5}$	$T/℃$	$K_a^\ominus / \times 10^{-5}$	$T/℃$	$K_a^\ominus / \times 10^{-5}$
0	1.657	20	1.753	40	1.703
5	1.700	25	1.754	45	1.670
10	1.729	30	1.750	50	1.633
15	1.745	35	1.728		

附录十七　希腊字母表

序号	大写字母	小写字母	中文注音
1	A	α	阿尔法
2	B	β	贝塔
3	Γ	γ	伽马
4	Δ	δ	德尔塔
5	E	ε	伊普西龙
6	Z	ζ	截塔
7	H	η	艾塔
8	Θ	θ	西塔
9	I	ι	约塔
10	K	κ	卡帕
11	Λ	λ	兰布达
12	M	μ	缪
13	N	ν	纽
14	Ξ	ξ	克西
15	O	ο	奥秘克戒
16	Π	π	派
17	P	ρ	柔
18	Σ	σ	西格马
19	T	τ	套
20	Υ	υ	宇普西龙
21	Φ	φ	斐
22	X	χ	喜
23	Ψ	ψ	普西
24	Ω	ω	欧米伽

附录十八　25℃时某些液体的折射率

名称	n_D[①]	名称	n_D[①]
甲醇	1.326	氯仿	1.444
水	1.3325	四氯化碳	1.459
乙醚	1.352	乙苯	1.493
丙酮	1.357	甲苯	1.494
乙醇	1.359	苯	1.498
醋酸	1.370	苯乙烯	1.545
乙酸乙酯	1.370	溴苯	1.557
正己烷	1.372	苯胺	1.583
1-丁醇	1.397	溴仿	1.587

① D表示钠光 $\lambda=589.3$ nm。

数据摘自：Robert C. Weast，CRC Handbook of Chem. & Phys.，63th，E-375 (1982-1983)。

附录十九　摩尔凝固点降低系数

溶剂	凝固点 T_f/℃	K_f/℃·kg·mol^{-1}	溶剂	凝固点 T_f/℃	K_f/℃·kg·mol^{-1}
环己烷	6.54	20.0	酚	40.90	7.40
溴仿	8.05	14.4	萘	80.290	6.94
醋酸	16.66	3.90	樟脑	178.75	37.7
苯	5.553	5.12	水	0.0	1.853

数据摘自：John A. Dean Lange's, Handbook of Chemistry, 12th Edition, 10-80 (1979)。

附录二十　标准电极电势及其温度系数

电极反应	$\varphi^{\ominus}$/V(25℃)	$(d\varphi^{\ominus}/dT)$/mV·K^{-1}
$Ag^+ + e^- \rightleftharpoons Ag$	0.7991	−1.000
$AgCl + e^- \rightleftharpoons Ag + Cl^-$	0.2224	−0.658
$AgI + e^- \rightleftharpoons Ag + I^-$	−0.1519	−0.284
$Cl_2(g) + 2e^- \rightleftharpoons 2Cl^-$	1.359	−1.26
$Cu^+ + e^- \rightleftharpoons Cu$	0.521	−0.058
$Cu^{2+} + 2e^- \rightleftharpoons Cu$	0.337	0.008
$Cu^{2+} + e^- \rightleftharpoons Cu^+$	0.153	0.073
$Fe^{2+} + 2e^- \rightleftharpoons Fe$	−0.4402	0.052
$Zn^{2+} + 2e^- \rightleftharpoons Zn$	−0.7628	0.091
$2H^+ + e^- \rightleftharpoons H_2(g)$	0.0000	0
$2H^+ + e^- \rightleftharpoons H_2(aq,sat)$	0.0004	0.033
$2H_2O + 2e^- \rightleftharpoons H_2 + 2OH^-$	−0.8281	−0.8342
$O_2(g) + 2H^+ + 2e^- \rightleftharpoons H_2O_2(aq)$	0.682	−1.033
$O_2(g) + 4H^+ + 4e^- \rightleftharpoons 2H_2O$	1.229	−0.846
$O_2(g) + 2H_2O + 4e^- \rightleftharpoons 4OH^-$	0.401	−1.680

附录二十一　相关常用名词术语

BET 公式　BET formula
DLVO 理论　DLVO theory
HLB 法　hydrophile-lipophile balance method
pVT 性质　pVT property
ζ电势　zeta potential
阿伏伽德罗常数　Avogadro'constant
阿伏伽德罗定律　Avogadro law
阿仑尼乌斯电离理论　Arrhenius ionization theory
阿仑尼乌斯方程　Arrhenius equation
阿仑尼乌斯活化能　Arrhenius activation energy
阿马格定律　Amagat law
艾林方程　Erying equation
爱因斯坦光化当量定律　Einstein's law of photochemical equivalence
爱因斯坦-斯托克斯方程　Einstein-Stokes equation
安托万常数　Antoine constant
安托万方程　Antoine equation
盎萨格电导理论　Onsager's theory of conductance
半电池　half cell
半衰期　half time period
饱和液体　saturated liquids
饱和蒸气　saturated vapor
饱和吸附量　saturated extent of adsorption
饱和蒸气压　saturated vapor pressure
爆炸界限　explosion limits
比表面功　specific surface work

比表面吉布斯函数　specific surface Gibbs function
比浓黏度　reduced viscosity
标准电动势　standard electromotive force
标准电极电势　standard electrode potential
标准摩尔反应焓　standard molar reaction enthalpy
标准摩尔反应吉布斯函数　standard Gibbs function of molar reaction
标准摩尔反应熵　standard molar reaction entropy
标准摩尔焓函数　standard molar enthalpy function
标准摩尔吉布斯自由能函数　standard molar Gibbs free energy function
标准摩尔燃烧焓　standard molar combustion enthalpy
标准摩尔熵　standard molar entropy
标准摩尔生成焓　standard molar formation enthalpy
标准摩尔生成吉布斯函数　standard molar formation Gibbs function
标准平衡常数　standard equilibrium constant
标准氢电极　standard hydrogen electrode
标准态　standard state
标准熵　standard entropy
标准压力　standard pressure
标准状况　standard condition
表观活化能　apparent activation energy
表观摩尔质量　apparent molecular weight
表观迁移数　apparent transference number
表面　surfaces
表面过程控制　surface process control
表面活性剂　surfactants
表面吸附量　surface excess
表面张力　surface tension
表面质量作用定律　surface mass action law
波义耳定律　Boyle law
波义耳温度　Boyle temperature
波义耳点　Boyle point
玻尔兹曼常数　Boltzmann constant
玻尔兹曼分布　Boltzmann distribution
玻尔兹曼公式　Boltzmann formula
玻尔兹曼熵定理　Boltzmann entropy theorem
玻色-爱因斯坦统计　Bose-Einstein statistics
泊　Poise
不可逆过程　irreversible process
不可逆过程热力学　thermodynamics of irreversible processes
不可逆相变化　irreversible phase change
布朗运动　brownian movement
查理定律　Charle's law
产率　yield
敞开系统　open system

超电势　over potential
沉降　sedimentation
沉降电势　sedimentation potential
沉降平衡　sedimentation equilibrium
触变　thixotropy
粗分散系统　thick disperse system
催化剂　catalyst
单分子层吸附理论　mono molecule layer adsorption
单分子反应　unimolecular reaction
单链反应　straight chain reactions
弹式量热计　bomb calorimeter
道尔顿定律　Dalton law
道尔顿分压定律　Dalton partial pressure law
德拜和法尔肯哈根效应　Debye and Falkenhagen effect
德拜立方公式　Debye cubic formula
德拜-休克尔极限公式　Debye-Huckel's limiting equation
等焓过程　isenthalpic process
等焓线　isenthalpic line
等概率定理　theorem of equal probability
等温等容位　Helmholtz free energy
等温等压位　Gibbs free energy
等温方程　equation at constant temperature
低共熔点　eutectic point
低共熔混合物　eutectic mixture
低会溶点　lower consolute point
低熔冰盐合晶　cryohydric
第二类永动机　perpetual machine of the second kind
第三定律熵　third-law entropy
第一类永动机　perpetual machine of the first kind
缔合化学吸附　association chemical adsorption
电池常数　cell constant
电池电动势　electromotive force of cells
电池反应　cell reaction
电导　conductance
电导率　conductivity
电动势的温度系数　temperature coefficient of electromotive force
电动电势　zeta potential
电功　electric work
电化学　electrochemistry
电化学极化　electrochemical polarization
电极电势　electrode potential
电极反应　reactions on the electrode
电极种类　type of electrodes
电解池　electrolytic cell
电量计　coulometer
电流效率　current efficiency

电迁移　electro migration
电迁移率　electromobility
电渗　electroosmosis
电渗析　electrodialysis
电泳　electrophoresis
丁达尔效应　Dyndall effect
定容摩尔热容　molar heat capacity under constant volume
定容温度计　Constant volume thermometer
定压摩尔热容　molar heat capacity under constant pressure
定压温度计　constant pressure thermometer
定域子系统　localized particle system
动力学方程　kinetic equations
动力学控制　kinetics control
独立子系统　independent particle system
对比摩尔体积　reduced mole volume
对比体积　reduced volume
对比温度　reduced temperature
对比压力　reduced pressure
对称数　symmetry number
对行反应　reversible reactions
对应状态原理　principle of corresponding state
多方过程　polytropic process
多分子层吸附理论　adsorption theory of multi-molecular layers
二级反应　second order reaction
二级相变　second order phase change
法拉第常数　faraday constant
法拉第定律　Faraday's law
反电动势　back E. M. F.
反渗透　reverse osmosis
反应分子数　molecularity
反应级数　reaction orders
反应进度　extent of reaction
反应热　heat of reaction
反应速率　rate of reaction
反应速率常数　constant of reaction rate
范德华常数　van der Waals constant
范德华方程　van der Waals equation
范德华力　van der Waals force
范德华气体　van der Waals gases
范特霍夫方程　van't Hoff equation
范特霍夫规则　van't Hoff rule
范特霍夫渗透压公式　van't Hoff equation of osmotic pressure
非基元反应　non-elementary reactions
非体积功　non-volume work
非依时计量学反应　time independent stoichiometric reactions
菲克扩散第一定律　Fick's first law of diffusion
沸点　boiling point
沸点升高　elevation of boiling point
费米-狄拉克统计　Fermi-Dirac statistics
分布　distribution
分布数　distribution numbers
分解电压　decomposition voltage
分配定律　distribution law
分散系统　disperse system
分散相　dispersion phase
分体积　partial volume
分体积定律　partial volume law
分压　partial pressure
分压定律　partial pressure law
分子反应力学　mechanics of molecular reactions
分子间力　intermolecular force
分子蒸馏　molecular distillation
封闭系统　closed system
附加压力　excess pressure
弗仑因德利希吸附经验式　Freundlich empirical formula of adsorption
负极　negative pole
负吸附　negative adsorption
复合反应　composite reaction
盖-吕萨克定律　Gay-Lussac law
盖斯定律　Hess law
甘汞电极　calomel electrode
感胶离子序　lyotropic series
杠杆规则　lever rule
高分子溶液　macromolecular solution
高会溶点　upper consolute point
隔离法　the isolation method
格罗塞斯-德雷珀定律　Grotthus-Draoer's law
隔离系统　isolated system
根均方速率　root-mean-square speed
功　work
功函　work content
共轭溶液　conjugate solution
共沸温度　azeotropic temperature
构型熵　configurational entropy
孤立系统　isolated system
固溶胶　solid sol
固态混合物　solid solution
固相线　solid phase line
光反应　photoreaction
光化学第二定律　the second law of actinochemistry

光化学第一定律　the first law of actinochemistry
光敏反应　photosensitized reactions
光谱熵　spectrum entropy
广度性质　extensive property
广延量　extensive quantity
广延性质　extensive property
规定熵　stipulated entropy
过饱和溶液　oversaturated solution
过饱和蒸气　oversaturated vapor
过程　process
过渡状态理论　transition state theory
过冷水　super-cooled water
过冷液体　overcooled liquid
过热液体　overheated liquid
亥姆霍兹函数　Helmholtz function
亥姆霍兹函数判据　Helmholtz function criterion
亥姆霍兹自由能　Helmholtz free energy
亥氏函数　Helmholtz function
焓　enthalpy
亨利常数　Henry constant
亨利定律　Henry law
恒沸混合物　constant boiling mixture
恒容摩尔热容　molar heat capacity at constant volume
恒容热　heat at constant volume
恒外压　constant external pressure
恒压摩尔热容　molar heat capacity at constant pressure
恒压热　heat at constant pressure
化学动力学　chemical kinetics
化学反应计量式　stoichiometric equation of chemical reaction
化学反应计量系数　stoichiometric coefficient of chemical reaction
化学反应进度　extent of chemical reaction
化学亲和势　chemical affinity
化学热力学　chemical thermodynamics
化学势　chemical potential
化学势判据　chemical potential criterion
化学吸附　chemisorptions
环境　environment
环境熵变　entropy change in environment
挥发度　volatility
混合熵　entropy of mixing
混合物　mixture
活度　activity
活化控制　activation control
活化络合物理论　activated complex theory
活化能　activation energy

霍根-华森图　Hougen-Watson Chart
基态能级　energy level at ground state
基希霍夫公式　Kirchhoff formula
基元反应　elementary reactions
积分溶解热　integration heat of dissolution
吉布斯-杜亥姆方程　Gibbs-Duhem equation
吉布斯-亥姆霍兹方程　Gibbs-Helmhotz equation
吉布斯函数　Gibbs function
吉布斯函数判据　Gibbs function criterion
吉布斯吸附公式　Gibbs adsorption formula
吉布斯自由能　Gibbs free energy
吉氏函数　Gibbs function
极化电极电势　polarization potential of electrode
极化曲线　polarization curves
极化作用　polarization
极限摩尔电导率　limiting molar conductivity
概率因子　steric factor
计量方程式　stoichiometric equation
计量系数　stoichiometric coefficient
价数规则　rule of valence
简并度　degeneracy
键焓　bond enthalpy
胶冻　broth jelly
胶核　colloidal nucleus
胶凝作用　demulsification
胶束，胶团　micelle
胶体　colloid
胶体分散系统　dispersion system of colloid
胶体化学　collochemistry
胶体粒子　colloidal particles
焦耳　Joule
焦耳-汤姆逊实验　Joule-Thomson experiment
焦耳-汤姆逊系数　Joule-Thomson coefficient
焦耳-汤姆逊效应　Joule-Thomson effect
焦耳定律　Joule's law
接触电势　contact potential
接触角　contact angle
节流过程　throttling process
节流膨胀　throttling expansion
节流膨胀系数　coefficient of throttling expansion
结线　tie line
结晶热　heat of crystallization
解离化学吸附　dissociation chemical adsorption
界面　interfaces
界面张力　surface tension
浸湿　immersion wetting
浸湿功　immersion wetting work

精馏　rectify
聚（合）电解质　polyelectrolyte
聚沉　coagulation
聚沉值　coagulation value
绝对反应速率理论　absolute reaction rate theory
绝对熵　absolute entropy
绝对温标　absolute temperature scale
绝热过程　adiabatic process
绝热量热计　adiabatic calorimeter
绝热指数　adiabatic index
卡诺定理　Carnot theorem
卡诺循环　Carnot cycle
开尔文公式　Kelvin formula
柯诺瓦洛夫-吉布斯定律　Konovalov-Gibbs law
科尔劳乌施离子独立运动定律　Kohlrausch's Law of Independent Migration of Ions
可能的电解质　potential electrolyte
可逆电池　reversible cell
可逆过程　reversible process
可逆过程方程　reversible process equation
可逆体积功　reversible volume work
可逆相变　reversible phase change
克拉佩龙方程　Clapeyron equation
克劳修斯不等式　Clausius inequality
克劳修斯-克拉佩龙方程　Clausius-Clapeyron equation
控制步骤　control step
库仑计　coulometer
扩散控制　diffusion controlled
拉普拉斯方程　Laplace's equation
拉乌尔定律　Raoult law
兰格缪尔-欣谢尔伍德机理　Langmuir-Hinshelwood mechanism
兰格缪尔吸附等温式　Langmuir adsorption isotherm formula
雷利公式　Rayleigh equation
冷冻系数　coefficient of refrigeration
冷却曲线　cooling curve
离解热　heat of dissociation
离解压力　dissociation pressure
离域子系统　non-localized particle systems
离子的标准摩尔生成焓　standard molar formation of ion
离子的电迁移率　mobility of ions
离子的迁移数　transport number of ions
离子独立运动定律　law of the independent migration of ions
离子氛　ionic atmosphere
离子强度　ionic strength

理想混合物　perfect mixture
理想气体　ideal gas
理想气体的绝热指数　adiabatic index of ideal gases
理想气体的微观模型　micro-model of ideal gas
理想气体反应的等温方程　isothermal equation of ideal gaseous reactions
理想气体绝热可逆过程方程　adiabatic reversible process equation of ideal gases
理想气体状态方程　state equation of ideal gas
理想稀溶液　ideal dilute solution
理想液态混合物　perfect liquid mixture
粒子　particles
粒子的配分函数　partition function of particles
连串反应　consecutive reactions
链的传递物　chain carrier
链反应　chain reactions
量热熵　calorimetric entropy
量子统计　quantum statistics
量子效率　quantum yield
临界参数　critical parameter
临界常数　critical constant
临界点　critical point
临界胶束浓度　critical micelle concentration
临界摩尔体积　critical molar volume
临界温度　critical temperature
临界压力　critical pressure
临界状态　critical state
零级反应　zero order reaction
流动电势　streaming potential
流动功　flow work
笼罩效应　cage effect
路易斯-兰德尔逸度规则　Lewis-Randall rule of fugacity
露点　dew point
露点线　dew point line
麦克斯韦关系式　Maxwell relations
麦克斯韦速率分布　Maxwell distribution of speeds
麦克斯韦能量分布　Maxwell distribution of energy
毛细管凝结　condensation in capillary
毛细现象　capillary phenomena
米凯利斯常数　Michaelis constant
摩尔电导率　molar conductivity
摩尔反应焓　molar reaction enthalpy
摩尔混合熵　molar entropy of mixing
摩尔气体常数　molar gas constant
摩尔热容　molar heat capacity
摩尔溶解焓　molar dissolution enthalpy
摩尔稀释焓　molar dilution enthalpy

内扩散控制　internal diffusions control
内能　internal energy
内压力　internal pressure
能级　energy levels
能级分布　energy level distribution
能量均分原理　principle of the equipartition of energy
能斯特方程　Nernst equation
能斯特热定理　Nernst heat theorem
凝固点　freezing point
凝固点降低　lowering of freezing point
凝固点曲线　freezing point curve
凝胶　gelatin
凝聚态　condensed state
凝聚相　condensed phase
浓差超电势　concentration over-potential
浓差极化　concentration polarization
浓差电池　concentration cells
帕斯卡　pascal
泡点　bubble point
泡点线　bubble point line
配分函数　partition function
碰撞截面　collision cross section
碰撞数　the number of collisions
偏摩尔量　partial molar quantities
平衡常数（理想气体反应）　equilibrium constants for reactions of ideal gases
平动配分函数　partition function of translation
平衡分布　equilibrium distribution
平衡态　equilibrium state
平衡态近似法　equilibrium state approximation
平衡状态图　equilibrium state diagram
平均活度　mean activity
平均活度系数　mean activity coefficient
平均摩尔热容　mean molar heat capacity
平均质量摩尔浓度　mean mass molarity
平均自由程　mean free path
平行反应　parallel reactions
破乳　demulsification
铺展　spreading
普遍化范德华方程　universal van der Waals equation
其它功　the other work
气化热　heat of vaporization
气体常数　gas constant
气体分子运动论　kinetic theory of gases
气体分子运动论的基本方程　foundamental equation of kinetic theory of gases
气溶胶　aerosol

气相线　vapor line
迁移数　transport number
潜热　latent heat
强度量　intensive quantity
强度性质　intensive property
亲液溶胶　hydrophilic sol
氢电极　hydrogen electrodes
区域熔化　zone melting
热　heat
热爆炸　heat explosion
热泵　heat pump
热功当量　mechanical equivalent of heat
热函　heat content
热化学　thermochemistry
热化学方程　thermochemical equation
热机　heat engine
热机效率　efficiency of heat engine
热力学　thermodynamics
热力学第一定律　the first law of thermodynamics
热力学第二定律　the second law of thermodynamics
热力学第三定律　the third law of thermodynamics
热力学基本方程　fundamental equation of thermodynamics
热力学概率　thermodynamic probability
热力学能　thermodynamic energy
热力学特性函数　characteristic thermodynamic function
热力学温标　thermodynamic scale of temperature
热力学温度　thermodynamic temperature
热熵　thermal entropy
热效应　heat effect
熔点曲线　melting point curve
熔化热　heat of fusion
溶胶　colloidal sol
溶解焓　dissolution enthalpy
溶液　solution
溶胀　swelling
乳化剂　emulsifier
乳状液　emulsion
润湿　wetting
润湿角　wetting angle
萨克尔-泰特洛德方程　Sackur-Tetrode equation
三相点　triple point
三相平衡线　triple-phase line
熵　entropy
熵判据　entropy criterion
熵增原理　principle of entropy increase
渗透压　osmotic pressure

渗析法　dialytic process
生成反应　formation reaction
升华热　heat of sublimation
实际气体　real gas
舒尔茨-哈迪规则　Schulze-Hardy rule
松弛力　relaxation force
松弛时间　time of relaxation
速率常数　reaction rate constant
速率方程　rate equations
速率控制步骤　rate determining step
塔费尔公式　Tafel equation
态-态反应　state-state reactions
唐南平衡　Donnan equilibrium
淌度　mobility
特鲁顿规则　Trouton rule
特性黏度　intrinsic viscosity
体积功　volume work
统计权重　statistical weight
统计热力学　statistic thermodynamics
统计熵　statistic entropy
途径　path
途径函数　path function
外扩散控制　external diffusion control
完美晶体　perfect crystalline
完全气体　perfect gas
微观状态　microstate
微态　microstate
韦斯顿标准电池　Weston standard battery
维恩效应　Wien effect
维里方程　virial equation
维里系数　virial coefficient
稳流过程　steady flow process
稳态近似法　stationary state approximation
无热溶液　athermal solution
无限稀溶液　solutions in the limit of extreme dilution
物理化学　physical chemistry
物理吸附　physisorption
吸附　adsorption
吸附等量线　adsorption isostere
吸附等温线　adsorption isotherm
吸附等压线　adsorption isobar
吸附剂　adsorbent
吸附量　extent of adsorption
吸附热　heat of adsorption
吸附质　adsorbate
析出电势　evolution or deposition potential
稀溶液的依数性　colligative properties of dilute solution

稀释焓　dilution enthalpy
系统　system
系统点　system point
系统的环境　environment of system
相　phase
相变　phase change
相变焓　enthalpy of phase change
相变化　phase change
相变热　heat of phase change
相点　phase point
相对挥发度　relative volatility
相对黏度　relative viscosity
相律　phase rule
相平衡热容　heat capacity in phase equilibrium
相图　phase diagram
相依子系统　system of dependent particle
悬浮液　suspension
循环过程　cyclic process
压力商　pressure quotient
压缩因子　compressibility factor
亚稳状态　metastable state
盐桥　salt bridge
盐析　salting out
阳极　anode
杨氏方程　Young's equation
液体接界电势　liquid junction potential
液相线　liquid phase line
一级反应　first order reaction
一级相变　first order phase change
依时计量学反应　time dependent stoichiometric reaction
逸度　fugacity
逸度系数　coefficient of fugacity
阴极　cathode
荧光　fluorescence
永动机　perpetual motion machine
永久气体　permanent gas
有效能　available energy
原电池　primary cell
原盐效应　salt effect
增比黏度　specific viscosity
憎液溶胶　lyophobic sol
沾湿　adhesional wetting
沾湿功　the work of adhesional wetting
真溶液　true solution
真实电解质　real electrolyte
真实气体　real gas
真实迁移数　true transference number

振动配分函数　partition function of vibration
振动特征温度　characteristic temperature of vibration
蒸气压下降　depression of vapor pressure
正常沸点　normal point
正吸附　positive adsorption
支链反应　branched chain reactions
直链反应　straight chain reactions
指前因子　pre-exponential factor
质量作用定律　mass action law
制冷系数　coefficient of refrigeration
中和热　heat of neutralization
轴功　shaft work
转动配分函数　partition function of rotation
转动特征温度　characteristic temperature of vibration
转化率　convert ratio
转化温度　conversion temperature
状态　state
状态方程　state equation
状态分布　state distribution
状态函数　state function
准静态过程　quasi-static process
准一级反应　pseudo first order reaction
自动催化作用　auto-catalysis
自由度　degree of freedom
自由度数　number of degree of freedom
自由焓　free enthalpy
自由能　free energy
自由膨胀　free expansion
组分数　component number
最低恒沸点　lower azeotropic point
最高恒沸点　upper azeotropic point
最佳反应温度　optimal reaction temperature
最可几分布　most probable distribution
最可几速率　most probable speed

参 考 文 献

[1] 天津大学物理化学教研室编.刘俊吉,周亚平,李松林修订.物理化学(上、下).第5版.北京:高等教育出版社,2011.
[2] 傅献彩,沈文霞,姚天扬,侯文华编.物理化学(上、下).第5版.北京:高等教育出版社,2006.
[3] 韩德刚,高执棣,高盘良编.物理化学.第2版.北京:高等教育出版社,2009.
[4] Mark Ladd. Introduction to Physical Chemistry. 3rd ed. Cambridge:Cambridge University Press,1998.
[5] Atkins P W. Physical Chemistry. 6th ed. Oxford:Oxford University Press,1998.
[6] 复旦大学等编.庄继华等修订.物理化学实验.第3版.北京:高等教育出版社,2004.
[7] 岳可芬主编.陈六平主审.基础化学实验Ⅲ——物理化学实验.北京:科学出版社,2012.
[8] 庞素娟,吴洪达主编.物理化学实验.武汉:华中科技大学出版社,2009.
[9] 尹业平等主编.物理化学实验.北京:科学出版社,2010.
[10] 高丕英,李江波编.物理化学实验.上海:上海交通大学出版社,2010.
[11] 陈六平,邹世春主编.现代化学实验与技术.北京:科学出版社,2007.
[12] 黄慧中等编著.纳米材料分析.北京:化学工业出版社,2003.